"洪山英才"计划资助项目

反思的勇气

陈 栋◎著

华中科技大学出版社
http://press.hust.edu.cn
中国·武汉

图书在版编目（CIP）数据

反思的勇气/陈栋著．—武汉：华中科技大学出版社，2024.1（2024.11重印）
ISBN 978-7-5772-0327-0

Ⅰ.①反… Ⅱ.①陈… Ⅲ.①人生哲学-通俗读物 Ⅳ.① B821-49

中国国家版本馆 CIP 数据核字（2023）第 257183 号

反思的勇气

陈栋 著

Fansi de Yongqi

策划编辑：周晓方　杨　玲
责任编辑：林珍珍
封面设计：原色设计
责任校对：张汇娟
责任监印：周治超
出版发行：华中科技大学出版社（中国·武汉）　　电话：(027) 81321913
　　　　　武汉市东湖新技术开发区华工科技园　　邮编：430223
录　　排：华中科技大学出版社美编室
印　　刷：湖北恒泰印务有限公司
开　　本：710mm×1000mm　1/16
印　　张：19.5　　插页：2
字　　数：331 千字
版　　次：2024 年 11 月第 1 版第 3 次印刷
定　　价：88.00 元

本书若有印装质量问题，请向出版社营销中心调换
全国免费服务热线：400-6679-118　　竭诚为您服务
版权所有　侵权必究

名家推荐语

  反思,是一个人在前进过程中的一种自我修正过程。其重要性虽众所周知,但并不是谁都可以做到的。因为,反思不仅要有十分诚恳的心态,更要有"无情地解剖自己"的勇气。陈栋博士的学术研究与实践探索之路,是一段弥足珍贵的反思之路。《反思的勇气》生动讲述了他自身在反思中成长的心路历程,这对广大读者特别是年轻读者而言,既是一种共勉,也是一种启思。

——华中科技大学教授、教育部马克思主义理论研究和
建设工程"中国新闻传播史"项目首席专家吴廷俊

  陈栋博士是一位从农田小道历经艰辛步入高等学府深造后走进企业、下挂乡镇、引入报社、转任多个大型文化单位的80后优秀企业家。他勤奋工作、刻苦学习、深入思考、善于表达。在这部作品里,他围绕成长、文化、教育、阅读四个维度,在反思的跋涉征途上与我们一起感悟人生的真谛。实践是检验真理的唯一标准,而时间则最终评判认知与实践的是非功过、真伪优劣,特推荐《反思的勇气》一书伴广大读者朋友同行。

——华中科技大学教授、教育部马克思主义理论研究和
建设工程"新闻评论"项目首席专家赵振宇

从汉水到长江，从襄阳到武汉，从新闻到出版……陈栋先生的思想，一直在跳跃，一直在扩展，一直在升腾。无疑，这是一颗真正的知识分子之心。他用自己的成长经历和生命智慧，悟出了一个专属新名词——高质量反思！

——鲁迅文学奖获得者、徐迟报告文学奖获得者、著名作家李春雷

越是自由的时代，反思越是一种宝贵的品格和稀缺的资源。在阅读中反思，在写作中反思，在成长中反思，陈栋将反思铭记于心、执着于行。《反思的勇气》记录和展示的便是这段孤独却愉悦的心路历程，值得我们一起去品味和思考。

——得到App创始人、《罗辑思维》主讲人罗振宇

君子有九思：视思明，听思聪，色思温，貌思恭，言思忠，事思敬，疑思问，忿思难，见得思义。君子之九思，是对反思最好的诠释。华中科技大学老校长朱九思的名字即源于此。陈栋勤奋而热情，忠厚而坦诚，在华中科技大学从本科一直读到博士后，在这所大学里熏陶了十多年，价值观里也带着老校长的精神基因。反身而诚，反观而智，相比很多人，陈栋更有反思的优势，因为他走过很多路，待过很多岗位，见过很多人。这种经历的多元复杂性，让反思更有了一种思想的张力！

——华中科技大学教授、知名时事评论员曹林

内容简介

本书以反思为主线，以高质量反思为目标，从成长、文化、教育、阅读四个维度进行了深刻反思，并从中领悟人生的真谛——反思需要勇气，反思助力成长，反思检验智慧。

常常反思，益处多多，收获满满。高质量的反思是一面助你如心所愿的明镜。一个人反思层次的高低决定了他人生道路的宽窄。越是身居高位或身陷困境之时，越需要进行高质量反思。反思越彻底，认知越通透，人生就越厚重。本书将带你开启一段从反思向高质量反思跨越的别样人生旅程，助你在智慧成长、科学成才的道路上如沐春风、如心所愿。

序一

在反思中获取
永不衰竭的动力源泉

再次为陈栋的书作序,这既是缘分,也是品读其新著《反思的勇气》之后的共鸣。

与陈栋的缘分,始于一次答辩会。2006年岁末我从南方报业传媒集团领导岗位卸任之后,受聘为暨南大学新闻与传播学院院长。2008年5月,受华中科技大学新闻与信息传播学院邀请,我担任了该院博士研究生陈栋的博士论文答辩委员会主席。陈栋的博士论文题目为《在推进公共领域建构中前行——1996年至2006年中国新时评发展研究》。论文在理论与实践的结合方面做得比较好,既涉及新闻业界前沿问题,又具有较高的学术含量。陈栋答辩时从容淡定、条理清晰,以良好的表现顺利通过了答辩。从那时起我便知道,陈栋是国内青年时评写作者与研究者的代表人物之一。2010年10月,陈栋的博士论文修订完善后,将题目更改为《解码新时评——中国新闻时评的新发展(1996—2006)》,由中国社会科学出版社出版,成为国内第一本当代时评史学术著作。当时,我以"为铸造媒体灵魂造势"为题作了序言,对这本专著进行了点评。序中写道:"时评不仅是当今社会引导舆论的重要手段,也是传媒生存和发展所需。因为,在新媒体信息大爆炸的时代,传媒几乎没有独家新闻可言,但可以有独家视角、独家观点,时评潮应运而生,并且时评正在不断为铸造媒体灵魂造势。"十多年过去了,虽然与陈栋鲜有见面机会,但互联网拉近了我们之间的距离,其作品随时随地出现在我眼前。陈栋的首部专著出版之后,又有《解码茶文化+》《解码文化力》《印象襄阳》等著作问世。通过网络渠道,我还浏览了陈栋在《人民日报》《光明日报》《中国纪检监察报》《湖北日报》《襄阳日报》《湖北教育》和新华网、荆楚网等主流媒体上发表的评论。

如今,陈栋把近年来发表的评论文章分类列成四辑结集出版。在鲜明的反思主题下,第一辑为"反思成长之坚定"。成长过程中甘甜与苦涩并存,失去与得到共生。本辑谈到,在反思中磨炼出良好的修行,以崇高的使命感、正确的价值观和科学的方法论激发生活热情,方能打拼一片新天地。我相信,这一部分内容会对成长过程中充满迷茫的读者有一定启发。第二辑为"反思文化之内核"。本辑将文化提升到"一种规范化的社会意识和集体灵魂"的高度,认为"人没有文化就是躯体,人有文化就是灵魂"。反思人自身的文化属性,体现了陈栋对文化与人之间关系的深刻理解。第三辑为"反思教育之变革"。教育改革是民众热议的话题,本辑提出不断反思教育之变革,把稳教育改革的航向,具有现实针对性。第四辑为"反思阅读之意义"。阅读是人们所需,但并非人人都能在阅读中收获颇丰。作者提出"在阅读中反思,在反思中阅读",对阅读者实现良好的阅读效果有启迪作用。综观《反思的勇气》这本书,可以看出作者倡导的是高起点、高质量的反思。本书从成长、文化、教育、阅读四个维度进行了深刻阐述,帮助广大读者朋友拓宽反思的视野,鼓足反思的勇气,增强成长的底气,开启高质量反思之门,这也是本书的价值之所在。

人生之路并不平坦,既有顺境也有逆境,学习、工作、生活无不充满挑战,熬得过去就能成功。陈栋常用一句话描述自己从业的经历:"烟酒茶,书刊报,后来干幼教,现在做文教。"细细品味,可以发现这八个行业都有丰富的文化内涵。长期以来热衷于文化研究和实践，使陈栋深感"卓越，离不开反思"。陈栋之所以能一次又一次突破困局，不断超越自我，与他的学识和经历有关，也与他的反思勇气有关。新闻学博士毕业后，他进入经济学博士后流动站继续深造。其职场生涯也丰富多彩，先后在湖北中烟工业有限责任公司、信阳市乡镇基层、襄阳日报社和湖北长江出版传媒集团有限公司（以下简称长江传媒）等单位履职，经历了跨区域、跨行业、多岗位的磨砺。成长、成才、成功，反思贯穿始终。不管工作多忙，陈栋都没有舍弃时评写作与研究的嗜好，这就使其一直置身于反思状态中，实属难能可贵。

陈栋在书中写道："反思只是手段，不是目的。反思过往之事，是为了更好地活在当下之时。经常反思，其实是在给自己的心灵做环保。只有每天都清洗自己的内心和思想，我们才会坚持严于律己、慎独慎微。只有不断地反思自己的错误和不足，汲取经验和教训，我们才能真正做到向外看、向内求、向前走。反思也由此成为助推个体前行的动力源泉。"我在品读《反思的勇气》这本书之后领悟到，正是因为陈栋拥有反思的勇气，他才在文化教育事业的追求中获得了永不衰竭的动力源泉。我想，有了这一动力源泉，他的下一部著作一定会更加精彩。

范以锦 ①

2023 年 10 月 8 日于广州

---

① 范以锦系暨南大学新闻与传播学院名誉院长、教授、博士生导师，享受国务院政府特殊津贴专家，曾担任南方日报社社长、南方报业传媒集团公司董事长、中华全国新闻工作者协会副主席、广东省新闻工作者协会主席、中国新闻史学会传媒经济与管理研究会副会长，曾获广东首届新闻终身荣誉奖、第五届范敬宜新闻教育良师奖、中国新闻传播教育年鉴奖、杰出院长奖等荣誉。

序二

坚持反思　终身守善

　　人们对于"反思"一词都不陌生。反思需要勇气，它进一步促人警醒、自新。陈栋今以"反思的勇气"为题，也促我反省乃至再思"反思"的大意义。

　　反思，在中国文化里是极重要的思想，它甚至重要到可以使民族于危难中扭转乾坤。典型的如近代中国人对本民族的反思相当深刻，以至中国文化犹如在烈火中燃烧。那是一个伟大的民族点燃自己，凤凰涅槃，向死而生。

　　反思，于国于己都是重要的品格。中国历史上有一个终身都在反思的人，他是春秋时卫国不肯腐败堕落的高官，二十岁时反思过错力行改正，到二十一岁时看到从前的过错还没有全部改正；到二十二岁时回看二十一岁，发现还有没改正的过错。如此岁复一岁，递递改之，"行年五十而犹知四十九年之非"。这个人就是蘧伯玉。孔子曾如此赞扬他:"外宽而内正,自极于隐括之中,直己而不直人,汲汲于仁,以善自终,盖蘧伯玉之行也。"

我们今天怎样来理解蘧伯玉呢?在那个礼崩乐坏的年代,如果蘧伯玉坚持洁身自好且严格要求别人,会成为孤独的"另类",难以立足吧?但他坚持反思,终身守善,如果缺少反思的勇气,这岂能实现!

孔子赞扬蘧伯玉"自极于隐括之中",就是讲他在"污泥浊水"中以不断反思和纠正自己的过错来拯救自己。《论语·卫灵公》有言:"过而不改,是谓过矣。"这是孔子告诉学生,人不可能没有过错,犯了错误而不改正,才是真正的错。能主动改错就叫自新。《庄子·则阳》有言"蘧伯玉行年六十而六十化",这是说蘧伯玉在六十年之中每年都在变化。这种说法充满哲思,蕴含着正因为日日都在反思过错,所以日日都在推陈出新的道理。孔子的学生曾参有著名的"吾日三省吾身"之说,早先我想,每天都反省自己有没有过错,是不是有点迂腐啊?直到后来懂了庄子赞蘧伯玉的"行年六十而六十化",才理解人生不断地纠错是有利于更新自己的。如此生机勃勃的自我更新,大约是蘧伯玉活过百岁的一个重要原因。

蘧伯玉与孔子都是极其善于学习的人。孔子有"道不同不相为谋"之说,蘧伯玉则恪守"直己而不直人"。然而天下有很多思想认识不同的人,我们要怎样与人交往?孔子设学授徒,就是在开蒙启愚,试图使不识道、不同道者走到相同的道路上来。孔子弃官周游列国,企图说服其他诸侯国的君王施行仁政。在这个过程中,孔子也在反思自己。《论语·宪问》中有这样的记载:"贤者辟世,其次辟地,其次辟色,其次辟言。"就是说,贤人最好的选择是逃避恶浊的社会去隐居,次一等的选择是从一地避到另一地,再次一等的选择是避开不好的脸色,再次一等的选择是回避恶言恶语。那么,孔子弃官周游列国,算哪一种?《论语·微子》记载了孔子对子路说过的这样一段话:"鸟兽不可与同群,吾非斯人之徒与而谁与?天下有道,丘不与易也。"意思就是,人不是与鸟兽同群的,我不是隐士,如果不与天下人在一起,与谁在一起?如果天下有道,我就不必为改变世道而奔波了。这是孔子灵魂深处的声音。

如此，孔子周游列国所做的不只是劝政，也是一个自我反思、自我建设的过程。他一方面认同"无道则隐"，不与邪恶势力同流合污，另一方面努力走出某种束缚，走向新的境界。这是重要的心路历程。这是超越功利的作为。"知其不可为而为之"这句传颂千古的名言，升华为一种百折不挠、千难不避、万死不辞的信仰和追求。孔子这种明知可能没有结果却仍然慷慨跋涉的行为，让蘧伯玉受到了很大的震动，于是蘧伯玉道出了其一生中最为惊世骇俗的反思——"耻独为君子"。

这是蘧伯玉与孔子两个伟大的哲人相互学习、相互砥砺之后，在蘧伯玉灵魂深处发出的绝响！这是蘧伯玉一生最深刻的反思，他指出一个人仅独善其身，不去积极地影响周围的人，不做改善社会的事，是可耻的。在中华文化史上，这是对"有道则仕，无道则隐"的超越。

今读陈栋论反思，且指出反思需要勇气，便知这是不寻常的命题。陈栋是新闻学博士、经济学博士后，现供职于长江传媒。他生在鄂东南一个农民家庭，考进华中科技大学实属不易。他是80后，这部《反思的勇气》从回顾中学、大学时代的生活开始，那是"梦想的灯塔、青春的乐园、学习的沃土"，因此书中处处可见20世纪末21世纪初中国校园青春的气息……

反思，并不只是反思从前的过错。进入全球化时代后，当今全世界的人都需要反思人类是否已经丢失了自己的精神家园。资本主义制度积累的空前的社会财富日益集中在少数人手里，人类是在进化的吗？今天比昨天更文明吗？我们所学的"现代经济学"实际上是"西方资本主义经济学"，它在教我们什么？我们是否需要把真理、正义、信仰、理想、爱情乃至知识，进行重新辨认？我们应当清醒地意识到，人类的贪婪和恶念与资本合谋，会使人类社会和个人的美好丧失。人类有没有勇气在反思中把这种美好找回来？

陈栋博士毕业前夕，进了武汉一家大型国有企业工作，后被选调到一个革命老区偏僻的茶乡任职，离任时得到他引为自豪的"茶叶书记"称号。后来，他到襄阳日报社任职，如今为"打造中国幼教全程服务领军品牌"服务，经历了跨行业多岗位的磨炼。他正值青壮年，如此重视反思，且如蘧伯玉晚年悟到的"耻独为君子"，以自身经历从成长、文化、教育、阅读四个维度进行反思并示于读者，以期对他人有所裨益，这也是一种勇气。

王宏甲①

2023年9月18日于北京

---

① 王宏甲系中国作家协会报告文学委员会副主任，中国报告文学学会第四届理事会副会长，享受国务院政府特殊津贴专家，中共中央宣传部全国宣传文化系统文化名家暨"四个一批"人才。已出版《吴孟超传》《中国天眼：南仁东传》《智慧风暴》《新教育风暴》等名作，曾获中共中央宣传部"五个一工程"奖、鲁迅文学奖、徐迟报告文学奖、冰心散文奖、中国图书奖、中华优秀出版物奖。

前言

反思的勇气是成长的底气

孔子曰:"三十而立,四十而不惑,五十而知天命,六十而耳顺。"然而,真正到了四十岁这个年纪,我仍有很多未解的疑惑——上有老,下有小,自己的未来也充满未知。正因如此,时而意气风发,时而瞻前顾后,时而犹豫不决,时而"躺平摆烂",已成为四十岁年龄阶段人群的真实写照。

曾几何时,我对"前半生不要怕,后半生不要悔"这句话是那么地坚定执着。如今,不惑之年的自己对"不怕不悔"充满敬畏,还带着些许惶恐。"不怕"是勇气的体现,"不悔"是智慧的沉淀。对于人生而言,倘若只有勇气而缺乏反思,是一件多么可怕的事情!只有兼具反思的勇气和反思的智慧,不怕不悔才能真正成为生命的精彩注脚。

反思是对过往的事情进行深入的再思考,并从中总结经验教训。古语云:静坐常思己过,闲谈莫论人非。这是做人最好的修养。

古希腊哲学家苏格拉底曾说:"未经审视的人生不值得过。"德国诗人海涅说:"反省是一面镜子,它能将我们的错误清清楚楚地照出来,使我们有改正的机会。"纵观古今,环视中外,反思在任何时代、任何人群中都是稀缺的资源和宝贵的品质。反思不理智之情、不和谐之音、不练达之举、不完美之事,往往能够收获不寻常的生命体验。

在日常生活、工作和学习中敢于反思、善于反思,在反思中成长,在改进中提升,是一个人走向成熟、走近成功的必修课。从一定意义上讲,反思的勇气便是成长的底气。

无数事实证明,开明纳谏是众多优秀领导者的高贵品格。唐太宗李世民说:"以铜为镜,可以正衣冠;以古为镜,可以知兴替;以人为镜,可以明得失。"执政期间,唐太宗以亡隋为戒,主动虚心地向群臣求谏纳谏。最值得称赞的是,唐初名臣魏徵直谏200多次,写下著名的《十渐不克终疏》,直陈唐太宗治国理政的过失,劝谏他继续保持贞观初年节俭、淳朴、谨慎的作风。唐太宗不仅坦然接受谏言,还在晚年教诲太子李治时深刻反省了自己的一生,告诫李治从历史中找古代的贤明帝王作为学习的典范,而不要以自己为榜样。他认为自己做了很多错事,"奇丽吾服,锦绣珠玉,不绝于前,此非防欲也;雕楹刻桷,高台深池,每兴其役,此非俭志也;犬马鹰鹞,无远必致,此非节心也;数有行幸,以亟劳人,此非屈己也"。有史学专家指出,开明纳谏是唐初开创贞观之治的制度密码。对于执政者而言,反思越彻底,政治就越清明,经济就越繁荣,社会就越安定。

反思的勇气弥足珍贵。大多数人习惯严于律人、宽以待己,习惯挑剔别人的缺点和不足,习惯忽略对自己的审视与反思。"金无足赤,人无完人。"一个人存在缺点和问题本身并不可怕,可怕的是缺乏发现缺点和问题的勇气,缺乏自我改进和自我提升的毅力。

眼是一把尺,量人先量己;心是一杆秤,称人先称己。面对社会上诸多人和事,倘若我们能够多一些扪心自问、少一些争执指责,多一些观心自省、少一些挑剔苛责,就一定能够从感恩出发、从谦卑做起,发现这个世界的美好,成就更好的自己。

唐代茶学家陆羽,因其相貌丑陋而成为弃儿,由竟陵龙盖寺住持智积禅师抚养成人。陆羽虽然身在庙中，但不愿终日诵经念佛，而是喜欢吟读诗书。有一天，陆羽执意下山求学，遭到了智积禅师的反对。为了阻止陆羽下山，同时进一步磨砺陆羽的心智，智积禅师安排陆羽学习冲茶。在钻研茶艺的过程中，陆羽遇到了一位好心的老婆婆，不仅向她学到了许多冲茶鉴茶的技巧，还学会了不少读书做人的道理。经过刻苦练习，陆羽将一杯热气腾腾、香气扑鼻的苦丁茶端到了智积禅师的面前，智积禅师被陆羽的虚心好学精神感动，终于答应了他下山求学的请求。后来，陆羽起早贪黑、跋山涉水、潜心求索，以茶民为友，以茶叶为伴，撰写了世界上第一部介绍茶的专著《茶经》，把中华茶艺文化发扬光大。陆羽也因此成为一代茶圣。

  陆羽弃佛从茶的故事告诉我们，人生的反思，不仅要树立清晰而坚定的目标，还应该努力找到实现目标的路径。客观原因无穷多，主观原因就一条。遇事与其去找无数条客观原因，不如去找一条主观原因，不回避问题，不推卸责任，不怨天尤人。

  反思只是手段，不是目的。反思过往之事，是为了更好地活在当下之时。经常反思，其实是在给自己的心灵做环保。只有每天都清洗自己的内心和思想，我们才会坚持严于律己、慎独慎微。只有不断地反思自己的错误和不足，汲取经验和教训，我们才能真正做到向外看、向内求、向前走。反思也由此成为助推个体前行的动力源泉。

  基于此，我把近年来在《人民日报》《光明日报》《中国纪检监察报》《湖北日报》《襄阳日报》《湖北教育》和新华网、荆楚网等主流媒体发表的评论文章结集出版，从成长、文化、教育、阅读四个维度进行深刻反思，领悟人生的真谛和价值。希望本书能够帮助广大读者朋友鼓足反思的勇气、增强成长的底气，助力大家顺利开启一扇丰富和完善生命过程的高质量反思之门。

陈梅

2023 年 8 月 22 日

目录

第一辑 反思成长之坚定

开放的时代更能放飞梦想　002
在坚毅执着中走向自信自强　005
大学时代不"玩理想",何时"玩理想"?　011
理想纵然奢侈,更需孜孜以求　014
你不启航,谁也不能帮你扬帆　018
用好调查研究法宝　谋好干事创业新局　023
"躺平"与"内卷"不应是人生的必选项　027
新时代创业者应把使命感置于灵魂深处　029
创业者的自我管理法则　031
干事创业呼唤"茶叶型"干部　033
述职考评倒逼干部员工职业成长　036
把工作会议开出高质量、高效率　038
收心工作　专心干事　040
年轻干部成长成才要抓住机遇、尊重规律　043
新时代年轻干部理想信念的培育与践行　045
以坚定的自我革命引领伟大的产业革命　052
"犯其至难而图其至远"的三重境界　054
勾勒中国幼教未来的模样　056
以"游戏学习、智慧成长"引领幼教革命　058

爱立方靠什么引领中国幼教？ 061
在"二次创业"中引领幼教新变革 064
在引领行业中培养未来领导者 066
"红色幼教"典范是怎样炼成的 069
让青春为"红色幼教"绽放 072
为幼教赋能 助幼师提能 074
选择未来 放飞梦想 成就自己 076
梦想让我们爱向前方 081
坚守幼教初心 引领幼教变革 083
打造幼教生态圈 引领幼教新变革 085
知难图远 奋勇登攀 088

第二辑 反思文化之内核

"讲好中国故事"的文化担当与职业素养 092
小时评涵养大智慧 099
用开放与宽容来解救"时评危机" 106
让创新创业风尚提升城市精神区位 108
现代文明城市最需要"为别人着想的善良" 110
每天都是"创文日" 人人都是"创文人" 112
致敬劳动者的最好方式是维护劳动者尊严 114
别把工匠精神与读书文化对立起来 116
乡村休闲产业要坚持品质与品牌并重 118
没有道德支撑的"网红"终将是昙花一现 120
立法尊重民意与民意融入立法 122
钓鱼岛让我们读懂国情世情 124
一经梦想 一生追求 126
初心不忘 红心不变 128
将红色基因转化为前行动力 132
让智慧襄阳的品牌故事口口相传 134

如何打响襄阳都市圈文化品牌　137
定力与韧劲是劲牌创业者的精神支柱　144
尧治河的变与不变　146
楚天茶王玉皇剑的创业故事　150
霸王醉品牌文化背后的时代价值　155
双喜品牌文化背后的共享内涵　159
襄阳程河柳编产业的路径选择　161
"新"是一种力量　163

第三辑　反思教育之变革

为何出现不会写消息的新闻学博士？　170
回归"育人"初心　守望"育才"未来　172
打造智库型媒体和媒体型智库　174
让文化之光点亮校园　176
境界是一种力量　178
朝着人民满意的方向阔步前进　180
让教育受尊重　让教师有尊严　182
成全幸福教师　成就幸福教育　184
教育名家是教育振兴的时代坐标　186
在站好三尺讲台中享受职业成就感　188
让智慧成为幼教工作者的人生底色　190
让幼儿教师的专业成长没有边界　192
教育振兴为乡村振兴提供活水源泉　194
办好乡村学校是振兴乡村教育的第一步　196
讲好教育故事　写好教育"奋进之笔"　198
讲好教育故事是能力，更是智慧　201
把教育故事讲到群众的心坎里　203
党建让中小学心中有方向、行动有力量　205
幼儿园党建需要深思考、简操作　207

以未来的名义将"课堂革命"进行到底　209
办好思政课既要理直气壮更要润物无声　211
守好德育阵地是守护教育良知的基石　213
劳动教育是青少年全面成长的奠基石　215
"户外两小时"应该发挥独特的教育价值　218
研学旅行不是追风而是逐梦　220
职业教育同样可以成就出彩人生　222
破解优生难题的关键在于降低优育优教成本　224
发展托育服务需警惕"重托轻育"　226
疫情倒逼幼教加速自我革命　228
"双减"政策为素质教育提供强力保障　230
《家庭教育促进法》把"家事"变成"国事"　232
家校共建可以"分工"但不能"分家"　234
守护美好"视"界　236

第四辑　反思阅读之意义

阅读让城市备受尊重　240
阅读点亮人生蝶变之路　242
出版人离出版家到底有多远　244
为荣誉而战，向梦想进发　250
让精品图画书滋养金色童年　253
书店是城市的精神灯塔　255
超越旧我　认知自我　实现大我　257
让精神成长涵养精彩人生　259
在自由的时代依然要保持一份自省　262
人生因演讲而高级有趣　265
诗歌让节气在时空穿越中无限风雅　267
以时代担当为减贫事业提供"湖北样本"　269
在阅读中做最好的自己　271

把而立之年的自信自强书写在创业征途上　273
守望教育初心　引领荆楚气派　275
让刘秀成语故事为青少年明德立志　279
用心点亮自己　用爱照亮别人　282
让思想之光照亮中国幼教前行之路　284

后记　287

反思成长之坚定

第一辑

　　成长是一场修行。成长路上既有鲜花和掌声，又饱含辛酸和泪水。新时代的青年若想顺利成才、成功创业，必须具有崇高的使命感、正确的价值观和科学的方法论，在成长过程中保持坚定的信念，深刻反思初心，充分激发斗志，用智慧与豪情打拼一片新天地。

开放的时代更能放飞梦想

党的十八大以来,"中国梦"已经成为中国社会各界达成的目标共识。其实,放飞"中国梦"的根本目标,就是努力让每一个中国人的梦想得以放飞,并获得实现的机会。

传说就是把现实变为梦想,传奇就是把梦想变为现实。新中国成立以来,特别是改革开放以来,我们的国家放飞了一个个梦想,并把一个个梦想变为现实,在世界范围内创造了一个又一个中国传奇。

作为80后,我与改革开放共成长、同进步,深刻体会到一个开放的时代更能放飞人生的梦想。

我出生在鄂东南一个普通的农村家庭,在父母含辛茹苦的抚育下考上华中科技大学。之后,由于成绩突出,保送本校攻读硕士、博士学位,并顺利进入博士后流动站从事研究工作。十年大学的寒窗苦读与科学研究,改变了我生活的轨迹——从农村走进城市,从贫家子弟成为知识分子。这一切都是基于"大学梦"的实现。

2007年,博士毕业前夕,我有幸作为引进人才,进入武汉一家大型国有企业工作,负责品牌策划与文化传播工作,实现了"与品牌共成长"的"品牌梦"。

2011年,我参加河南信阳的公开选拔领导干部考试,选调到革命老区一个偏僻的专产茶叶的乡镇任职,与当地茶农打成一片,离任时获得"茶叶书记"的称号,实现了"服务基层、造福百姓"的"基层梦"。

2012年,我参加湖北襄阳的"招硕引博"工程,选调到市直单位任职,努力在文化产业方面精耕细作,实现了"助推文化襄阳建设"的"传媒梦"。

2017年，我作为专业人才，被引进到湖北省属国有文化上市企业——长江传媒任职，继续在文化教育产业的赛道上奋力奔跑，实现了"打造中国幼教全程服务领军品牌"的"教育梦"。

其实，我的成长经历和择业经历只是当代年轻人群体的一个缩影。

在这个开放的时代，每个人特别是年轻人都有不断放飞梦想的机会，关键在于自己如何奋斗、如何争取。换言之，不论人生的轨迹如何变化，我们每一段梦想的放飞都得益于这个开放的时代，都要感恩于这个伟大的国家。

回想我们上一辈人的青春年代，组织分配优先于自主选择，一个年轻人通过参加考试或选拔从一个省调到另一个省、一个市调到另一个市，确实是一件很难的事。甚至，很多人一生都没有放飞梦想的机会。

一个人的梦想往往是从选择开始放飞，从实干开始筑造，从坚持开始实现。

日益深化的改革开放让我们有了更多的选择，而纷繁芜杂的社会环境让人们更容易流于空谈、丧失斗志。因此，习近平总书记在鼓励青年"追求美好梦想"的同时，强调了"空谈误国，实干兴邦"，勉励广大青年立足本职、埋头苦干，从自身做起，从点滴做起，用勤劳的双手、一流的业绩成就属于自己的精彩人生。

在人生的梦想面前，成长是一个过程，成才是一个过渡，成熟是一种心态，成功是一种状态。成长、成才、成熟、成功的过程亦是梦想不断实现的过程。任何人的梦想都只能靠实干的积累、成长的叠加来实现。

梁启超曾说："少年智则国智，少年富则国富，少年强则国强，少年独立则国独立，少年自由则国自由，少年进步则国进步，少年胜于欧洲则国胜于欧洲，少年雄于地球则国雄于地球。"青少年是祖国的未来和希望，肩负着民族复兴之大任，更需要以实干顺应时代、成就梦想。

梦想在心中，行动在路上；命运在手上，希望在脚下。这是一个开放的时代,这是一个适合年轻人放飞梦想的年代。只有广大青年放飞梦想,并朝着梦想的目标执着前行,"中国梦"才会放飞,中华民族的伟大复兴才会在广大青年的接力奋斗中变为现实。

作为青年学子,我们需要适应社会、融入社会,需要坚持"为自己而活,为别人所用"。

作为青年知识分子,我们在衣食无忧的同时,不仅要想着自己住着的96平方米的房子,更要想着自己的脚下还有960万平方千米的土地。

作为时代青年,我们在顺应时代的过程中要坚持梦想、坚定信念、坚守底线,用实干把握现在,用实力挑战未来。

有梦想才有未来,在开放的时代一定会有放飞梦想的机会。

青年一代,梦想放飞的机会来了,你在哪儿?

在坚毅执着中走向自信自强
——读懂高考人生与人生"赶考"的辩证法

2022年是高中母校湖北省大冶市第二中学(以下简称大冶二中)建校120周年。两个甲子的奋斗历程,可谓苦难辉煌,弥足珍贵。

母校是什么?中国工程院院士、华中科技大学原校长李培根说:"母校就是那个你一天骂他八遍也不允许别人骂的地方。"在我们每一个学子眼里,高中母校既是梦想的灯塔、青春的乐园,也是学习的沃土、心灵的家园。回首自己20多年前在大冶二中学习生活的点点滴滴,别是一番滋味在心头。

一、百年母校永远激励我自信自强

1996年,我从大冶市陈贵镇南山中学,考入大冶二中普通班高一(3)班,当时的高一(1)班和高一(2)班是重点班。当年,南山中学中考整体失利,没有一个考生达到大冶一中录取分数线,于是很多同学选择报考中专学校。我虽然是南山中学中考失利的一个普通样本,但最后没有选择读中专,而是选择读高中。

1997年,高一升高二时,进行文理科分班。高二年级在保留高二(1)班和高二(2)班两个重点班的基础上,增设了一个文科重点班高二(5)班。我以分班考试的优异成绩,幸运地进入高二(5)班学习。虽然是在重点班学习,但由于自己在高二、高三时放松了自我要求,没能有效改掉贪玩习性和马虎习惯,因此,我为自己在大冶二中的学业历程酿造了一杯苦酒——1999年高考失利。

痛定思痛,绝境反弹。复读一年后的2000年,我如愿考入华中科技大学新闻与信息传播学院广播电视学专业学习。2004年，顺利保送就读本校新闻学硕士研究生。2005年，顺利通过硕博连读考核，保送就读本校新闻传播学博士研究生。2008年，顺利通过博士后入站考核，进入本校经济学院理论经济学博士后流动站从事产业经济研究工作。

博士毕业至今，我先后在湖北中烟工业有限责任公司、河南省信阳市浉河区浉河港镇党委、襄阳日报社、长江传媒等单位工作。对于这十几年职业生涯里从事的核心业务，我时常开玩笑地用"烟酒茶，书刊报，后来干幼教，现在做文教"来概括描述。

一路青春理想，一路风雨兼程。无论身在何处、走向何方，我的心中一直有一个不变的认知，那就是：在大冶二中学习生活的艰苦岁月是我人生中不可磨灭的记忆，百年母校永远都在激励我把坚毅执着的优良品格转化为自信自强、造福社会的强大动力。

二、武汉游行游学点燃青春理想

大冶二中是一座磨砺人性的大熔炉，也是一个锤炼品格的"泡菜坛子"，每一个学子在这里都可以实现百炼成钢的梦想，也可以享受春风化雨的温情。在这里，复杂的时代与艰苦的环境让我更加懂得残酷的现实，老师的关爱与同学的帮助让我更加珍惜眼前的一切。正是因为经历了困难与失败的重重磨砺，作为高中生的我奋力在挫折中学会坚毅，在执着中学会担当，在自省中学会自强，在绝望中学会反弹。

1999年5月8日清晨，以美国为首的北约空军悍然轰炸中国驻南联盟大使馆，导致新华社记者邵云环、《光明日报》记者许杏虎及其夫人朱颖当场死亡。这一行径受到国际社会的强烈谴责，引发中国全体人民的同仇敌忾。

1999年5月9日上午，我们高三（5）班11名同学毅然决然地放弃了手头正在紧张进行的高三年级摸底月考，瞒着家长和老师赶到金牛镇客运站，挤上了金牛到武昌的中巴车。我们花了四个多小时，终于来到宏基客运站，然后转乘518路公交车赶到华中理工大学（即现在的华中科技大学），投奔我在武汉唯一的亲人——正在华中理工大学材料科学与工程学院就读硕士研究生的表哥余福林。

在华中理工大学与余福林会合后，我们跟随华中理工大学学生游行队伍，前往武昌的洪山广场、汉口的法国驻武汉总领事馆等地方，沿途高喊"解散北约，支持南联盟""解散北约，还我尊严""反对战争，支持和平"等口号。在这种历史性场面的深刻影响下，我们内心积压已久的爱国热情和青春理想一发而不可收。

那天深夜，我们拖着疲惫不堪的身体，来到余福林在武汉大学化学系就读硕士研究生的同学的宿舍。那位同学把我们这群从外地来到武汉的热血青年安顿到武汉大学化学系学生会储物室。房间里面除了堆放一些学生活动使用的杂物外，只剩下几个高低床板，没有被褥，没有床单，没有蚊帐，但我们顾不上太多，简单收拾了一下，便挤在床板上睡着了，任凭蚊虫叮咬也不醒。因为大家跟着游行队伍，一路走了几十千米，太累了。

1999年5月10日早上，我们起床后没有跟随大学生游行队伍活动，而是选择到武汉大学、华中理工大学、武汉测绘科技大学（2001年更名为武汉大学测绘学院）、华中师范大学等知名大学进行参观游学。我们一边参观游学，一边畅谈理想和人生，这股青春豪情至今回想起来仍然让我激动不已。

高三（5）班11名学生集体放弃摸底月考到武汉游行的事情，在大冶二中引起了轩然大波。学校领导和老师对我们的评价，基本上分成了两派：一派认为高中生擅自逃课离校，参加与学习不相干的社会活动，应该接受校纪校规处罚；另一派则认为高中生能够积极参加社会活动，表达爱国热情，敢于挺起民族脊梁，值得鼓励，不应处罚。最后，在学校主要领导的宽容关爱下，在部分老师的说情下，我们没有被处罚，只是受到了口头的批评教育。

真正的勇敢不是无所畏惧，而是有所作为。这场武汉游行活动给我们11名同学带来了两个影响一生的收获：一是进一步激发了爱国热情，点燃了青春理想；二是进一步开阔了学习视野，明确了奋斗目标。

大冶二中所在的金牛镇是距离大冶城区最远的一个乡镇，我们高中生去大冶城区较少，对城市的认知很少，对大学的了解更少。当走进华中理工大学、武汉大学等名校时，我们大开眼界、肃然起敬，内心充满了羡慕和向往——名牌大学原来这么大、这么美，大学生活原来这么丰富多彩、朝气蓬勃。我当时就想："若能考进华中理工大学、武汉大学学习深造，是一件多么美好的事情！"其实，我也知道，按照当时大冶二中历年的高考成绩排名，考入这些学校，必须是全校前几名，难度极大。

三、立志从虬川河畔奔向海阔天空

理想很丰富，现实很残酷。1999年的高考失利，让我在很长一段时间陷入沉默和绝望之中。我当时深深地怀疑自己是不是学习的料，大冶二中是不是能够成为自己放飞梦想的地方。

1999年高考后暑期的一天，我正在田地里干农活。大冶二中历史老师张卫平、政治老师石梅娇到我家里开展家访，劝导我父母让我回大冶二中复读，劝我重新开始，向名牌大学冲刺。家访结束后，两位老师直接把我的被褥、床单等行李带上了车，拖到大冶二中学生宿舍。后来，张卫平老师就是文科复读班高三（8）班班主任兼历史课老师，石梅娇老师就是高三（8）班政治课老师。以这两位老师为代表的大冶二中教师群体，是我需要用一辈子去感恩的贵人。

木已成舟，从头再来。20世纪90年代末期，香港歌手黄家驹的粤语歌曲《海阔天空》和《光辉岁月》非常流行，犹如2022年荣获中宣部第十六届精神文明建设"五个一工程奖"优秀作品奖的励志电影《奇迹·笨小孩》的主题曲选择《海阔天空》一样，它能够充分激发广大年轻追梦人心中的梦想与斗志。重新走进大冶二中校门的那一刻，我在内心深处为自己呐喊：从哪里跌倒，就要从哪里爬起来，一定要从大冶二中的虬川河畔奔向人生的海阔天空和光辉岁月。

时间是挤出来的，成绩是拼出来的。在复读的那一年，我坚持每天第一个早起跑步锻炼；每天中午1点左右去食堂吃饭，这样不用浪费时间去排队；每天晚上 10 点下晚自习后到教学楼对面的教师办公室再复习一个半小时，然后回宿舍直接睡觉，避免在宿舍"卧谈会"上浪费时间。

在复读那一年的月考、期中考试、期末考试和高考摸底考试中，我虽然只考过一次全校文科第一名，但每次考试都能保持在全校文科前五名，算是高三年级学习成绩最稳定的学生之一。

幸运的是，在 2000 年高考中，我依然保持了全校文科前五名的成绩，并且估分与考分一分不差，顺利考入自己梦想中的华中科技大学新闻与信息传播学院。

只有经历过高三复读，我们才能真切体会到千千万万复读生负重前行、柳暗花明的心路历程。后来，我也终于理解了襄派教育家、襄阳四中原校长、孝感高中现任校长程敬荣在《成就最好自己》一书中勉励广大复读生"高四伟大、复读光荣"的深刻内涵。

四、在新的"赶考"路上成就最好的自己

考入大学后，我倍加珍惜这来之不易的深造机会。在刻苦学习、勤奋钻研之余，我积极参加学生会、记者团活动，策划组织开展文娱活动，主动向老师、师兄、师姐和优秀同学请教，先后创办华中科技大学新闻与信息传播学院院报《新闻青年》和研究生院院刊《青年时代》，较快地提升了自己的专业素养和综合能力，为日后迈入职场、适应社会、干事创业奠定了坚实的基础。

作为 20 世纪 80 年代初出生的农民子弟，我能够接受完整全面的高等教育，并从农村走向城市，拥有比较丰富的工作阅历和人生经历，离不开这个伟大的时代，离不开成长路上众多老师、领导、同学和朋友的教诲与帮扶，更离不开母校大冶二中的哺育与栽培。如今回望发现，大冶二中见证了我的成人礼，磨砺了我的健全心智，培养了我的好学习惯，锤炼了我的务实学风，激发了我的理想情怀……这一切的一切，都让我终身受益、一生难忘。

无数事实表明，若想成就精彩的人生，就必须经历一次又一次的

"赶考"。高考无疑是诸多"赶考"路上的重要一站，也是放飞梦想的关键一站，机不可失，时不再来。

其实，人生最大的遗憾不是"我不行"，而是"我本可以"。倘若不想终身背负"我本可以"的后悔与愧疚，我们就必须学会忍辱负重、坚韧不拔、永不言弃。一天又一天的执着与坚持，就是在一步又一步地走向自信自强，也是在一次又一次地接近人生理想。

没有比人更高的山，没有比脚更远的路。大冶二中历经120年的苦难辉煌，必将激励千千万万大冶二中学子勿忘昨天、无愧今天、不负明天，努力把"知难图远、难行能行"置于灵魂深处，坚持梦想、坚持学习、坚持奋斗，讲好大冶二中故事、树好大冶二中形象、当好大冶二中示范，传承千年书院的优良学风，重振百年名校的历史雄风，再创大冶二中的伟大辉煌，在奋进新时代中开启新征程，在新的"赶考"路上遇见更好的自己、成就最好的自己。

百年大党风华正茂，百年母校意气风发。衷心祝福百年母校再绽芳华！诚挚祝愿母校老师、同学和校友们百尺竿头、更上层楼！

大学时代不"玩理想",
何时"玩理想"?

2000 年至 2008 年,我在华中科技大学新闻与信息传播学院本硕博求学八年;2008 年至 2010 年,我又在华中科技大学经济学院理论经济学博士后流动站从事科研工作两年。在喻家山下躬耕苦读的这十年,我最大的收获不是知识的增长和能力的提升,而是心智的成熟与责任的担当。

大学生活简单而充实,最熟悉的道路是宿舍通往图书馆和自习室的林荫小道,最常去的教室是西五楼 201 自习室和东五楼 120 自习室,最有意义的事情是创办校园报刊、激荡校园文化,最深刻的记忆是一往无前追梦想、身无分文"玩理想"。至今,回想起在图书资料室里进行学术争论、在建校纪念碑草坪上开选题会、在寝室里编排报刊、在校园路口和学生宿舍发行报刊等场景,我依然心潮澎湃、感慨万千。

2001 年 11 月 8 日是我国第二个记者节,这一天我与周虎城、张彦武、王慧芳等本科同学一起创办了新闻与信息传播学院院报《新闻青年》,并担任社长,开始了难忘的校园办报生涯。当时的《新闻青年》,先后推出"透视学校图书馆盗案""揭秘校园自行车盗案""暗访武汉女大学生陪聊""直击华科西一门封门全过程""学生旷课老师要不要反思"等调查、评论类报道,引起了广大师生的强烈关注,一纸风行校园,被誉为"华中科技大学的《南方周末》"。

2004 年 11 月 8 日是我国第五个记者节,这一天我与邹伟、张桂芳、沈明涛等硕士同学一起创办了研究生院院刊《青年时代》杂志,并担任总编辑。2005 年春节,我们四名学生记者一道"零距离调查河南沈丘癌症村"。5万字的调查报告引起了媒体和社会的广泛关注，得到时任河南省委书记徐光春和华中科技大学校长李培根院士的批示表扬。当时，李培根校长自掏400元，购买100本杂志，赠送给每个学院的书记、院长阅读学习，学校由此大兴社会调查研究之风。随后，《青年时代》推出了"中国第一矿区大冶调查报告"等调查类报道，在华中科技大学学生实践活动中掀起了新一轮社会调查热潮。

办报之时，我开始尝试社会领域的时评写作，并在《南方日报》《广州日报》理论评论部实习锻炼之时，编辑理论评论版，撰写相关时评专栏，还在全国40多家媒体发表时评作品数百篇。

在近代中国，时评由政论文演进而来。时评与政论文出现分野，正式成为一种相对独立且深受读者欢迎的文体，起源于1904年上海《时报》出现署"时评"之名的言论。中国近现代报刊史上的第一次"时评热"便是由《时报》的"时评"掀起的。改革开放以来的"新时评风"，由《南方周末》"纵横谈"刮向全国，并在互联网异军突起的21世纪之初达到巅峰。

时评写作的高要求、高标准，让我深刻感受到自身知识储备的欠缺，同时也让我更加坚定了自己的职业理想，放弃了许多杂念，开始沉下心去阅读、思考和交流。2005年，我被保送就读华中科技大学新闻史论方向直攻博，博士学位论文的选题就是《在推进公共领域建构中前行——1996年至2006年中国新时评发展研究》。2010年，博士论文修订完善后由中国社会科学出版社出版，书名确定为《解码新时评——中国新闻时评的新发展（1996—2006）》，成为国内第一本当代时评史学术著作。

在华中科技大学学习期间，我还有幸参与创办了知音传媒集团主办的《第1生活》和长江日报社主办、湖北中烟工业有限公司协办的《黄鹤楼周刊》、《经典》杂志。通过参与运营管理这些市场化报刊和行业媒体，我逐渐把大学时代的"玩理想"转化为适应现实、融入社会的动力，努力做一个深刻感性、高级有趣的具有理想主义情怀的现实主义者。

大学时代是理想启航、梦想放飞的热血时代，也是最适合"玩理想"的激情岁月。大学时代不"玩理想",何时"玩理想"?走进社会后,我们必须遵从各种职场规则,必须遵守各种职业规范,必须遵循各种社会规矩。为了在职场中更好地生存和发展,我们不得不隐藏锋芒、埋藏思想、躲避矛盾,直到与"玩理想"的初衷渐行渐远、背道而驰。

华中科技大学不仅是一所以严谨学风著称的大学,也是一所以兼容并包为誉的大学。在这里,我放纵与马虎的陋习得到了有效改善,激情与锋芒的个性得到了充分释放。记得毕业时,不少领导、老师、同学对我说:"你不是一个听话的学生,但算是一个好学生。"感恩华中科技大学的极大宽容,感激新闻与信息传播学院和经济学院老师的精心培育,感谢同学和好友陪我走过青春岁月。

人因梦想而伟大,因学习而改变,因行动而成功,因思想而备受尊重。即便走过了身无分文"玩理想"的美好年代,我也始终坚持与思想者同行、向行动者致敬,努力用辉煌业绩回报这所抚育我成长成才的大学,回报这个伟大的时代。

理想纵然奢侈，更需孜孜以求

博士毕业工作至今，我一直选择居住在华中科技大学附近，并经常回到新闻与信息传播学院和经济学院做讲座或参加相关活动。很多老师见到我时会开玩笑说："你怎么还没毕业呀？"其实，在母校母院面前，我们永远都是学子。因为，我们理想的种子早已在这里种下，我们青春的风帆早已在这里扬起，我们清澈的灵魂早已在这里安放。

此时此刻，回望在喻家山下躬耕苦读的这十年，我最大的收获不是知识的增长和能力的提升，而是心智的成熟与责任的担当，更是青春的点燃和理想的放飞。

站在新时代的历史关口，面对世界百年未有之大变局，不少青年学生为何容易被不良社会思想和情绪影响，质疑青春、怀疑理想，甚至批判社会？很多新闻从业人员为何逐渐把新闻理想当作奢侈品而不是必需品？还有一些年轻人为何对"25岁就死了，等到75岁才埋"的虚度青春现象无动于衷？

我想说的是，越是浮躁的时代，越需要坚守理想；越是奢侈的理想，越有追求的价值。管好自己、做好自己、超越自己，比什么都重要。广大青年朋友在自由的时代依然要保持一份自省、坚持三个信念。

一、理想纵然奢侈，更需孜孜以求

我的大学时代主要是在读书、写作与创刊办报中度过的。2000年，我入学后就积极参与院报《大学新闻》的采编业务。之后，《大学新闻》出于特殊原因遭遇停刊，我便与几个同学一起牵头创办了新的院报《新闻青年》。读研时，我又与几个同学一起创办了《青年时代》。校园报刊一时风行，在当时掀起了一轮又一轮大学生社会调查报道的热潮。作为一所以理工科为主要特色的高校，华中科技大学寒暑假的大学生社会调查风气由衰而盛，便是从那时开始的。

校园办报办刊的宝贵经历，让我更加深刻地体会到没有理想的人即使年轻也已苍老。只要孜孜以求，青春就不会虚度，理想就不会变得奢侈。

二、理想纵然奢侈，更需全力以赴

理想本身不能当饭吃，只有付诸实践，才可能变为现实。换句话说，如果理想不付诸行动，便是虚无缥缈的梦。

在创办校园报刊的同时，我开始尝试社会领域的时评写作，读书期间发表数百篇时评文章，成为当时时评界比较知名的在校大学生。

2006年，我用时评稿费作为首付在武汉光谷步行街购买了人生中第一套商品房，为自己后来继续攻读博士、博士后和报考乡镇基层岗位、追求青春理想提供了基本的物质保障。其实，以时评创作为代表的新闻专业学习和实践，不仅可以给自己带来专业成长和精神自信，还可以带来一定的改善生活的物质基础。

无论我们走到多远的未来，都不要忘记为什么出发、为什么能出发。作为华中科技大学新闻与信息传播学院的学子，我们要时刻提醒自己："当你踏进华中科技大学校门的那一刻起，你的人生将因此而改变；当你成为新闻与信息传播学院学生的那一天起，你的理想已经被点亮。因为，选择了新闻，就是选择了一份理想、一份责任、一份担当。"如今，我们唯一需要做的就是全力以赴，成就最好的自己，拒绝做精致的利己主义者。我们唯一需要坚守的就是不负现在、不畏将来。做好当下，即是迈向将来。

三、理想纵然奢侈，更需一往无前

博士毕业至今，我先后在央企、乡镇、党报集团、期刊集团、出版集团和幼教集团工作，从而拥有了跨区域、跨行业、跨专业的工作阅历和生活体验。这无疑是我人生中最宝贵的精神财富。

我职业生涯的每一步都是努力在组织安排与个人选择中寻找到最佳平衡点，在岗位晋升与专业成长中寻找到最佳结合点。我始终坚持这样一个价值观：干什么，爱什么；干什么，像什么；干什么，成什么。

中国青年报社社会调查中心对1674名在校大学生进行的一项调查显示，91.2%的受访大一新生称"会给自己立规矩"，不愿"吃喝玩乐过四年"。毕竟，青春是用来奋斗的，不是拿来挥霍的；理想是用来追求的，不是拿来亵渎的。

人过留名，雁过留声。不忘初心、不改本色、不负时代的一切行动，都是对理想最好的放飞、对青春最好的致敬！

日本作家村上春树在《挪威的森林》中写道："正值青春年华的我们，总会一次次不知觉望向远方，对远方的道路充满憧憬，尽管忽隐忽现，充满迷茫……尽管有点孤独，尽管带着迷茫和无奈，但我依然勇敢地面对，因为，这就是我的青春，不是别人的，只属于我的。"一句铿锵有力的"只属于我的"，无疑是最好的青春宣言。

每个人都有梦想，但不一定有理想。我的理想包括人生理想和职业理想两个方面。我的人生理想是作为新时代的知识分子，在衣食无忧的同时，不仅想着自己住着的96平方米的房子，更要想着自己脚下960万平方千米的土地。这也是我几次参加公开选拔领导干部考试回答考官"博士为何选择下基层"这个问题时所说的一句话。也许正是这句话，使得我几次公选面试成绩都名列前茅。

我的职业理想是一个人不一定做大官，但一定要做大事；不一定做大款，但一定要有企业家的胸怀；不一定做大师，但一定要有大学者的情怀。

我坚信，只有拥有做大事的胸怀和情怀，我们才能不负青春、不失梦想、不负理想。

奇迹是信仰最宠爱的孩子。作为新闻人，我的新闻理想和职业信仰的种子早已在华中科技大学新闻与信息传播学院学生办报办刊的过程中种下。《大学新闻》体现的是专业追求，《新闻青年》体现的是角色定位，《青年时代》体现的是目标方位。只要我们秉中持正、求新博闻，以青春为桅杆，以理想为风帆，用脚力丈量大地，用眼力观察世界，用脑力记录社会，用笔力书写时代，劈波斩浪、扬帆远航，人生的奇迹就一定会出现。

青春无期，只争朝夕；理想不弃，必创奇迹。因为青春，目标就在前方；因为理想，目标只在前方。只要坚持，整个世界都会为有目标的人让路！

你不启航，谁也不能帮你扬帆

习近平总书记指出：青年一代有理想、有本领、有担当，国家就有前途，民族就有希望。这是对中国青年最好的寄语和评价。

历史和现实充分证明，一个伟大的民族，总会把关爱的目光投向青年；一个伟大的政党，总会敞开热情的怀抱迎接青年。

面对当今世界百年未有之大变局，面对出版行业前所未有之大变革，长江传媒高质量发展计划如何顺利推进？长江传媒如何巩固全国文化企业30强地位、冲刺全国出版行业第一方阵？这些都是摆在我们面前的时代课题。这份责任和使命要靠一代又一代的青年员工接力完成。

作为新时代的出版教育工作者，我们要始终坚持这样一个信念：理想纵然奢侈，更需孜孜以求，更需全力以赴，更需一往无前。

一、担当与否，必须回望过去——你不启航，谁能帮你扬帆

青年是社会中最积极、最活跃、最朝气蓬勃的力量，国家的希望在青年，民族的未来在青年。青年的成长需要土壤，需要平台，需要机遇。

（一）员工是风帆，组织是桅杆

爱立方党建文化墙上有这样一首励志诗："风帆不挂上桅杆，就是一块无用的布/理想不付诸行动，便是虚无缥缈的雾/给梦想插上执着的翅膀，梦想才会朝向成功飞翔/有志者，可以让高山成为自己攀登的

阶梯/无志者，能把小水沟变成溺杀自己的江河。"员工是风帆，组织是桅杆，团队帮助个体扬帆。伟大的团队就是一伙人、一个梦、一件事、一辈子。如果你自己不启航，谁也不能帮助你扬帆。

（二）你能走多远，取决于你与谁同行

台上与台下往往只有一步之遥。其实，先进模范人物与普通人的距离同样是"一步之遥"。这关键的一步取决于你选择与谁同行。科学研究表明，人是唯一能接受暗示的动物。积极的暗示会对人的情绪和生理状态产生良好的影响，能激发人的内在潜能，发挥人的超常水平。因此，与智者同行，你也会不同凡响；与高人为伍，你也能卓尔不群。

（三）让别人认为你优秀

在传统教育中，我们都习惯接受一个认知，即"让优秀成为一种习惯"。殊不知，很多年轻人往往认为自己很优秀，常常感慨"怀才不遇"，却很少反省为何别人不认可他自认为的"优秀"。优秀不优秀，不是自己说了算，而是取决于别人的评价，要努力让别人也认为你优秀。

二、本领高低，必须立足当下——端正价值观，增强事业心，走好人生路

一个时代有一个时代的历史任务，一代青年有一代青年的使命担当。作为青年出版教育工作者，我们不仅要明白自己的使命担当，更要明晰自己目标的实现路径。

（一）坐而论道不如起而行之

说一千道一万是个零，干一件是个一。青年人最宝贵、最可爱的品质就是实干。没有实干精神，你所拥有的一切都会受到质疑。

（二）前半生不要怕，后半生不要悔

青年的字典中，不应有"困难"一词；青年的口头中，不应有"障碍"的字眼，因为一切困难、一切障碍都可以在青年的努力中化解。作为青年员工，我们的首要职责是"冲"。越是急难险重，越显青年的担当与作为。如果前怕狼、后怕虎，只会瞻前顾后、一事无成。

（三）十年如一日，一日如十年

清代诗人袁枚有这样一首小诗《苔》："白日不到处，青春恰自来。苔花如米小，也学牡丹开。"这首诗在央视《经典咏流传》节目播出后，从300多年的沉睡中苏醒，一炮走红。"苔花学牡丹绽放"的永不言弃和坚定执着理想的精神，感动着无数为梦想奔跑的奋斗者，激励着千万为幸福打拼的追梦人。时代的浪潮滚滚向前，青年员工既要有"十年如一日"的职业定力，也要有"一日如十年"的只争朝夕。

三、理想真假，必须展望未来——敬业成就专业，专业成就职业，职业成就事业

每个人都会经历青年阶段，但不一定每个人都有青春。每个人都有梦想，但不一定每个人都有理想。理想实现与梦想成真，靠的是持之以恒、一如既往的敬业、专业和职业。

（一）敬业是一种力量

敬业可以赢得信任，赢得机会，赢得成长。2014年6月5日至12日，我作为襄阳日报社副总编辑，随襄阳市考察团到宝岛台湾参加"千古帝乡、智慧襄阳——2014年宝岛与襄阳文化旅游交流活动"。这一周时间内，我既是文字记者，也是摄影记者，还是摄像记者，共发表1.5万字的报道，获得广泛好评。我坚持每天不吃早餐，就是怕在

忙碌的考察交流活动中上厕所，影响新闻报道工作。这一细节被时任襄阳市委政研室主任任兴亮同志发现，并作为敬业案例广泛宣讲。之后，我被任命为襄阳市委、市政府专班报道组组长，市委、市政府主要领导的新闻报道、报告起草和重大活动都会让我和报道团队全程参与。

（二）专业是一种品格

成熟的职场人要干一行、爱一行、专一行、成一行。只有专业，才能更显职业。专业者往往具有归零的"空杯"心态。一次创业易成功，二次创业难持久，最重要的原因是二次创业时心态难以实现归零。1933年7月，松下幸之助相信家用电器中大量使用小马达的时代即将到来，他委托一个非常优秀的研发人员中尾，担任产品研发部部长。中尾带领部下，着迷地拆卸、研究买来的通用电气生产的小马达。有一天，松下幸之助经过中尾的实验室，看到中尾在认真地工作，他狠狠地批评中尾："你是我最器重的研究型人才。不过，对你的管理才能，我实在不敢恭维。现在公司研究项目日益增多，你即使一天干48小时，也无法完成那么多工作。作为研发部部长，你的职责是打造10个甚至100个像你一样擅长研究的人，而不是亲力亲为。"松下幸之助认为，中层应当做中层的事，身为领导却去做技术员的活，即使中尾可以把电机研发出来，松下也永远做不成大公司。在这种领导型思维的引导下，松下公司不仅研发出三相诱导型电动机，而且取代了日本最大的电动机生产厂——百川电机。百川的老板对松下说："我做了一辈子马达，有很多优秀的电机专家，可你居然用了三年时间就把我挤破产了。你从哪里招来这么厉害的专家？"松下说："没有，我所有的专家全是内部员工！你有几十个优秀的专家，却没有几百个优秀员工，我正好相反！"这个故事给我们一个深刻的启示：只有把更多员工变成专家，企业发展的动能才能永不衰竭。

（三）职业是一种境界

职业人通常具有三大优秀品质——忠诚、智慧和宽容。新时代青年要鼓起勇气去改变可以改变的事情，用广阔的胸怀去接受不能改变的事情，用智慧去分辨二者的区别。给大家展示这样一个小故事。小鸡问母鸡："妈妈，今天能不能不下蛋，带我出去玩啊？"母鸡道："不行的，我要工作。"小鸡不情愿地说："可你已经下了许多蛋了。"母鸡意味深长地对小鸡说："一天一个蛋，刀斧靠边站。孩子你要记住，存在是因为创造价值，淘汰是因为价值丧失。过去的价值不代表未来的地位，所以每天都要努力。"这个故事虽然朴实，道理却十分深刻。具体到现实生活中，路边的小草，没有人心疼，也在生长；深山里的野花，没有人欣赏，也在绽放；天空中的雄鹰，没有人鼓掌，也在飞翔。如果你是有梦想的创业者，没有人激励，也要努力实现目标！做事不需要人人理解，做人不需要人人喜欢，但要尽心尽力、坦坦荡荡。坚持梦想的路上注定有孤独和彷徨，更少不了他人的质疑和嘲笑。

敬业是核心竞争力，专业是比较优势，职业是综合实力。敬业的人主要是为了证明自己，专业的人主要是为了超越自己，职业的人主要是为了奉献自己。

身处伟大时代，广大青年朋友要提振信心、鼓舞斗志，大兴学习之风，弘扬实干之劲，做有思想的员工，办有情怀的企业，以实际行动加快推进我国经济高质量发展，以"功成不必在我，建功必须有我"的精神状态，积极投身引领中国出版教育变革的历史洪流！

用好调查研究法宝
谋好干事创业新局

  2023年4月起，学习贯彻习近平新时代中国特色社会主义思想主题教育正在如火如荼地向纵深推进，要求全党上下把理论学习、调查研究、推动发展、检视整改等贯通起来，有机融合、一体推进。为了确保调查研究听真、走深、做实，中共中央办公厅还印发了《关于在全党大兴调查研究的工作方案》，成为动员指导新时代共产党员积极、深入、创新地开展调查研究的重要遵循。

  回顾中国共产党团结带领全国各族人民进行的新民主主义革命、社会主义革命和建设、改革开放和社会主义现代化建设、新时代中国特色社会主义建设的伟大奋斗历程，我们可以发现中国共产党人之所以能够创造伟大成就，从胜利走向胜利，其中一个重要法宝就是调查研究。如今，重视调查研究已成为我们党的优良传统和作风，大兴调查研究已成为我们党创造百年伟业的传家宝。

  党的十八大以来，以习近平同志为核心的党中央高度重视调查研究工作，高度重视领导干部调查研究能力的提升，高度重视运用深入调查研究这一重要法宝开展工作、解决问题、推动发展。从党的群众路线教育实践活动到"三严三实"专题教育，从"两学一做"学习教育到"不忘初心、牢记使命"主题教育，从党史学习教育到学习贯彻习近平新时代中国特色社会主义思想主题教育，每一次党内学习教育都对调查研究提出明确要求。甚至可以说，调查研究本身已成为党内学习教育的重要内容和重要手段。

  做好调查研究，检验的是工作作风，考察的是能力本领，厚植的是人民情怀。那么,如何才能用好调查研究法宝、谋好干事创业新局?我认为可以从以下几方面入手。

一、立足于"身挨身坐",时刻保持"与群众坐在一条板凳上"的姿态

调查研究的首要目标是听真话、察真情、取真经。习近平总书记指出:"群众的很多想法,往往不是在那些很正式的场合、当着很多人的面会讲出来的,而是要同他们身挨身坐、心贴心聊才能听得到。"小事中可以折射大情怀。"与群众坐在一条板凳上"看似是一种态度,实则为一种行动,就是要求党员干部不忘初心、摆正位置、放低姿态,做到一视同仁、平易近人、轻车简从,眼睛要尽量向下看,身子要尽量往下移,真正把群众当亲人、当朋友,和群众身挨身坐,一起拉家常、掏心窝。唯有如此,党员干部与群众之间心与心的距离才会拉近,听真话、察真情、取真经的目标才能实现。习近平总书记倾听民声、问计于民的精彩瞬间和感人故事,很多是在坐上老乡炕头、围坐火塘或乡村广场与群众"零距离"的交流中出现的。

二、立足于"位换位想",时刻保持"假如我是服务对象"的心态

调查研究的基本心态是换位思考,就是站在对方的角度来考虑问题。深入基层一线开展调查研究,就像架起了一座连接真知与行动、信息与决策、党心与民心的桥梁,特别需要换位思考、将心比心。我国有这样一句老话:"要想公道,打个颠倒。"党员干部只有时刻保持"假如我是服务对象"的心态,才能牢牢站在群众立场,增进对群众的理解,加深与群众的感情,并时刻把群众的生活冷暖放在心头,做群众信赖、认可、接纳的贴心人、暖心人、知心人。党员干部的脚下沾多少泥土,心中就会有多少真情。20世纪80年代,习近平同志来到滹沱河畔的河北省正定县任职,当时正定县委有吉普车,但他坚持

骑自行车下乡调研,并对工作人员说:"咱们还是骑自行车下去好,这样可以多看看。"于是,他骑着一辆"二八"自行车跑遍了正定县的每一个乡村,了解到最真实的民情民意。可以说,只有换位思考、躬身入局、身体力行,才能确保调查研究听真、走深、做实。

三、立足于"心贴心聊",时刻保持"与人民心心相印"的状态

调查研究的最佳状态就是听得真、问得深、聊得欢。党员干部深入基层一线开展调查研究,为的是让基层群众能够讲真话、讲实话、讲心里话,进而察实情、取真经、出硬招。调查研究的宝贵成果是党员干部平时坐在办公室里得不到的,也是通过文件材料看不到的。为此,党员干部只有静下心听、沉下心问、心贴心聊,才能听出"弦外之音",问出"应有之意",聊出"意外之获"。党员干部在调查研究中掌握的第一手资料越深入、越精准、越全面,就越能为今后的工作开展提供科学有效的决策参考和方向指引。广大党员干部应该借主题教育深入开展和调查研究深入推进的东风,积极践行"不发通知、不打招呼、不听汇报、不用陪同接待、直奔基层、直插现场"的"四不两直"调研工作法,努力在脚踏实地的高质量调研中,练就体察民情、民意、民心的"顺风耳",及时有效地把握群众所思、所想、所盼。

四、立足于"实打实办",时刻保持"全心全意为人民服务"的姿态

调查研究的最终目的是做实功、办实事、求实效。掌握实情、解决问题、推动发展,是开展一切调查研究的出发点和落脚点。党员干部调研前要带着疑问,调研中要掌握实情,调研后要转化成果,从而形成"凡事有交代、件件有着落、事事有回音"的高质量调研工作闭环。衡量调查研究搞得好不好,不是看调查研究的规模

有多大、时间有多长、报告有多好,而是看调研活动的实效,看调研成果的运用,看反映问题的解决。不解决问题就是形式主义,不推动发展就是虚假繁忙。这就要求广大党员干部更加有的放矢地开展调查研究,真正摸清情况、找准问题、提出对策,不断提高决策的科学化水平,及时解决群众的烦心事、操心事、揪心事。习近平总书记曾说:"我提出精准扶贫战略,就是在深入调查研究的基础上提出来的。"据报道,习近平先后7次主持召开中央扶贫工作座谈会,50多次调研扶贫工作,走遍14个集中连片特困地区,而且年年去、常常去,最终带领全党全国各族人民打赢了脱贫攻坚战。

《韩非子·孤愤》中写道:"不明察,不能烛私……不劲直,不能矫奸。"史官提笔当观六朝风雨,医者开方须经望闻问切,领导决策更要调查研究。身处大有可为的新时代,广大党员干部要站稳人民立场,密切联系群众,树立调查研究自觉,涵养调查研究思维,打牢调查研究功底,多开展一些"身挨身坐、位换位想、心贴心聊、实打实办"的调查研究,真正用好调查研究法宝,谋好干事创业新局,切实用改革发展成果检验调查研究成效,在践行初心使命中不负时代、不负人民。

"躺平"与"内卷"不应是人生的必选项

随着社会竞争越来越激烈，大多数年轻人面对学习、工作和生活似乎只有两个选择：一是选择逃避，试图"躺平"；二是参与竞争，力图"卷"赢。面对这两个选择，纠结与焦虑如期而至。于是，很多年轻人无形中陷入一种"躺平"与"内卷"的认识误区，总认为"非躺即卷，非卷即躺"，但"躺又躺不平，卷又卷不赢"。

为了吸引眼球、获得流量，一些社交媒体刻意设置相关讨论议题，比如：怎样看待年轻人的"躺平"和"内卷"？在"躺平"和"内卷"中年轻人该何去何从？甚至，有脱口秀节目主题赛的讨论主题直接确定为"躺和卷，怎么选"。

其实，这些博取眼球、断章取义的话题讨论只会扩散年轻人的焦虑情绪，加剧全社会的心理恐慌，误导年轻人陷入两难境地——既没有"躺平"的资格，又没有"卷"赢的信心。基于此，关于"躺平"和"内卷"的情绪化、片面化、煽动性讨论，值得全社会警惕，不应对此盲目附和与追捧。

客观上讲，短暂的焦虑并非坏事，它有时可以激发人的反思与斗志。但过度焦虑则百害而无一利，只会让人陷入迷茫无助的情绪中不能自拔。

只有厘清"躺平"与"内卷"的本质特征和危害根源，才能彻底远离纠结、摆脱焦虑。"躺平"的表面意思是"平躺于地面，不再拼搏，不想奋斗"，其本质是不努力、不作为、不反抗的低欲望态度。"内卷"的表面意思是"非理性的内部竞争导致个体的收益努力比下降"，其本质是同质化竞争、低水平重复、封闭式运行的内耗型模式。

"躺平"不可取,"内卷"不幸福。从一定意义上讲,让自身不断内卷的根源,或许并不是这个不公平的世界,而是那个不坚定的自己。人世间各有各的苦与难,但每个人也能自成宇宙。如何才能终止"躺不平、卷不赢"的纠结与焦虑?最根本的举措就是尽快停止自我斗争与内耗,学会与自己和解、与未来相约。

"躺平"和"内卷",不是人生的单一赛道。"非躺即卷,非卷即躺",更不是人生的必选项。一个成熟的人格是充满智慧与包容的,可以超越"躺不平、卷不赢"的零和博弈,实现"不做第一,就做唯一"的共生共赢。

若想超越"躺不平、卷不赢"的零和博弈,我们必须坚持做到"三个警惕"。

一是警惕虚假繁忙。知道自己要什么的人,比什么都想要的人更容易成功和快乐。一个人如果没有清晰而坚定的目标,往往会在"躺平"与"内卷"之间不断挣扎,从而陷入无休止、无效果的虚假繁忙与低水平重复之中,徒劳无功,一事无成。

二是警惕盲目攀比。生命的过程往往比结果更重要,盲目攀比只会伤人害己。每个人都可以有丰富多彩的体验和个性多元的选择,不应把有限的时间和精力浪费在"跑赢身边的人"这个选项上,而是要努力做最好的自己和唯一的自己。

三是警惕精致的利己主义倾向。立己达人比自我成功更能赢得社会尊重。新时代的年轻人在衣食无忧的同时,应该胸怀天下、兼济苍生,不断增强责任感和使命感,保持对社会道德规范和社会责任的敬畏与坚守,拒绝做精致的利己主义者,真正让清风正气充盈社会的每一个角落,努力在民族复兴新征程中勇挑重担、堪当大任。

没有横空出世的幸运,只有不为人知的努力。纠结焦虑的反面是豁达通透,"内卷"内耗的反面是共生共赢。以豁达通透的心态过好每一天,以共生共赢的状态做好每件事,既是对"躺不平、卷不赢"的最好反击,也是成就最好自己、收获出彩人生的最佳选项。

新时代创业者应把使命感置于灵魂深处

创新创业是国家所倡、社会所期、人民所盼的时代潮流，对于推动经济社会发展和人民生活改善具有十分重要的意义。对于创业者而言，新时代是一个不平凡、不寻常的时代。这个时代为广大创业者提供了难得的发展机遇，也提出了更高的素质要求。

走在新时代，广大民众的创业意识已经内植于心、外化于行，一旦土壤和环境适合，就会生根发芽、开花结果。从改善民生的视角看，创业要求较高、层次更高，且极具拉动力。新时代创业者若想勇立潮头、走向成功，就必须摒弃一气呵成、一劳永逸的急功近利思想，牢固树立崇高的使命感、正确的价值观，坚持科学的方法论。

使命感是干好一切事情的初心和基石。没有使命感，就没有动力。只有树立崇高的使命感，才能保持旺盛持久的内驱动力。崇高的使命感源于历史主动，立于点亮自己，志于照亮别人，成于改变世界。实践证明，成功的创业者既能主动作为、自我革命，又能创造价值、为人赋能，还能把生命转化为使命、把信任转化为责任，从而在激烈的市场竞争中脱颖而出、傲立群雄。

价值观影响并决定着一个人的价值取向和成功标准。没有价值观，就没有风向标。只有树立正确的价值观，才能始终沿着正确的方向前进。新时代创业者必须坚持以精进为本、以实业为先、以信义为重、以文化为魂，始终保持战略定力，积极投身实体经济，以诚信赢得市场，用文化缔造经典，真正把一株株希望之苗培育成一棵棵参天大树。作为新时代的创业者，我一直倡导并践行以下十条创业价值观：第一，用心工作，开心生活；第二，既要赚钱，更要值钱；第三，专业做事，业余领导；第四，职务有限，服务无限；第五，运气一时，习气一生；第六，为自己活，为别人用；第七，与人为善，为人赋能；第八，不做第一，就做唯一；第九，多留遗产，少留遗憾；第十，本事在变，本色不变。

没有方法论就没有落地锤。只有坚持科学的方法论，才能持之以恒地去做正确的事情。创业很难一蹴而就、一气呵成，更不会一飞冲天、一劳永逸。伟大的创业犹如一场触及灵魂、脱胎换骨的修行。很多创业者要在经历二次创业甚至多次创业后，才能到达成功的彼岸。结合自身创业实际，我在反思后总结出以下十条创业方法论：第一，人生是一场长跑，别太在乎起跑线；第二，没有梦想的人生即使年轻也已苍老；第三，努力让未来的你欣赏现在的自己；第四，让你的本事配得上你的平台；第五，不负现在，不惧将来；第六，没有边缘的岗位，只有边缘的心态；第七，管好自己，做好自己，超越自己；第八，世间没有任何一条让你出类拔萃的直路；第九，避开失败的陷阱容易，避开成功的陷阱很难；第十，做什么爱什么，做什么像什么，做什么成什么。

创业是党和国家赢得未来、成就梦想的关键之举。踏上新征程，创业者应该把党建引领放在突出位置，切实以高质量党建激活发展新动能。基于此，新时代创业者要努力将"五位五转化"贯穿创业全过程，即提高站位，把党建优势转化为政治优势；追求品位，把研发优势转化为品牌优势；明确定位，把渠道优势转化为市场优势；找准方位，把创新优势转化为产业优势；立足岗位，把创业优势转化为作风优势。

创业只有起点，没有终点。新时代创业者既要保持十年如一日的战略定力，更要激发一日如十年的奋进姿态，着力打造学习型、智慧型、清廉型团队，加快实现专业成长、职业成长、精神成长，努力为广大民众提供优质的产品和服务，为经济社会发展输送优秀的人才和智慧，切实把创业使命感转化为产业报国、实干兴邦的动力源泉。

创业者的自我管理法则

失败可能由无数个因素所致,但成功者都有一个共同的特征——注重提升自我管理能力。事实表明,科学的自我管理,不仅可以让人生轨迹符合预期地运行,还可以有效助力个人成长成才成功。

一切管理的核心都是自我管理。古今中外,凡大成者,绝不是在被别人管理或管理别人中获得成功的,而是通过科学有效的自我管理实现自己的理想抱负与目标使命。从一定意义上讲,绝大多数创业者缺乏的不是管理能力本身,而是自我管理的意识和能力,换言之,就是管理者首先要管好自己。

新时代职场人士要做好自我管理,必须做好时间管理、情绪管理和预期管理。时间管理是底线,情绪管理是关键,预期管理是目标,三者相辅相成、缺一不可。

先说时间管理。表面上看,时间管理是一个遵守时间、合理利用时间的小问题;从本质上看,这却是关乎遵规守纪、超前谋划布局的大学问。一个人对待时间的态度,将决定他未来的样子。正如管理学大师德鲁克所说的:"认识你的时间,是每个人只要想做就能做到的,也是一个人迈向成功的必由之路。"成功的人大多是管理时间的高手,往往能够把时间用在深刻的思考上,把时间颗粒度当作时间管理的晴雨表,杜绝人浮于事和虚假繁忙。只有时间颗粒度越来越精细,时间才会越来越有价值,善于管理时间的人也会越来越优秀,时间管理与变得优秀的正向循环、良性互动就会水到渠成。当然,细化时间颗粒度,不是让人们只工作不休息,而是要不断提高对时间的利用效率,实现单位时间产出最大化。

再说情绪管理。情绪化是一切社会关系的杀手。每个人都会有情绪，但不能过分情绪化。现实生活中，一个人过于情绪化往往会让别人心生厌烦。当一个人产生的情绪不能得到有效控制和消化时，就可能会因为糟糕的情绪伤害到自己和他人。职场之内，控制小情绪比懂得大道理更重要。职场之外，管理小情绪是衡量个体身心健康与幸福感的重要指标。成功的人往往能够认同并接纳别人，善于理解和转化情绪，以淡定从容之心面对工作和生活，甚至主动去做自己不喜欢但应该做的事情。一个人如果能够管理好自己的情绪，眼界与格局便会打开。

最后说预期管理。预期管理发源于20世纪50年代的经济理论概念，如今被运用于职场人士的自我管理，发挥着独特的时代价值。身处复杂多变的社会转型期，事与愿违是人生常态。如何激励人们通过自我努力去有效引导、协调和稳定人生的预期，实现收获最大化、失去最小化，尤为重要。人们常说，在顺境中不妨看淡一点，在逆境中不妨看开一点。其实，看淡与看开的本质，就是合理引导、协调和调整预期，实现目标导向、底线思维与过程管理的有机统一。应对一切事情，我们要学会往坏处想、向好处努力。面对困难，我们要乐观豁达、积极向上；遇到好运，我们要学会归零、懂得感恩。我们要始终相信，只有不抱怨的人生才会得到最好的成全。

真正的勇敢，不是无所畏惧，而是有所作为。只有善于自我管理，坚持精心谋事、专业做事、坦荡处世，踏实干好工作、带好团队、管好自己，才能塑造追求卓越、持续成功的自我，进而成就最好的自己。

人生犹如一场自我管理的漫长修行。唯有不断修炼、持续磨砺、律己达人，才能不负己心、不负此生、不负时代。

干事创业呼唤"茶叶型"干部

何谓茶？茶是一个会意字，拆开即为"人在草木间"，蕴含着天人合一的境界与追求。一茶一人生，一人一世界。小小一杯茶，可以融入世俗生活，承载文化内涵，透视精神世界。茶有茶品、茶德、茶道，党员干部也应该有官品、官德、官道。茶叶所具备的朴实无华、坚守初心、坚韧不拔、清香正气等高贵的精神品质，犹如一面镜子，映照着党员干部应有的境界、追求与作为。

一、党员干部要学茶之"素"，在朴实无华中站稳人民立场

茶之素，素在天然与外形。茶树具有十分顽强且旺盛的生命力，可以生长在山坡上、田埂边、岩缝里，纯朴天然地茁壮成长，外表普通却卓尔不群。茶叶虽无名烟之华贵，无美酒之浓烈，无鲜花之艳丽，却以独特的苦后回甘、沁人心脾，成为大多数民众生活的必需品。党员干部最本质、最鲜明的特征就是来自人民、扎根人民、服务人民、回归人民，以勤勤恳恳、兢兢业业的奋进姿态坚守于改革前沿、发展一线、人民之中，正所谓"穿百姓衣，吃百姓饭，莫说百姓可欺，自己也是百姓"。新时代的党员干部应该学习茶叶朴实、朴素、朴诚之风骨，如同茶叶在冲泡后沉入杯底、绽放幽香一样，坚持做到俯下身子、稳住内心、升华灵魂，树立清晰而坚定的目标，勇敢地面对并解决问题，让青春之花在党和人民最需要的地方绽放。

二、党员干部要学茶之"雅",在坚守初心中永葆政治本色

茶之雅,在于茶道与香气。俗话说,"三分好茶七分泡"。好茶的诞生,除了与优良的种植环境与制作工艺密切相关,往往还离不开茶道、茶艺的赋能与加持。茶叶浓缩了自然的精华,遇到沸水时能散发出幽雅的清香,不仅有益于健康排毒、怡情养性,还有助于提神醒脑、激发灵感。新时代的党员干部应该学习茶叶四季常青、初心不改、始终如一的品格,始终牢记全心全意为人民服务的根本宗旨,无论何时何地都不能忘记"我是谁""依靠谁""为了谁",既不能高高在上、脱离群众,也不能人云亦云、随波逐流,真正做到守得住初心、稳得住性子、耐得住寂寞。

三、党员干部要学茶之"苦",在坚韧不拔中练就过硬本领

茶之苦,源于工艺与口感。从天然青绿的片片茶叶到香醇回甘的茶水,需要经历采摘、摊晾、杀青、揉捻、烘焙、冲泡等一道道自我磨砺、自我升华的工序。党员干部的成长成才,就像一片片茶叶,不经历高温杀青、强力揉捻、反复烘焙、沸水冲泡等工序,就难以实现清香扑鼻、苦后回甘。新时代的党员干部应该学习茶叶历经磨难、抗压耐挫、终成大器的信念,把打击当作磨炼,把挫折当作成长,把苦难当作财富,始终保持千磨万击还坚劲的耐心、不破楼兰终不还的韧劲和迎难而上一往无前的斗志,勇于挑最重的担子、啃最硬的骨头,在新时代中成就最好的自己。

四、党员干部要学茶之"廉",在清香正气中勇担时代重任

茶之廉,在于洁净与汤色。茶水具有清而不浊、净而不染、亮而不刺的独特品性。无论是种茶、采茶、制茶,还是储茶、泡茶、品

茶，都需要营造健康洁净、简约清爽的良好环境。新时代的党员干部应该学习茶叶淡雅清香、浩然正气、廉洁干净的追求，树立正确的群众观、政绩观、权力观，坚持自重、自省、自警，永远保持对人民的赤子之心，咽得下苦味、守得住清淡、抵得住诱惑，干干净净做官、规规矩矩做事、坦坦荡荡做人，努力达到"不要人夸好颜色，只留清气满乾坤"的高尚境界。

古人云："智者乐水，仁者乐山。"而我想在这之后加一句"慧者乐茶"。好官如好茶，清香四溢；做官如泡茶，独具匠心。干事创业呼唤"茶叶型"干部，新时代催生"茶叶型"干部。广大党员干部要大力弘扬茶叶般高贵的精神品质，将摊晾脱水、杀青去涩、揉捻塑形、烘焙提香当作成长的必修课，努力在千锤百炼中成为可堪大用、能担重任的栋梁之材。

述职考评倒逼干部员工职业成长

述职是干部的"阅兵台",考评是干事的"指挥棒"。年终岁末,一年一度的述职考评工作如期而至。述职考评是衡量职场人士是否优秀的重要标尺。从一定意义上讲,科学、严肃、公平、公正的述职考评,不仅能倒逼工作责任落实落细,还能倒逼干部员工提升能力素质。

从岗位职责的视角看,干部员工的述职考评既是对组织的责任,更是对自己的交代。态度决定一切,承诺重于千金。一个单位对干部员工的考核评价要坚持目标管理与过程管理并重,重在平时,贵在坚持。年终述职考评也是一面映照干部德、能、勤、绩、廉现实表现的镜子。我们可以通过述职考评看出干部员工的道德品行、工作能力、工作态度、工作业绩和廉洁自律。比如,述职考评结果可以反映个人与团队是否同心成长、同向成长、同步成长,是否真的做到了担当作为、担当有为、担当善为,是否大力弘扬了先公后私、大公无私的清风正气,是否把德才兼备、以德为先的用人导向落到了实处。

从职业生涯的视角看,干部员工的职业成长既要靠组织培养,更要靠自己努力。刀在石上磨,人在事上练。要想担大任、干大事、成大业,就必须持之以恒地磨炼意志、锤炼品质、积累经验、增长才干。广大干部员工要摆正心态、务实重行,努力做到"把工作交给自己,把成长交给组织"。对于组织而言,要勇于担负"干部员工的业绩组织看得见,干部员工的短板组织帮忙补"的责任,让广大干部员工相信组织有责任、有能力、有信心发现干部、识别干部、培养干部、用好干部。对于干部员工而言,打铁必须自身硬,广大干部员工面对职业成长需要多一分定力、少一些攀比，多一分信任、少一些猜忌，不断提升能力、增强本领。自己与自己比，可以天天创奇迹；自己与别人比，必须日日知不足。无论是坎坷曲折还是顺风顺水，广大干部员工都要相信组织、相信领导、相信团队、相信自己，努力与组织共进步，与团队共成长。唯有如此，组织才不会辜负员工的信任，员工才不会辜负组织的培养。

能者上，优者奖，庸者下，劣者汰。述职考评结果是选拔任用干部、评先评优的重要依据。选用合适的人是树立正确导向、弘扬清风正气的关键。只有让积极有为者有位、让消极无为者失位，才能引导广大干部员工知所趋赴、有所敬畏，才能选拔出敢担当、善突破、能成事的优秀人才。

实践表明，做好述职考评需要从严把好述职报告撰写、述职业绩展示、述职问题整改三个重要环节，警惕述职考评流程化、形式化、表面化倾向。具体到实际工作中，良好的述职考评应具备五个评价"要点"：总结成绩要客观；亮点要到位；分析问题要深刻；改进举措要精准；安排计划要周密。基于此，广大干部员工要充分认识到述职考评的根本目的不是惩罚人，而是激励人，特别是充分激发广大干部员工干事创业、担当作为的主动性、积极性和创造性。

不管是对党政机关和企事业单位而言，还是对民营企业和社会组织而言，述职考评都能够倒逼干部员工职业成长。敬业成就专业，专业成就职业，职业成就事业。身处一线的基层干部员工要清醒地认识到，爱岗敬业是最大的忠诚，履职尽责是最好的担当。只有"爱岗敬业写忠诚，履职尽责显担当"，干部员工的才华才不会被埋没，青春才不会被耽误。

把工作会议开出高质量、高效率

规划谋划要开会，决策拍板要开会，部署执行要开会，督办落实也要开会——可以说，日常管理工作的开展，通常需要通过工作会议呈现和实现。开好工作会议，不仅是一门艺术，还是一种能力，更是思想作风、领导作风和工作作风的重要体现。其实，一场工作会议开得是否高质量和高效率，有且只有一个衡量标准，那就是能否又好又快地解决问题。

开会本是一种最基本、最常规的工作方法，如今却成为很多人的心病。不少人把工作会议开得没完没了、无终无果，甚至陷入虚假繁忙的旋涡不能自拔。实践证明，开好工作会议需要注意"四大忌"。

一忌会商无题。在召开工作会议时，不是议程越多就内容越丰富，不是领导讲话越长就表示精神越重要，而是看会议议题与参会者的关联度和重要性。比如，不少会议组织者在开会前没有把明确的会议主题告知参会者，使得参会者无法准备和思考；还有一些会议组织者在一次会议上设置十多项议程，领导讲话一个接一个，让参会者甚至不知道听谁的。

二忌议事无方。工作会议的议事无方主要表现为老生常谈与无限跑题。比如，对同一个议题进行一两次讨论可以理解，但倘若三四次讨论之后仍得不出结论，就很不正常了。更常见的是，本来预计一个小时的会议，议着议着就跑题了，临近下班了，才发现讨论的议题没有实质性进展。

三忌讨论无果。不少工作会议开完之后，没有明确的结论，也没有会议纪要。如此议而不决、决而不断，谈何科学决策、高效决策？

四忌落实无据。工作会议开完后，一定要告诉参会者下一步做什么、怎么做、什么时候做完，切实把会议纪要作为推动工作落实落地的依据与要求。

开好工作会议不仅需要会务准备充分，还要议程设置科学，更要转变领导思维，特别是在"四个必须"上下功夫。

一是必须明确主题。工作会议必须有一个明确的主题，然后围绕这个主题提前准备资料。没有任何准备的会议要少开，甚至不开。

二是必须审定议题。工作会议召开前，会议组织者要认真审定会议讨论的议题及相关材料，确保达到上会标准，最好能够把审议议题所需的时间确定下来，比如开始和结束的时间、发言的时间、与会者达成共识的时间、执行方案确认的时间等。

三是必须解决问题。若想开好工作会议，就必须摒弃"照搬照套、面面俱到"的老思维和"实情不明、套话摆平"的旧理念，把"求真务实、议事决策、解决实际问题"放在首要位置。解决问题的负责人要当好会议的组织者，想尽一切办法让会议有结果、有成效。

四是必须行动破题。召开工作会议的目的是解决具体问题，因此必须把讨论执行方案作为会议的核心任务，切忌就观点谈观点、就问题谈问题。当今时代，信息科技发达，能够用电话、短信、微信、邮件通知解决问题的就没必要召集开会。不必要开的会可以不开，不重要的会可以少开，重要的会要开好、开短、开出效率、开出效果。

一次工作会议不可能解决所有问题，却是检验领导能力和水平的新起点。开好工作会议表面上体现的是会风的转变，实际上体现的是工作作风的转变和工作方式的创新，考验的是主办者驾驭会议、统筹工作、协调领导的综合能力。开好短小精悍的工作会议，不仅可以节省大量人力、物力、财力，还可以帮助领导干部腾出更多时间去学习，或深入基层，到一线、现场去解决实际问题。

总之，只有持之以恒地转作风、改文风、简会风，真正把工作会议开出高质量、高效率，干部员工才会避免陷入虚假繁忙，事业发展才会科学有序、规范高效。

收心工作　专心干事

一元复始，万象更新。春节长假已经结束，播撒希望、放飞梦想、充满想象的春天正在向我们阔步走来。

大年初七，人们纷纷返回工作岗位，工作模式正式开启。站在新春的重要节点，抖擞精神、调整状态，收心工作、专心干事，是纪律要求，更是职责所在。

春节七天长假，我们或是举家团聚，或是走亲访友，或是结伴出游，或是静心修养……在快快乐乐过节、欢欢喜喜过年的过程中，我们的心情得到了彻底放松，状态实现了有效调节。这为我们新的一年重整行装再出发提供了难得的转换空间。

然而，在很多人的认知里，正月没过完，年就不算过完，尽管人上班了，但心还停留在放假模式。有些人不是全力以赴上班干事，而是把精力用在走访串门、互拜"晚年"、吃吃喝喝等人情往来上，该安排的工作没排上号，该处理的问题没提上日程。这样的精神状态和工作节奏，怎能干在实处、走在前列、谱写新篇？

一年之计在于春，一生之计在于勤。春天的谋划与耕耘，不仅是遵循节令的规律，更是对人们在新的一年辛勤劳动的催促和鞭策。倘若春天不能做好谋划，全年的工作进度和生产节奏都会受到影响。

在竞争日益激烈的市场环境下，通常开战就是决战，开局决定结局。在不少人仍沉浸于欢天喜地的节日氛围中时，广大幼教工作者要及时调整心态，尽快进入工作状态，合理安排时间，正确处理工作与生活的关系，坚决摒弃拖延懒散的心理，不能三心二意，更不可心不在焉。退一步讲，这心早收晚收都是收，早收早安心；这事早干晚干都是干，早干早见效。

新年要有新气象，新时代要有新作为。当下正是一系列幼教新政策落地实施的关键时期，幼教行业正在迎来一场历史性变革，幼教行业工作者必将接受一场历史性洗礼，以勇敢挺过幼教行业全面深化改革的调整期和阵痛期。

《学前教育法（草案）》的通过标志着我国学前教育领域法律的空白得以填补。它对"普惠性学前教育""学前教育课程资源审定""幼师须持证上岗，多类人员禁从业""擅自举办幼儿园的违法责任和上市公司通过幼儿园进行违规逐利的违法责任"等方面的进一步规范管理做出了明确界定。

基于此，幼教行业面临着既要坚守传统又要创新转型的双重任务，幼教企业迎来了谋定而后动、引领须早动的双重挑战。任务十分繁重，挑战必须应对。广大幼教工作者必须回归教育初心、遵循教育规律，顺应改革趋势、适应改革要求，提高能力素质、增强实践本领，真正把"教孩子三年，为孩子奠基三十年，为中华民族思考三百年"的教育使命观落实在中华大地的每一个角落。

《左传》中写道："政如农功，日夜思之，思其始而成其终。"近年来，我国幼教行业的龙头企业在产业化、市场化、资本化方面进行了一些创新性的探索，为推动幼教事业和产业高质量发展做出了积极贡献，但与"办好让党放心、让人民满意、受社会尊重的学前教育"的要求还有较大差距。相对于教育领域的其他门类而言，我国幼教行业在市场化改革方面推进得最深入、最彻底，如今又要回到教育的公益普惠本质上来，这无疑倒逼广大幼教工作者保持"促使学生扣好人生第一粒扣子，童蒙养正"的使命感和"一日不为，三日不安"的责任感，以最佳的精神状态投入新一轮学前教育改革发展的历史潮流。

"二次创业"开新局，知难图远谱新篇。站在新时代的新起点，广大幼教工作者要为使命而战，为尊严而活，进一步激发同心同德、苦干实干的昂扬斗志，汇聚抱团发展、融合创新的强大合力，尽快从节日的氛围中走出来，抖擞精神、调整状态、收心工作、专心干事，努力实现"办好让党放心、让人民满意、受社会尊重的学前教育"的宏伟目标。

千里之行，始于足下。事业要靠一点一滴干出来，道路要靠一步一个脚印走出来。展望未来，谋好篇、布好局、起好步，贵在务实，重在落实。我们应该把万家团圆的喜庆气氛转化为干事创业的强大动力，把对美好生活的强烈向往转化为推动我国幼教事业高质量发展的务实行动，点亮自己、照亮别人，奋力引领中国幼教新一轮变革。

不负现在，不畏将来。让我们携手努力，与时间握手，与未来相约！

年轻干部成长成才要抓住机遇、尊重规律

随着全国市县换届工作紧锣密鼓地展开，年轻干部成长成才成为人们探讨的热点话题。其实，何止是党政机关和企事业单位，包括民营企业在内的各条战线、各个领域都需要高度重视年轻干部的成长成才。毕竟，这是关乎事业接续和精神传承的大事。

当前，不少民营企业家除了关注营商环境、投资政策和产业项目等核心问题，还会关心接班人的问题。可以说，选好接班人，不仅是干事创业、投资兴业的动力源泉，也是放手拼搏、勇往无前的底气支撑。基于此，包括接班人培养在内的年轻干部成长成才问题，已成为全社会密切关注的时代课题。

长期以来，少数年轻干部总是为可能错失成长机遇或错过成才"快车"而担忧和焦虑。殊不知，尊重成长成才规律，时刻做好充分准备，比困惑坐等更为重要、更有意义。

实践证明，机遇往往倾向于有准备的头脑。一个人只要有积淀、有自信、有业绩，就一定能够获得机遇的垂青。同时，年轻干部的成长成才也是有规律和条件的，我们既要顺应客观规律，也要创造主观条件。比如，一名优秀的企业干部的成长成才往往需要达到四个标准——让领导信任，让同事信服，让下属信赖，让客户笃信。

在培养优秀年轻干部的过程中，我们必须坚持"挖井蓄水"与"水到渠成"的有机统一，真正做到稳中求进、稳扎稳打，警惕"早产儿"和"温室宝宝"现象。

事实表明，只有组织或团队发生蜕变，每一个个体才可能发生蝶变。面对中华民族伟大复兴战略全局和世界百年未有之大变局，每一

个年轻干部都要树立崇高的使命感,坚守正确的价值观,使用科学的方法论,实现抓住机遇与尊重规律相统一,这样才能找到自己施展才华的平台,矢志不渝地将事业发展的航船驶向远方。

年轻干部既要学会"自转",也要学会"公转"。通俗点说,年轻干部既要种好自己的"责任田",更要跳出自己的"一亩三分地",站在全局的角度去思考问题、谋划工作,实现局部与整体的齐头并进、相得益彰。

年轻干部不仅要立足脚下,更要胸怀天下。具体而言,年轻干部不仅要立足现实、把握当下,脚踏实地地干好眼前事,更要胸怀"两个大局",心系"国之大者",树立家国情怀,把日常具体、看似平凡的"小事"干成功在当代、利在千秋的"大事"。

年轻干部既要"十年如一日"的战略定力,更要"一日如十年"的只争朝夕。换言之,年轻干部既要保持定力,培养"十年如一日"的工匠精神,学会享受"孤独的愉悦",更要奋勇争先,保持"一日如十年"的进取状态,让青春在党和人民最需要的地方绽放。

没有等出来的辉煌,只有干出来的精彩。身处世界风云激荡、多重机遇叠加的新时代,广大年轻干部要旗帜鲜明讲政治、示范带头作表率,立正心、树正气、走正道、守正义、干正事,坚持"两个确立"(确立习近平同志党中央的核心、全党的核心地位,确立习近平新时代中国特色社会主义思想的指导地位),做到"两个维护"(坚决维护习近平总书记党中央的核心、全党的核心地位,坚决维护党中央权威和集中统一领导),严格按照习近平总书记对年轻干部提出"信念坚定、对党忠诚,注重实际、实事求是,勇于担当、善于作为,坚持原则、敢于斗争,严守规矩、不逾底线,勤学苦练、增强本领"的48字要求,切实提高政治能力、调查研究能力、科学决策能力、改革攻坚能力、应急处突能力、群众工作能力和抓落实能力,增强学习本领、政治领导本领、改革创新本领、科学发展本领、依法执政本领、群众工作本领、狠抓落实本领和驾驭风险本领,真正把灵魂置于高处,把理想放在心中,把行动落到实处,用青春与激情为全面建设社会主义现代化国家添砖加瓦,用实干与担当为实现中华民族伟大复兴中国梦增光添彩。

新时代年轻干部理想信念的培育与践行

人无精神不立，国无精神不强，党无精神不兴。在中国共产党百年华诞之际，在第二个百年奋斗目标成功开启之时，习近平总书记在2021年秋季学期中央党校（国家行政学院）中青年干部培训班开班式上发表重要讲话，明确提出了"信念坚定、对党忠诚，注重实际、实事求是，勇于担当、善于作为，坚持原则、敢于斗争，严守规矩、不逾底线，勤学苦练、增强本领"的明确要求，勉励年轻干部努力成为可堪大用、能担重任的栋梁之材，为实现第二个百年奋斗目标而努力工作，不辜负党和人民期望和重托。习近平总书记的殷切期待和指示要求，为年轻干部的成长成才指明了方向，特别是对我们党"德才兼备、以德为先"的选人用人标准进行了精辟、精准、精确的解读和阐释，承载着党和人民对年轻干部的时代重托，为年轻干部干事创业点亮了奋勇前进、奋力赶超的明灯。

理想信念是中国共产党人的精神支柱和政治灵魂，更是新时代年轻干部的安身立命之本。如果说"注重实际、实事求是，勇于担当、善于作为"是才之要，那么"信念坚定、对党忠诚"便是德之本。把"坚定理想信念"作为终身课题，常修常炼，信一辈子、守一辈子，说起来容易做起来难，但这是必修课、必答题，而不是选修课、选答题。这一辈子的坚守，不仅是一个时间概念，更是一种革命意志。

一、理想信念的深刻内涵

人的身体和精神一旦"缺钙"，就容易得"软骨病"。理想信念就是共产党人的精神之"钙"。作为党和国家事业的重要继承人，年轻干部必须扣好从政人生的第一粒扣子，把理想信念置于灵魂深处，筑牢信仰之基，补足精神之"钙"，把稳思想之舵，扬起理想之帆。

（一）坚守马克思主义信仰，筑牢铜墙铁壁般的革命意志

中国共产党人的马克思主义理想信念，是建立在对马克思主义的深刻理解和对历史规律的深刻把握之上的。在中国共产党百年苦难而辉煌的宏伟征程中，一代又一代共产党人为了实现民族复兴和人民幸福，不讲条件、不怕牺牲、不懈奋斗，靠的是马克思主义信仰，守的也是马克思主义信仰。新时代的年轻干部要自觉加强马克思主义理论学习和马克思主义信仰教育，切实筑牢铜墙铁壁般的革命意志，真正把马克思主义的科学原理和科学精神运用于伟大斗争、伟大工程、伟大事业、伟大梦想的具体实践，时时刻刻在思想上、政治上、行动上同以习近平同志为核心的党中央保持高度一致。

（二）坚持共产主义远大理想，牢记全心全意为人民服务的根本宗旨

一个政党有了远大的理想和崇高的追求，就能无往不胜；一名党员有了理想信念，就能无坚不摧。共产主义远大理想，是共产党人心中永不熄灭的精神灯塔。中国共产党是一个始终坚持共产主义远大理想的政党，中国共产党人是一群始终践行共产主义远大理想的马克思主义战士。新时代的年轻干部要自觉牢记全心全意为人民服务的根本宗旨，把人生价值体现在国家富强、民族振兴、人民幸福的宏图伟业中，真正为理想而奋斗、为使命而拼搏。

（三）坚定中国特色社会主义共同理想，筑牢中华民族伟大复兴的精神支柱

方向事关前途，道路决定命运。道路问题是关系到党和国家事业

兴衰成败的首要问题。在革命、建设和改革的艰辛实践中，中国共产党探索出了一条符合中国国情和中华传统文化的中国特色社会主义道路。实现中华民族伟大复兴，全面建成社会主义现代化强国，是中国特色社会主义共同理想，是新时代亿万中华儿女心中发出的最强音。新时代的年轻干部要不断增强"四个意识"，坚定"四个自信"，做到"两个维护"，一以贯之地坚持和发展中国特色社会主义，避免走"封闭僵化的老路"和"改旗易帜的邪路"，切实在建功新时代中实现自己的社会价值和人生价值，不断实现人民对美好生活的向往。

二、理想信念的培育路径

面对世界百年未有之大变局和中华民族伟大复兴战略全局，沐浴百年大党的光荣传统与优良作风，身处基层、服务一线的年轻干部，要想成为可堪大用、能担重任的栋梁之材，首要任务就是持之以恒地培育和锻造崇高的理想信念。

（一）理想信念要在学习中认同

理想信念不是宣传口号和政治标语，而是一种思想自觉和理论境界。70后、80后已经成为各级干部队伍的主体力量，90后、00后正在成为各级干部队伍的后备力量。通常情况下，这些年轻干部有学历、有专业、有热情、有干劲、有创意，但往往热情来得快、去得也快，缺乏持续"钉钉子"的耐力，缺乏马克思主义理论的系统学习，缺乏严格的党内政治生活历练。基于此，扣好理想信念这个"红扣子"，显得尤为重要。新时代的年轻干部只有以马克思主义为思想引领，以共产主义为最高理想，坚持不懈地用马克思主义理论特别是习近平新时代中国特色社会主义思想武装头脑、滋养初心、引领使命，才能正确处理政治信仰与事业发展的关系，在真学真信中认同理想信念，从灵魂深处坚定理想信念。

(二) 理想信念要在实践中坚守

革命理想高于天。战争年代,检验一名党员干部的理想信念是否坚定,就看他能否为党和人民的事业不怕牺牲、舍生忘死。和平时期,衡量一名党员干部的理想信念是否坚定,就看他是否能够在重大考验面前保持政治定力、站稳人民立场、做到始终如一。无论是战争年代还是和平时期,无论是顺境还是逆境,无论是成功还是挫败,理想信念都需要在实践中经受考验并长期坚守。新时代的年轻干部必须怀有强烈的爱民之心、忧民之心、为民之心、惠民之心,走出舒适区、敢啃"硬骨头",真正在为民服务的实践中锻造理想信念,在艰难困苦的磨砺中坚守理想信念。

(三) 理想信念要在斗争中砥砺

只有坚定理想信念,干部的成长才能少走弯路、不走邪路。崇高的理想信念往往是在"急、难、险、重、苦"的恶劣环境中磨炼出来的,更是在重大斗争环境中砥砺出来的。新时代的年轻干部要敢于斗争、敢于亮剑、敢于胜利,自觉接受严格的思想淬炼、政治历练、实践锻炼、专业训练,坚决不当随波逐流的"好好先生"、推诿塞责的"缩头乌龟"、没有立场的"软骨头"。

(四) 理想信念要在奋斗中升华

共产党人的理想信念从来都不是虚无缥缈和空洞无物的,而是切实体现在为中国人民谋幸福、为中华民族谋复兴的初心使命之中,体现在爱岗敬业、履职尽责的日常工作之中。在没有重大风险挑战和严峻斗争的常态环境下,爱岗敬业就是最好的忠诚,履职尽责就是最好的担当。新时代的年轻干部要永远保持同人民群众的血肉联系,始终同人民想在一起、干在一起,自觉扛起为人民奋斗的大担当,不懈追求让人民满意的好口碑,真正让理想信念在许党报国的奋斗征程中不断升华。

三、理想信念的务实践行

只有明大德,才能方向正确;只有增才干,才能行稳致远。新时代的年轻干部必须练好内功、提升修养,敢于斗争、善于转化,为大公、守大义、求大我,如此才能可堪大用、能担重任,不辜负党和人民的期望与重托。当前,湖北省"建成支点、走在前列、谱写新篇"的美好蓝图已经绘就,重在落实,要在干部。广大年轻干部要紧紧围绕"打造全国重要增长极,建设美丽湖北、实现绿色崛起"这个总体目标定位,在思想解放、行动提速、能力提升、作风转变上做功课、下功夫,切实以思想破冰引领发展突围,奋力谱写湖北高质量发展新篇章。

(一)摒弃惯性思维,加快推动思想大解放

思想是行动的总开关和总闸门,没有思想上的"破冰",就不可能有行动上的突围。年轻干部要努力把握世界百年未有之大变局和中华民族伟大复兴战略全局,胸怀"国之大者",加快推动思想大解放,坚决破除区位决定论、交通瓶颈论、资源制约论,坚决摒弃惯性思维,摆脱路径依赖,特别是在国资国企、产权保护、财税金融、乡村振兴、生态文明等关键领域的深化改革上更新观念、打破常规、创新作为。

(二)摒弃坐而论道,加快推动行动大提速

没有理想信念,就不是真正的马克思主义者;离开实际工作空谈理想信念,就不是合格的共产党员。发展不够仍然是湖北最大的实际,发展始终是解决湖北一切问题的基础和关键。与其坐而论道,不如起而行之。年轻干部不能离开坚持和发展中国特色社会主义伟大事业的实际工作而空谈理想信念,也不能因为实现共产主义远大理想过程漫长而放弃理想信念,必须把自身置于"建成支点、走在前列、谱

写新篇"的宏伟征程中谋划和推动,把"想明白,说明白,写明白,干明白,带着团队干明白"作为干事创业的基本要求,三思而后行,谋定而快动,实现思想力与行动力的有机统一,切实以"干在实处"推动"走在前列"。

(三)摒弃虚假繁忙,加快推动能力大提升

党和国家的事业是靠千千万万党员团结带领广大人民群众的实际行动创造的。对于党员干部而言,只有不断提升政治素养、业务素养和综合素养,才能克服"本领不足、能力恐慌"的弊端;只有在层层历练中摸爬滚打,才能在急难险重中屹立不倒。年轻干部生逢伟大时代,是党和国家事业发展的生力军和排头兵,必须积极响应党中央号召,加快推进自我革命、实现自我超越,把"干好工作,带好队伍,管好自己"作为干事创业的行为准则,用实力担当重任,用实干赢得尊重。在实现新时代推动湖北高质量发展、加快建成中部地区崛起重要战略支点的宏伟征程中,广大年轻干部要勇闯"无人区",善于跳出惯性思维、探索未知领域,创造事业发展的"蓝海";要争做引领者,善于抢占制高点、把握主动权,领跑事业发展的未来;要争当实干家,善于摆脱事务主义、摒弃虚假繁忙,务求事业发展的实效。

(四)摒弃花拳绣腿,加快推动作风大转变

党的光荣传统和优良作风是党的性质和宗旨的集中体现,也是中国共产党区别于其他政党的鲜明特征。作风建设关乎人心向背、关系生死存亡。作风建设容易反复无常、形势多变,抓一抓就好转,松一松就反弹。只有常抓不懈,才能纲举目张。年轻干部的成长成才没有任何捷径可走,只有经历风雨、多见世面,才能强壮筋骨、增长才干。在成长成才的道路上,年轻干部必须面对这样一个现实:没有"油水",就不容易滑倒;没有汗水,就容易被推倒;没有墨水,就容易被打倒。与发达地区相比,湖北不缺发展要素,差距主要在于发展理念、发展思路和工作作风。年轻干部要务实重行、务求实效,把

"拼、抢、实"的工作作风放在更加突出的位置,摒弃"空喊口号、花拳绣腿",争当日日精进、久久为功的绣花匠,争做攻坚克难、迎难而上的奋斗者,以"等不起、慢不得、坐不住"的紧迫感和责任感,全力抓好发展这个第一要务,切实扛起"建成支点、走在前列、谱写新篇"的历史使命,以实践、实干、实绩接受党和人民的考验。

  理想信念需要培育,更需要践行。"站起来,是思想的巨人;坐下来,是行动的矮子。"这是长期以来人们批判的坐而论道者的生动写照。回望辉煌的百年征程,站在新的历史起点,新时代的年轻干部要爱岗敬业、珍惜人生,争当思想先锋和行动巨人,从自己做起,从现在做起,从点滴做起,为实现湖北"在中部领先,在全国率先"的目标助力添彩,为实现中华民族伟大复兴贡献青春力量。

以坚定的自我革命引领伟大的产业革命

2022年是中央八项规定出台实施十周年。2012年12月4日，中央政治局审议通过了中央政治局关于改进工作作风、密切联系群众的八项规定。中央八项规定拉开了中国共产党全面从严治党的历史序幕，改变了新时代中国特色社会主义的历史发展进程。

作风建设只有进行时，没有完成时。全面从严治党，永远在路上。2022年10月25日，中央政治局审议通过了《中共中央政治局贯彻落实中央八项规定实施细则》，并提出了明确要求：中央政治局的同志要带头弘扬党的光荣传统和优良作风，严格执行中央八项规定，严于律己、严管所辖、严负其责，在守纪律讲规矩、履行管党治党政治责任等方面为全党同志立标杆、作表率。这也预示着，我们党新一轮从上到下、以上率先的自我革命拉开了帷幕。

实践证明，自我革命是我们党赢得人民拥护、永葆青春活力的制胜法宝，勇于自我革命是我们党的鲜明品格和显著标志。我们党跳出治乱兴衰历史周期率有两个重要法宝：一个是人民民主，让人民监督政府；另一个是自我革命，健全全面从严治党体系，全面推进党的自我净化、自我完善、自我革新、自我提高。

回望过去，中国共产党这个百年大党已经经历了六次最具历史意义的自我革命：第一次是1927年的八七会议；第二次是1935年的遵义会议；第三次是1941年至1945年的延安整风运动；第四次是新中国成立初期践行"两个务必"思想的整党运动；第五次是粉碎"四人帮"的胜利和党的十一届三中全会开始的全面拨乱反正；第六次是党的十八大以来开启的全面从严治党新征程。

党的二十大报告指出，腐败是危害党的生命力和战斗力的最大毒瘤，反腐败是最彻底的自我革命。新时代的国有企业党员干部必须把"反腐败斗争永远吹冲锋号"置于灵魂深处，坚持文化管人、制度管事，加快建设书香企业和清廉企业，切实以坚定的自我革命引领伟大的产业革命，以清廉生态为干事创业保驾护航。

高质量发展是全面建设社会主义现代化国家的首要任务，国有企业是推动高质量发展的主力军和先锋队。奋进新时代，开启新征程，国有企业必将大有作为、精彩绽放。

对于新时代的国有企业而言，自我革命的目标是产业革命，产业革命的核心是生态革命。只有积极营造良好的发展生态，自我革命的独特价值才能充分彰显。提高国企效益，强化国企担当，必须积极营造"四个生态"：一是营造风清气正的政治生态，做到公开透明、公道正派；二是营造首创革新的创业生态，做到尽职尽责、善作善成；三是营造感恩奋进的组织生态，做到信任宽容、实干超越；四是营造敢于斗争的文化生态，做到坚持真理、追求正义。

自我革命不是口号，而是行动。深入推进自我革命，需要高度的历史自觉、坚定的历史主动和强烈的历史担当。新时代的国有企业党员干部深入推进自我革命，需要在"四事四革"上精准发力：一是精心谋事，革"二传手"的命，坚决杜绝做事不担责、出工不出力；二是专业做事，革"万金油"的命，坚决杜绝似懂非懂、不懂装懂；三是坦荡做事，革"两面人"的命，坚决杜绝当面一套背后一套、当面不说背后乱说；四是团结共事，革"土霸王"的命，坚决杜绝各自为政、自以为是。

放飞梦想，舞台无比广阔；干事创业，前途十分光明。立足新起点，迈向新征程，广大企业特别是国有企业干部员工已经踏上了新的"赶考"之路，将乘着党的二十大的东风，大力弘扬伟大建党精神，赓续传承红色血脉，务必不忘初心、牢记使命，务必谦虚谨慎、艰苦奋斗，务必敢于斗战、善于斗争，矢志不渝地推进全面从严治党和全面从严管企治企，以刀刃向内的自我革命精神唤醒干事创业的历史主动性，引领历史空前的产业革命。

"犯其至难而图其至远"的三重境界

2022年12月31日,国家主席习近平通过中央广播电视总台和互联网发表2023年新年贺词。贺词中专门引用了苏轼在《思治论》中所写的那句话"犯其至难而图其至远",并诠释了其深刻内涵——向最难之处攻坚,追求最远大的目标。

古往今来,但凡成功伟大的事业,无不与困难险阻相伴而行。回望近代中国史,我们的党、我们的国家、我们的民族,翻越一座座高山,跨越一道道险壑,从积贫积弱一步一步走向今天的繁荣昌盛,靠的就是自强不息、艰苦奋斗。踏上新的"赶考"之路,中国共产党团结带领中国人民奋力开创新时代中国特色社会主义伟大事业新境界的唯一选择,便是知难图远、奋勇登攀,从胜利走向胜利,让辉煌更加辉煌。

2013年7月21日,我在《襄阳日报》发表评论员文章《犯其至难 图其至远》。面对湖北省委省政府赋予襄阳加快建设汉江流域中心城市和省域副中心城市的时代重任,襄阳如何抉择?评论中写道:"蓝图已经绘就,路线已经清晰,方案已经明确,气场已经形成。实现目标、成就梦想,关键在于迎难而上、克难奋进的昂扬斗志和'犯其至难,图其至远'的胸怀境界。"

站在新的历史起点,"犯其至难而图其至远"承载着新的时代内涵和使命要求。从治国理政的维度看,"犯其至难而图其至远"彰显了大国大党的历史自信,表达出笃行不怠的战略定力,传递出矢志不渝的顽强意志,让世人看到一个古老民族昂首阔步走向世界的非凡气度和一个百年政党淡定从容面向未来的博大胸襟。

若想实现至高至远、至臻至美的奋斗目标,我们必须重新认识并务实践行"犯其至难而图其至远"的三重境界。

第一重境界是"事不避难、难行能行"的筑梦境界。"事不避难、难行能行"是一种敢于直面困难、坚定必胜信念的优秀品质。干事创业路上，倘若遇事就躲、见难就退，必将一事无成、一败涂地。只有坚定"越是艰险越向前"的信念与勇气，勇挑最重的担子，敢啃最硬的骨头，方能放飞梦想、建功立业。

第二重境界是"迎难而上、攻坚克难"的追梦境界。"迎难而上、攻坚克难"是一种发扬斗争精神、不惧困难险阻的高贵品格。大事难事看担当，逆境顺境看胸襟。干事创业路上，彩虹不会凭空出现，胜利不会轻易到来。只有敢于斗争、善于斗争，勇于涉险滩、破坚冰、攻堡垒，在破解历史遗留问题、现实发展难题、未来前沿课题上不卑不亢、持久发力，方能追逐梦想、大有作为。

第三重境界是"知难图远、排除万难"的圆梦境界。"知难图远、排除万难"是一种坚持追求卓越、不断超越自我的崇高品行。没有比人更高的山，没有比脚更远的路。奋斗者总要在筚路蓝缕中以启山林，总能在披荆斩棘中开天辟地。干事创业路上，只有志存高远、坚韧不拔、能谋善断，用辛劳与智慧扫除重重障碍、克服一切困难，方能实现梦想、立己达人。

筑梦需要勇气，离不开敢为人先、敢闯敢试；追梦需要担当，离不开敢抓敢管、动真碰硬；圆梦需要智慧，离不开善始善终、善作善成。从筑梦、追梦到圆梦，整个奋斗历程均离不开知难图远、奋勇登攀的勇气、担当与智慧。

奋进新时代，迈上新征程，全面建设社会主义现代化国家、实现中华民族伟大复兴，既是一个系统工程，也是一项宏图伟业，迫切需要"犯其至难而图其至远"的战略眼光和胸怀境界。唯有知难图远，方可志在千里；唯有奋勇登攀，才能梦向远方。

勾勒中国幼教未来的模样

幼儿园所春风满，祖国花朵别样红。孩子是祖国的花朵、民族的未来和家庭的希望。办好新时代的幼儿教育，不仅关乎千家万户，关系民族未来，而且对于满足人民群众对幼有所育的美好期待、培养德智体美劳全面发展的社会主义建设者和接班人具有十分重要的意义。

2018年11月7日，中共中央、国务院发布的《关于学前教育深化改革规范发展的若干意见》明确指出："办好学前教育、实现幼有所育，是党的十九大作出的重大决策部署，是党和政府为老百姓办实事的重大民生工程，关系亿万儿童健康成长，关系社会和谐稳定，关系党和国家事业未来。"这为学前教育系统性改革、规范化发展提供了基本遵循。

推动幼教事业高质量发展，既要顺应政策要求，也要满足社会需求，还要明确发展追求。对中国幼教发展始终充满期待的广大幼教工作者一直在思考这样一个问题：中国幼教未来会是什么样子的？笔者认为，未来的中国幼教将会呈现以下五个方面的鲜明特征——优质均衡、体系健全、人才辈出、智慧成长、人民满意。

首先，优质均衡是原则。近年来，党中央、国务院把推进义务教育优质均衡发展作为教育事业发展的原则要求，全面推动义务教育从基本均衡向优质均衡迈进。幼儿教育理应与义务教育同步，以幼教新政策提出的普惠性幼儿园要求为契机，加快推动自身优质均衡发展，为办好公平而有质量的学前教育奠定基础、补齐短板。

其次，体系健全是路径。教育是引导孩子积极认识社会、适应社会、融入社会，并在未来建设社会、改变社会、奉献社会的重要途径。幼儿教育是基础教育的基础，幼儿阶段的教育教学体系建设对推动幼儿智慧成长具有重要的作用。幼儿的主要学习载体是玩游戏、读绘本、讲故事，因此构建以玩游戏、读绘本、讲故事为模式的教育教学体系，是助力幼儿智慧成长的根本路径。

再次，人才辈出是保障。幼儿教师是引导广大幼儿扣好人生第一粒扣子的重要角色，担负着引导幼儿健康成长的神圣职责。在一些西方发达国家，幼儿教师的素质要求比中小学教师的素质要求还要高，因为做到保健与教育并重的幼儿教师，不仅要懂得教育学，还要懂得心理学、保健学等。基于此，打造一支高素质的幼儿教师队伍，让幼儿教师真正成为受社会尊重和令人羡慕的职业，让更多优秀的幼儿教师脱颖而出，是幼儿教育优质均衡发展的根本保障。

又次，智慧成长是目标。幼儿教育的主要目标是全面培育幼儿健康的体魄、聪明的头脑和温暖的心灵，归根结底就是要助力幼儿健康成长、快乐成长、智慧成长。如果说健康的体魄和聪明的头脑是飞机的两翼，那么，温暖的心灵则是飞机的引擎。只有引擎安全启动，两翼才能展开高飞。

最后，人民满意是标准。培养什么人、怎样培养人、为谁培养人，是教育的根本问题。习近平总书记在中共中央政治局第五次集体学习时强调，要坚持不懈用新时代中国特色社会主义思想铸魂育人，着力加强社会主义核心价值观教育，引导学生树立坚定的理想信念，永远听党话、跟党走，矢志奉献国家和人民。全社会都要积极行动起来，以大爱之心诠释"幼有所育、幼有优育"的责任与担当，携手办好让党放心、让人民满意、受社会尊重的学前教育。

武汉是中国近代幼儿教育的重要发源地。自1903年张之洞在武昌阅马场筹划成立中国近代公立第一园——湖北幼稚园起，近代中国的幼儿教育拉开了序幕。今天，英雄之城武汉再次成为中国幼教产业的发展高地，孵化了爱立方、亿童、当代教育等一大批引领中国幼教的龙头企业和领军品牌。

武汉幼教已经成为一座生机盎然、满园春色的百花园，涵盖幼教出版、幼教课程、幼教装备、幼教培训和幼教信息化等一站式产品内容，与建、办、管、共一体化运营管理体系，构筑起中国新时代幼教的发展基地。

以"游戏学习、智慧成长"引领幼教革命

游戏，是儿童的天性；智慧，是儿童的天赋；玩具，是儿童的天使。幼儿心理学相关研究表明，游戏是促进学龄前儿童心理发展的最好活动形式。在游戏活动中，儿童的心理过程和个性品质能够得到更快的发展。

游戏是幼儿园的基本教育活动，也是幼儿园课程的基本组成部分。游戏化学习不仅可以充分开发幼儿的大脑，还可以引导幼儿感知生活的乐趣，激发幼儿学习的兴趣。事实表明，"游戏学习、智慧成长"作为幼儿教育的基本理念，正在引领新一轮幼教革命。

一、坚持"游戏学习、智慧成长"教育理念，必须充分发挥幼儿在游戏活动中的主体作用

游戏是幼儿学习和生活的主要方式。3~6岁是幼儿体能和智能快速发展的关键时期，开展丰富多彩、形式多样的游戏活动，能够促进幼儿体能和智能全面发展。值得强调的是，幼儿是游戏活动的中心和主体，教师是游戏活动的引导和辅助。在游戏过程中，教师要积极引导幼儿成为游戏活动的主角，比如组织幼儿跟教师一起搬运、摆放、收拾玩教具、运动器材和辅助材料，引导幼儿培养团结协作精神和主人翁意识，并为游戏活动贡献自己的智慧和力量。

二、坚持"游戏学习、智慧成长"教育理念，必须真正把游戏活动作为幼儿认知发展的不竭源泉

游戏活动是幼儿认知发展的动力源泉，也是幼儿获取经验和知识的独特方式。由于不同幼儿的游戏兴趣和需求具有较大差异，幼儿园游戏活动的开展一定要丰富多彩、变化万千，充分满足不同幼儿快乐体验的需求。幼儿教师必须善于观察、善于发现、善于挖掘幼儿的兴趣和需求，激发幼儿善于模仿、想象和创造的特性，开发和创造一些符合幼儿身心发展特点的游戏活动。比如，在科学游戏活动中，让幼儿自由开展各种操作，满足其探索未知世界的好奇心与求知欲，并与环境、材料、同伴相互作用、相互影响，有效促进自身认知、思维和能力的发展。

三、坚持"游戏学习、智慧成长"教育理念，必须切实让幼儿教师始终保持童心、童真、童趣

对幼儿游戏活动进行科学指导，是幼儿教师的重要职责。确保游戏活动指导科学性的前提，就是幼儿教师始终保持童心、童真、童趣，充分了解幼儿的天性，充分发挥幼儿的主体作用，充分激发幼儿的自主性、积极性、创造性。为此，幼儿教师需要为幼儿提供充足的游戏时间和游戏条件，建立合理的游戏规程，切实以游戏化学习促进幼儿记忆力、专注力、反应力、逻辑力、想象力、创造力和表达力的全面提升，助力幼儿德智体美劳全面发展，使得幼儿拥有快乐而有意义的童年。

作为中国儿童游戏化学习领军品牌，爱立方始终坚持"游戏学习、智慧成长"的教育理念，积极顺应国家幼教新政策、落实幼儿园"去小学化"的要求，引领孩子在游戏中学习，真正做到玩中学、学中玩、寓教于乐，推动幼儿、幼师和家长共同开展智慧教育，真正实现智慧成长。为贯彻落实教育部"幼儿园以游戏为基本活动"的精神，爱立方联合法国纳唐出版社合作研发"边做边学"活动区七大区角——角色区、建构区、表演区、益智区、阅读区、科学区和美工

区，着力打造幼儿园开展区角游戏广受欢迎的产品，获得了全国幼教领域的广泛认可。

"教孩子三年，为孩子奠基三十年，为中华民族思考三百年。"这是广大幼教工作者理应肩负的使命与担当，也是贯彻落实"游戏学习、智慧成长"教育理念的根本遵循。新时代的幼教工作者唯有勇立潮头，方可爱立四方。

爱立方靠什么引领中国幼教？

八年来，爱立方从无到有、从弱到强、从跟跑到领跑，已成为中国儿童游戏化学习的领军者，创造了"向爱而生、因爱而长、为爱绽放"的幼教奇迹。

爱立方是靠什么引领中国幼教的？作为爱立方"二次创业"的核心团队成员，我经过深入调研、全面梳理、系统总结、高度提炼，对爱立方八年来的创新实践与创业成因进行了解码。

一、爱立方始终坚持"践行一个使命"

这个使命即"教孩子三年，为孩子奠基三十年，为中华民族思考三百年"。幼儿教育事关"国之大者"。引导广大幼儿扣好人生第一粒扣子，必须时刻践行"教孩子三年，为孩子奠基三十年，为中华民族思考三百年"的教育使命观，真正把幼教事业置于实现中华民族伟大复兴中国梦的时代征程中进行谋划和推动。爱立方团队时刻把灵魂置于高处，把理想放在心中，把行动落到实处，像爱护自己的眼睛一样爱护幼儿教育，像敬畏生命一样敬畏幼儿教育。

二、爱立方始终坚持"打造两个体系"

这两个体系即幼教全程服务体系和托育全程服务体系。随着普惠性幼儿园、优质均衡等政策要求的落实落地，学前教育正在实现"四个转变"，即从重教学向重教研转变，从重规范向重示范转变，从重品质向重品牌转变，从重硬件向重软件转变。只有经历规范化、标准化、体系化的磨砺，教育服务才能转变为教育产品。爱立方团队充分整合全球优势幼教资源，率先在全国幼教行业推出爱立方幼教全程服务体系和"扣子启蒙"托育全程服务体系，努力实现从内容产品型企业向教育服务型企业的重大跨越。

三、爱立方始终坚持"锻造三个团队"

这三个团队即雏鹰展翅、雄鹰腾飞、精鹰领航。当前我国幼儿教育最大的短板在于人才，从业人员素质偏低是制约幼教行业高质量发展的最大瓶颈。爱立方立足于引领中国幼教新一轮变革，着力锻造雏鹰展翅、雄鹰腾飞、精鹰领航这三个高素质、专业化、复合型团队，努力为广大园所和家长提供优质的幼教产品和服务，为全社会培养优秀的幼教人才。

四、爱立方始终坚持"弘扬四个文化"

这四个文化即企业文化、品牌文化、管理文化、党建文化。一年企业做产品，十年企业做品牌，百年企业做文化。作为国有文化教育企业，爱立方始终把党建放在首要位置，把文化建设放在突出位置，大力弘扬以"大爱"为核心的企业文化、以"小象"为标志的品牌文化、以"首创"为特色的管理文化、以"扣子启蒙"为内涵的党建文化，探索出一条"内容＋渠道＋服务"的文化产业融合发展之路，开辟出一条"出版＋幼教＋产业"的出版产业转型发展之道，书写了"传播幼教、奉献幼教、引领幼教"的时代华章。

五、爱立方始终坚持"构建五类智库"

任何教育产品与服务的创新突破，都离不开教育智库的助力和赋能。爱立方坚持"让科研走在教学的前面"的研发思维，着力构建五类教育智库平台，即研发智库（长江学前教育发展研究院、边做边学教育装备研究院)、全程服务智库（湖北省扣子启蒙家庭教育研究院、中幼爱立方学院）、托育智库（长江托育研究院）、培训智库（爱立方培训学校、长江书法教育研究院）、教研智库[《新班主任》（当代学前教育）杂志]。高端教育智库的加快建设，为爱立方构建"文化营销、智库服务"新模式提供了强大的智力支撑。

八年创业路，一颗幼教心。爱立方依靠创新与实干走到今天，也必将依靠激情与梦想走向未来。

爱立方，爱立四方。爱向前方，梦在远方！

在"二次创业"中引领幼教新变革

历经学前教育新政策、托育新政策、幼小衔接新政策、校外培训新政策、家庭教育新政策的重重洗礼,中国幼教行业迎来了历史性变革。中国幼教行业新一轮变革的浪潮席卷而来时,爱立方坚守在中国幼教产业发展的最前沿,并在"二次创业"新征程中迈着更加矫健的步伐,朝着中国儿童游戏化学习领军者的宏伟目标奋勇前进。

爱立方"一次创业"实现了从0到1的历史突破;爱立方"二次创业"奋力实现从1到N的伟大跨越。

自2019年开启"二次创业"新征程以来,爱立方革故鼎新、推陈出新,奋力打造改革创新试验田和高质量发展增长极的步伐从未停歇,实现了社会效益与经济效益的双增长。总体而言,这些改革创新举措可以总结为"五改五优"。

一是改架构,优队伍。爱立方深入推进组织架构改革与团队素质提升工程,变企业经营为经营企业,变部门管理为中心运营,变营销服务为智库服务,变单打独斗为团队作战,真正锻造出一支懂内容、会经营、善管理的高素质、复合型、专业化团队。

二是改产业,优布局。爱立方积极构建"一体三翼、双轮驱动、多点支撑"产业链布局,积极构建"从单体公司向集团化企业跨越,从集团化企业向幼教生态圈跨越"的生态链布局,有效避免"把鸡蛋放在一个篮子里",努力实现"延伸产业链、缩短供应链、优化服务链、提升价值链"目标。

三是改产品,优服务。爱立方立足3~6岁学前教育,向下延伸至0~3岁托育,向上延伸至6~7岁幼小衔接,构建覆盖0~7岁的"托育—学前教育—幼小衔接"大幼教全产品线格局;立足B端(园所端），向左延伸至G端（政府端），向右延伸至C端（家庭端），构建覆盖政府端、园所端、家庭端的大幼教全渠道线格局；立足幼教产品，向后延伸至出版产品，向前延伸至文创产品，构建覆盖出版产品、幼教产品、文创产品的大幼教全生态线格局。

四是改渠道，优模式。爱立方依据政策要求、市场需求和企业追求，深度重构经销商渠道、政采商渠道、供应商渠道，在幼教行业率先建立"扣子启蒙"党建品牌创建与幼教业务拓展一体化推进模式、"社、店、企"协同营销模式、"政、校（园）、企"战略合作模式和"城市合伙人"政采合作模式，开创幼教创新转型之先河。

五是改考评，优管理。爱立方着力打造"目标管理、预算管理、成本管理"三位一体精细化管理体系，打造"一年一聘、能上能下、能进能退"中层管理人员考评体系，打造"绩效向一线倾斜、资源向基层下沉"的全员综合考评体系，初步构建了一套既符合国有企业运营规范又适应市场机制创新的现代企业管理制度和法人治理结构。

在引领行业中培养未来领导者

发展永无止境，创新永不停步。在奋力开启"二次创业"新征程中，爱立方异军突起、后来居上，赢得了幼教行业诸多同仁的尊重。然而，爱立方依然存在一些亟待破解的突出难题，比如党建引领不够坚挺、主营业务不够强大、骨干团队不够精优、上市路径不够明晰等。毋庸置疑，集中精力解决这些问题便是爱立方前进的方向和发展的空间。

自2015年成立起，爱立方就进入了创业的"第一个十年"，已经实现或正在实现以下"三个跨越"：2015—2018，从长江少年儿童出版社幼教编辑室管理向公司化运营跨越；2019—2021，从单体公司运营向集团化企业布局跨越；2022—2025，从集团化企业布局向幼教生态圈构建跨越。

如何有效构建幼教生态圈？爱立方整合各方资源、凝聚多方力量，着力打造融"政、产、学、研、媒、介、金"于一体的现代化、集群化、共享化新型出版教育产业园。产业园以"聚焦主业、发展产业、引领行业"为战略目标，以"延长产业链、缩短供应链、优化服务链、提升价值链"为发展主线，以"教育＋出版""教育＋培训""教育＋文创"为业态支撑，力争用三年时间将自身打造成为长江传媒乃至湖北省文化产业高质量发展的新名片，真正实现"办好一个企业，锻造一支团队，建设一个园区，带动一个产业，引领一个行业"的远景目标。

踏上新的"赶考"之路，爱立方要矢志不渝地深化改革创新，大力弘扬以"大爱"为核心的企业文化、以"小象"为标志的品牌文化、以"首创"为特色的管理文化、以"扣子启蒙"为内涵的党建文化，持续引领幼教新变革，培养未来领导者。

一是提高站位，把党建优势转化为政治优势。爱立方要不断提高"国有控股企业姓党、上市企业姓公、幼教企业姓幼"的政治站位，不断提高"教孩子三年，为孩子奠基三十年，为中华民族思考三百年"的使命站位，不断提高"做中国儿童游戏化学习领军者"的专业站位，让"红色幼教"成为亮丽底色。

二是追求品位，把研发优势转化为品牌优势。爱立方要始终坚持"用未来的眼光培养今天的孩子"的研发理念，坚定"领军托育、领跑学前教育、领航幼小衔接"的研发目标，探索"立足上市新品、改进老品、超越竞品，打造常态化精品爆款"的研发机制，构建"公益性导向、市场化取向、外向型合作、闭环式管理"的研发模式，让"内容为王"成为鲜明特征。

三是明确定位，把渠道优势转化为市场优势。爱立方要把"文化营销、智库服务"记在心中，把"品牌成长、团队成才"扛在肩上，把"渠道重构、精准营销"落到实处，让专业化服务成为自己的思想武器。

四是找准方位，把创新优势转化为产业优势。爱立方要坚定不移地推进党建创新，打造清廉高效型企业；推进内容创新，打造智库引领型企业；推进营销创新，打造品牌驱动型企业；推进服务创新，打造内涵提升型企业；推进文化创新，打造学习赋能型企业；推进管理创新，打造智慧共享型企业，实现创新突围。

五是立足岗位，把创业优势转化为作风优势。爱立方要大力弘扬"勇立潮头、爱立四方"的创业精神，大力弘扬"亲力亲为、敢作敢当、专业专注、善作善成"的创业文化，大力弘扬"相互欣赏、彼此信任、亲密合作"的创业品格，大力弘扬"十年如一日、一日如十年"的创业风范，让"创业光荣"成为时代风尚。

雏鹰展翅，雄鹰腾飞，精鹰领航。爱立方全力推进员工与合作伙伴能力素质同步提升工程，努力锻造一支有理想抱负、有家国情怀、有专业素养、有文化涵养、有朝气活力的卓越团队，用智慧与担当将幼教事业高质量发展的航船驶向远方。

火车跑得快，全靠车头带。爱立方管理团队要带头履行好三个角色职责：甘当蜡烛，具有"燃烧自己、照亮大家"的奉献精神；甘当人梯，具有"你若扬帆、我助启航"的高尚境界；甘当绿叶，具有"你当主角、我当配角"的博大胸怀。

朋友们，让我们携手并进，共襄盛事，再续精彩！

"红色幼教"典范是怎样炼成的

近年来,我国出台了一系列幼教新政策,剑指幼教行业运营管理之乱象,直击幼教机构意识形态管控之漏洞,让广大幼教工作者深刻认识到"红色幼教"的意义和价值。

自 2015 年创业以来,爱立方致力于打造国资幼教领军品牌,坚守"立德树人"初心,勇担"红色幼教"使命,共建幼教生态圈,引领幼教新变革,努力把幼教这个"小儿科"做成大学问、大平台、大产业,奋力将"二次创业"的航船驶向远方。

新时代呼唤"红色幼教","红色幼教"在新时代绽放。长期以来,爱立方牢固树立崇高的使命感、正确的价值观和科学的方法论,在打造"红色幼教"典范方面进行了积极的探索,取得了显著的成效。经过总结梳理,爱立方的创新实践主要体现在以下五个方面。

一、始终坚定一个目标——打造中国幼教全程服务领军企业

爱立方全面构建幼教产业新布局,坚决守稳幼教事业新阵地,经营业绩和管理水平同步提升,"一体三翼、双轮驱动、多点支撑"的产业链布局更加稳健,幼教生态圈建设取得重大突破,向主板上市新征程迈出坚定步伐。

二、努力塑造两个品牌——"书香爱立方"和"清廉爱立方"

爱立方将以"读好书、讲好话、写好字、做好人"为主题的"书

香爱立方"创建活动贯穿于企业改革发展全过程，同时着力打造廉洁高效型企业，努力锻造学习型、创新型、智慧型团队，让"清廉爱立方"为"二次创业"保驾护航。

三、奋力实现三个跨越——公司化、集团化、生态化

爱立方创业的"第一个十年"正在实现以下"三个跨越"：第一个跨越（2015—2018），实现从部门化管理向公司化运营的跨越；第二个跨越（2019—2021），实现从公司化运营向集团化企业的跨越；第三个跨越（2022—2025），实现从集团化企业向幼教生态圈的跨越。顺利完成公司化、集团化、生态化三个跨越后，爱立方将会真正成为中国幼教领军企业。

四、大力弘扬四个文化——党建文化、企业文化、品牌文化、管理文化

爱立方大力弘扬以"扣子启蒙"为内涵的党建文化、以"大爱"为核心的企业文化、以"小象"为标志的品牌文化和以"首创"为特色的管理文化，以思想破冰引领创新突围，用发展成果检验改革成效，努力办好让党放心、让人民满意、受社会尊重的幼儿教育。

五、持续创新五个模式——党建品牌模式、协同营销模式、政采业务模式、区域合作模式、校企合作模式

爱立方在幼教行业率先大胆开创"扣子启蒙"党建品牌建设与幼教业务拓展一体化推进模式、"社、店、企"协同营销模式、"城市合伙人"政采合作模式、区域幼教整体合作模式、校企产教深度融合模式，持续引领中国幼教新一轮变革，奋力打造中国儿童游戏化学习领军品牌。

幼儿教育是基础教育的基础，也是教育短板的短板，必须加快补齐。新时代的幼儿教育既要实现"幼有所育、幼有优育"的目标，也要打上"红色幼教"的鲜明底色。我们深知，发展幼教事业、打造"红色幼教"的伟大梦想，绝不是靠一个部门、一个机构或一个企业就能实现的，也不是一朝一夕就能完成的。爱立方人将始终保持"十年如一日"的战略定力和"一日如十年"的奋进姿态，努力构建家庭教育、学校教育、社会教育三位一体的协同教育生态圈，真正以大爱之心诠释"幼有所育"的责任与担当，以实干之举书写"幼有优育"的光荣与梦想。

让青春为"红色幼教"绽放

爱立方有一句创业感言：你不启航，谁都不能帮你扬帆。启航，是为了更好地远航。只有启航，才能远航。2004年，我在华中科技大学新闻与信息传播学院读研时创办了《青年时代》杂志。当时，我撰写了一篇激情澎湃的发刊词《让时代记住我们》，并把"每一个人都有青年，但不一定有青春"作为封底寄语。如今回首，依然觉其激荡灵魂、振奋人心。

身处伟大的时代，没有"躺赢"的捷径，只有奋斗的征程。奋斗的青春最精彩，奋斗的目标最坚定。没有奋斗的青春必定是苍白无力的，我们若想在新时代留下我们这一代人的青春足迹，就必须树立远大的理想和坚定的目标。

幼教行业是被纳入意识形态管控的重点行业。幼教产业的高质量发展，迫切需要主流内容服务商、主流渠道服务商和主流运营服务商的有机统一。广大青年幼教工作者必须打上"红色幼教"的底色，彰显"文化幼教"的特色，守稳中国幼教主阵地。

新时代成就新青年，新青年建功新时代。青年幼教工作者要争当"红色幼教"轻骑兵和"文化幼教"先锋队。

只有坚持"学"字打底，方可顺应时代。中央党校副校长龚维斌教授撰写的文章《干部不读书的八大病因》，不仅是对少数干部不爱学习的犀利批判，也为幼教工作者的职业成长敲响了警钟。他精练地总结了干部不读书的八大病因：一是自认为是"失意精英"、无心读书；二是疲于应酬、劳累；三是逃避现实，低级趣味；四是新媒体冲击阅读习惯；五是热衷于玩弄权术；六是浅尝辄止、犯"懒"病；七是脱离实际、好作秀；八是有下属代劳，自己不必动手。他还一针见血地批评有些领导干部"官越做越大，书越读越少，话越来越不会讲，功能严重退化"，像山间竹笋"嘴尖皮厚腹中空"。青年幼教工作者要持续加强政治学习、业务学习、实践学习，不断提升理论水平、专业水平、实战水平。爱立方大力开展以"读好书、讲好话、写好字、做好人"为主题的"书香爱立方"创建活动，就是要着力打造一支高素质、专业性、复合型的智慧团队，担负起引领中国幼教新变革的时代责任，有效避免少数员工陷入"学习异化、读书泛化、功能退化"的泥淖。

只有坚持"干"字当头，方可不负时代。一个人长得漂亮，不如干得漂亮。随着年龄的增长，个人外表的光鲜终会褪去，但阅历的增加、知识的提升，会让人内心丰富、品格高尚、灵魂高贵，散发永恒的魅力。学习让人保持年轻，梦想让人充满斗志。对于好学者、思考者、奋斗者而言，即便相貌平平，依然会卓尔不群、不同凡响。青年幼教工作者既要助力加油、发挥长处、走在前列，更要精神"补钙"、补齐短板、干在实处，把唯干唯实唯先放在突出位置，把苦干实干巧干作为基本要求，真正实现国家所需、人民所盼、时代所向与幼教所能有机统一，切实以发展业绩检验奋斗成效。

只有坚持"创"字筑梦，方可引领时代。幼教行业正处在全面深化改革的调整期，青年幼教工作者必须以思想破冰引领发展突围，破除观念上"习惯于平凡"、目标上"习惯于平庸"、行动上"习惯于观望"、落实上"习惯于转手"的作风顽疾，让"创新突围"成为行动自觉，让"创业光荣"成为时代风尚，让"创优赶超"成为目标追求，切实以"人一之、我十之，人十之、我百之"的奋斗激情，引领幼教新变革，培养未来领导者。

每个人都曾是青年，但不一定有青春。青春的绽放，是学出来的、干出来的、创出来的。如果每一个幼教人的青春都为"红色幼教"绽放，中国幼教产业就会青春永驻。

为幼教赋能　助幼师提能

2020年是全面建成小康社会和"十三五"规划的收官之年，是国家幼教新政策深入推进的关键之年。站在新时代、新幼教的关键节点，能否推动中国幼教事业高质量发展，直接影响到全面建成小康社会目标实现的质量，直接影响到写好中国教育"奋进之笔"的成效。

自2019年9月成功复刊以来，《新班主任》（当代学前教育）坚持以"探究真理、引领改革、指导实践"为办刊宗旨，策划组织第一届长江幼教论坛暨卓越园长论坛、"游戏学习、智慧成长"专题研修班等品牌活动，聘任北京师范大学教授刘焱、湖北省学前教育研究会理事长周宗清等一批学前教育智库专家，重磅推出"中华优秀传统文化""益智区玩具""户外活动""游戏化学习"等专题研讨，精心开辟"理论思考""实践探索""名家专栏""名师访谈""家园共育"等特色栏目，赢得了全国幼教工作者的普遍尊重和广泛好评。

《新班主任》（当代学前教育）始终把"为幼教赋能"作为第一目标。新时代，学前教育不仅关乎教育大计，还关乎意识形态。《新班主任》（当代学前教育）始终把社会效益放在首要位置，把专业引领放在突出位置，努力构建政、企、研、园一体化合作的学前教育联合体模式，全力助推广大幼教工作者专业成长、智慧成才，整合社会力量，共同塑造中国幼教行业的良好形象。

《新班主任》（当代学前教育）始终把"助幼师提能"作为第一使命。当前，由于幼教事业发展不优质、幼教产业发展不均衡、幼教行业治理不规范，因此幼教从业人员地位不高、幼教机构公信力不强、幼教行业社会口碑不佳。然而，事业发展的关键在人，即人才。为了顺应幼教新政策，尽快改变幼教行业发展面临的被动局面，《新班主任》（当代学前教育）积极配合教育部门和园所，大力推进幼儿教师的素质提升工程与专业成长计划，以时不我待、只争朝夕的紧迫感和使命感，务实破解广大幼教工作者学历偏低、专业能力偏低、综合素质偏低等痛点问题。

《新班主任》（当代学前教育）始终把"引领新一轮幼教革命"作为第一追求。面对幼儿园"去小学化"的新形势新要求，中国幼教行业正处在转型创新、提档升级的关键节点。广大幼教工作者只有紧紧围绕幼儿教育、幼师教育、家长教育等时代课题，开展全方位、全领域、全体系的学术研究，才能找到中国幼教行业全面深化改革的密码，才能实现中国幼教事业高质量发展的宏伟目标。《新班主任》（当代学前教育）充分发挥教育智库功能，全力为幼教改革支招，为幼教发展献策。

《新班主任》（当代学前教育）与长江学前教育发展研究院一道，脱胎于少儿出版，成长于幼教产业，绽放于智慧教育。《新班主任》（当代学前教育）与广大幼儿园所和幼教机构开展深度合作，联合开展区域幼教论坛、卓越园长论坛等品牌活动，积极探索党建、业务、智库、人才四位一体的合作新模式，携手打造学前教育的"爱立方模式"，引领新一轮幼教革命。

美好的蓝图已经绘就，精彩的故事正在书写。《新班主任》（当代学前教育）将以全新的姿态、高昂的状态、进取的心态，为幼教的发展提供助力！

选择未来　放飞梦想　成就自己[①]

爱立方自2015年成立以来，在全体员工的共同努力下，实现了从0到1的伟大跨越，特别是2016年4月27日新三板上市以来，爱立方的发展迈入快车道，初步奠定了中国幼教行业"爱亿康"（爱立方、亿童、康轩）三足鼎立的格局，成为中国幼教领域的一个奇迹。四年来，爱立方与各位战略合作伙伴在建立长效互访机制、深入开展交流合作的基础上，以深化协同融合为基石，以探索文化营销为手段，不断夯实合作基础，巩固合作成果，创新合作模式，共同谱写了新时代中国幼教行业的历史华章。

一、选择爱立方，就是选择美好未来

爱立方"一次创业"的主要任务是起跑、跟跑、立足中国，爱立方"二次创业"的主要任务是并跑、领跑、绽放世界。

如今，爱立方的"二次创业"已经拉开帷幕，倘若打不开胸怀天下的格局、树不起务实重行的作风、守不住防范风险的底线，那么一切创新转型都将是空中楼阁。

2019年3月20日，长江传媒党委对爱立方组织体系做出重大调整，将爱立方升格为长江传媒直接管理的二级单位。长江传媒党委对爱立方新一届领导班子提出明确要求：完善法人治理结构，加快推进增值扩股和转板上市，着力建设长江传媒改革创新试验田，打造长江传媒高质量发展增长极，努力成为中国领先的幼教全程服务机构。

[①] 这一篇为笔者在爱立方2019年新品发布会上的致辞，选入时略有删改。

长江传媒党委对爱立方寄予厚望、充满期待，就是爱立方开启"二次创业"新征程、打造高质量发展增长极的最优资源和最强保障。

爱立方团队讲政治、讲大局、讲使命，真正把"国有控股企业姓党、上市企业姓公、幼教企业姓幼"的理念贯穿于企业经营管理的全过程，切实做到党建引领、公开透明、专业专注。

新商业时代，我们要对客户与员工进行重新定义：客户是不拿工资的员工，员工是拿工资的客户。爱立方与各位战略合作伙伴既是一家人，也是合伙人。最佳合伙人就是要努力实现"四个一"（即一个梦、一伙人、一件事、一辈子）和"三个共同"（即共同的目标、共同的利益、共同的责任）。爱立方全面整合长江传媒布局全球的资源体系为各位战略合作伙伴所用，助力各位合作伙伴在各地市场落地生根、开花结果。

二、放飞爱立方，就是放飞远大梦想

《左传》有云："政如农功，日夜思之，思其始而成其终，朝夕而行之；行无越思，如农之有畔。其过鲜矣。"创业更是如此，既要思考开始，也要谋划未来，更要狠抓落实。

爱立方从哪儿来、到哪儿去是爱立方人需要深入思考的问题。爱立方脱胎于少儿出版，成长于幼教产业，绽放于智慧教育。

打赢脱贫攻坚战、全面建成小康社会，为教育事业和幼教产业发展提供了历史性机遇。基于此，爱立方的未来十年必将是跨越发展的"黄金十年"，这十年爱立方力争迈出"三大步"，即专业化、集团化、生态化。

若想走稳走好"三大步"，爱立方团队须以只争朝夕、时不我待的紧迫感投入"二次创业"的宏伟征程，努力巩固从 0 到 1 的辉煌业绩，实现从 1 到 N 的伟大跨越，与广大战略合作伙伴携手放飞远大的幼教产业梦想，将事业的航船驶向远方！

三、成就爱立方,就是成就最好的自己

"一次创业"与"二次创业"的最大区别就是,"一次创业"突出产品、规模、速度、效益等硬指标,"二次创业"突出品牌、文化、规范、标准等软指标。只有软硬并举,才能基业长存。

作为一家新三板挂牌公司,爱立方的创新发展立足当下、着眼未来,始终坚守三条原则,即为客户提供超值服务,为员工提供增值平台,为股东提供升值空间。

作为一家内容研发与营销驱动并重的创业企业,爱立方坚持"游戏学习、智慧成长"的企业宗旨、"内容为王、渠道为先、服务为上、文化为魂"的经营理念、"无我忘我、成就自我"的团队品格、"相互欣赏、彼此信任、亲密合作"的团队精神和"人人都是人才,人人都能成才,帮助他人成才"的生态人才观,实现创新发展的提质增效和提档升级。

(一)研发是根本

优质内容是文化企业的源头活水,倘若没有一流的研发产品,那么爱立方的发展就是无源之水、无本之木。

(二)营销是龙头

营销是企业高质量发展的龙头,倘若没有一流的营销体系,那么爱立方的发展就会缺乏动力来源、难以为继。

(三)供应是支撑

供应链是现代企业的重要支撑,倘若没有一流的供应链体系,那么爱立方的发展就难以破茧成蝶、凤凰涅槃。

（四）培训是关键

培训是幼教产品营销的关键一招，倘若没有一流的培训"轻骑兵"，那么爱立方的发展就会暗淡无光、后继无力。

（五）行政是保障

高效规范的管理是现代企业又好又快发展的根本保障，倘若没有一流的行政管理水平，那么爱立方就不可能实现"国际知名、国内领先"的宏伟目标。

爱立方团队将不忘创业初心，牢记创新使命，重整行装再出发，努力给每一个员工跑道，为每一个员工加油，让每一个员工都有成长空间，在奋力推动爱立方事业发展中收获专业成长和职业尊严。

事业发展，关键在人，在人才。最好的自己是能够超越旧我、超越自我、超越小我的自己。为了更好地顺应市场变化、满足客户需求，爱立方坚持固本培元与创新求变并重，积极调整企业组织架构，组建行政中心、研发中心、营销中心、供应链中心和培训中心，加快推进研发创新、营销创新、供应链创新、培训创新、管理创新，按照"集团化布局、产业链运营、开放型合作、闭环式管理"的发展思路，探索"经销商＋区域总代理＋子分公司"的营销新模式，真正把客户满意作为第一标准，把客户需求作为第一信号，把客户利益作为第一考量，确保爱立方的研发产品更加贴近市场，确保爱立方的文化营销更加贴近客户，确保爱立方的培训服务更加贴近实际。

生命的最高境界就是努力把不好变成美好，最终实现美美与共。未来，爱立方将倍加珍惜各位合作伙伴为爱立方跨越发展提供的难得机遇和巨大空间，并与各位合作伙伴一起在产品研发、品牌培育、市场营销等方面全面推进战略协同和融合发展，在更加务实、更加高效、更加深入的合作中超越旧我、超越自我、超越小我，成就最好的自己！

只要方向正确，就不怕路途遥远。爱立方团队将会与广大战略合作伙伴一道，精诚团结、精进致远，同心同德、同向同行，共创爱立方的美好未来，共创中国幼教事业的美好明天，用实际行动把这份爱的事业发扬光大，让爱赋能未来！

梦想让我们爱向前方[①]

"久久不见久久见,久久见过还想见。"一场突如其来的新冠疫情让我们"线上天天见、线下难相聚"。一直以来,爱立方人不仅对每一次相聚的记忆印象深刻,而且总是对下一次的相聚充满期待。

2019年,你们努力打拼,我们全力以赴。从"选择爱立方,就是选择美好未来;放飞爱立方,就是放飞远大梦想;成就爱立方,就是成就最好自己"到"学刘秀、访诸葛、寻初心、谋发展",我们坚定信心、巩固信任、携手并进,奋力将爱立方"二次创业"的航船驶向远方。

2020年,你们初心如磐,我们使命在肩。从"纵然身处疫情中央,却始终坚守爱立四方"到"奉献幼教,爱向前方",我们慎终如始、目标如一、勇担使命,努力把"游戏学习、智慧成长"的教育理念传播到中华大地的每一个角落。

我们始终坚信:有一颗心,叫万众一心。疫情之下,爱立方人与广大战略合作伙伴始终坚持"一手抓疫情防控,一手抓生产经营",始终保持"十年如一日"的战略定力和"一日如十年"的奋进姿态,只争朝夕,团结一心,众志成城,克难攻坚,共渡难关。对于社会各界的牵挂与帮助,爱立方人永远感恩于心、执着于行,努力为全社会提供最优质的学前教育产品和服务,真正引导广大幼儿扣好人生第一粒扣子。

我们始终坚信:有一种爱,叫爱立四方。只有正确的价值观与科学的方法论实现有机统一,事业发展才能行稳致远、日久弥坚。无论

[①] 这一篇为笔者在爱立方2020年新品发布会上的致辞,选入时略有删改。

世事如何变迁，我们都会大力弘扬"勇立潮头、爱立四方"的企业精神。从"武汉幼教暖春行动"到"让青春为祖国绽放，用热血为武汉加油"，再到"送教入园，送学到家"，爱立方人始终把"教孩子三年，为孩子奠基三十年，为中华民族思考三百年"的教育使命观置于灵魂深处，把"用专业成就爱的教育"的庄重承诺落到实处。

我们始终坚信：有一个梦，叫梦想成真。爱立方积极顺应国家幼教新政策、落实幼儿园"去小学化"的要求，依托长江学前教育发展研究院、中幼爱立方学院、爱立方培训学校、《新班主任》（当代学前教育）杂志等智库平台，着力打造以幼教课程、幼教装备为主体，以幼教培训、幼教全程服务、幼教信息化为三翼的"一体三翼"产业布局和深度服务幼儿、教师、家庭、园所运营的"四位一体"产品布局，努力构建一整套具有自主知识产权的学前教育整体解决方案，做中国儿童游戏化学习的引领者。

武汉，每天不一样。爱立方，每天不一般。"用心点亮自己，用爱照亮别人"是爱立方人永恒的追求，"你没错过我，我不辜负你"是爱立方人不变的承诺。爱立方人坚信，有长江传媒的正确领导，有合作伙伴的鼎力支持，有社会各界的大力帮助，有爱立方团队的辛勤付出，爱立方就一定能够化危为机、破茧成蝶，成为中国幼教行业重新洗牌后的一颗耀眼明珠。

梦想让我们爱向前方，行动让我们爱立四方。爱立方人都有一个梦想：未来，爱立方是什么样子，中国幼教就是什么样子，正如"天堂应该就是图书馆的模样"一样，中国幼教应该就是爱立方的模样。爱立方团队将会与广大战略合作伙伴一道，精诚团结、精进致远、同心同德、同向同行，为实现"中国幼教应该就是爱立方的模样"这个崇高理想而努力，共创爱立方"二次创业"的美好明天，共赢中国幼教事业高质量发展的美好未来！

坚守幼教初心　引领幼教变革[①]

来到武汉，就是知音；来到爱立方，就是知己。自2015年成立以来，爱立方经历幼教新政策、托育新政策、幼小衔接新政策等，历经市场化、数字化、资本化的风云变幻，依然坚守在中国幼教产业发展的前沿，实现了从无到有、从小到大、从弱到强、从跟跑到领跑的精彩蝶变，真正把"小儿科"做成了大学问、大产业、大平台。

一、六年创业路，一颗幼教心

六年来，爱立方犹如一个懵懂的幼儿，受到社会各界的关爱与呵护，才得以茁壮成长。同时，面对教育政策与幼教市场的重大变革，爱立方犹如足球场上的一个运动员，积极调整自己的位置，然而，爱立方"教孩子三年，为孩子奠基三十年，为中华民族思考三百年"的幼教初心从未改变。

二、六年创业路，一个创新梦

六年来，爱立方构建了以专业智库为支撑的研发体系、以文化营销为引领的营销体系、以全程服务为特色的培训体系、以降本增效为目标的供应链体系、以战略管控为导向的管理体系、以"扣子启蒙"为内涵的党建体系。基于此，爱立方在幼教行业内打造了高效的研发

[①] 这一篇为笔者在爱立方2021年新品发布会上的致辞，选入时略有删改。

中心、立体的营销中心、多元的培训中心、控本的供应链中心、精干的行政中心，成为改革创新的风向标。

三、六年创业路，一种新模式

六年来，特别是"二次创业"以来，爱立方的改革创新受过争议、有过彷徨、挨过批评，但爱立方人从未退缩、从未懈怠、从未迷失。爱立方人始终保持战略定力，坚持"国有企业姓党、上市企业姓公、幼教企业姓幼"的政治站位，严格按照长江传媒党委对爱立方提出的"打造长江传媒改革创新试验田和高质量发展增长极，早日成为国际知名、国内领先的幼教全程服务机构"的战略要求，坚定不移地推进自我革命，探索出引领中国幼教高质量发展的"爱立方模式"。这种创新模式，是幼教行业集理念创新、产品创新、管理创新、文化创新于一体的更高层次、更有价值的实践样板，必将是全国国有企业抢占幼教事业主阵地和幼教产业发展高地的独特案例。

武汉是中国近代幼儿教育的重要发源地。1903年，张之洞在武昌阅马场筹划成立了中国近代公立第一园——湖北幼稚园，开创了中国幼儿教育之先河，引领了中国教育改革之先风。爱立方秉承先人之志向，弘扬幼教之情怀，努力构建以幼教课程、幼教装备为主体，以幼教培训、幼教信息化、幼教全程服务为三翼，实现幼儿园端产品与家庭端产品双轮驱动的立体化、多元化、全链条产业布局，实现幼教产品线、托育产品线、幼小衔接产品线、智库产品线多点发力、无缝对接，奋力成为中国儿童游戏化学习的领军者，引领中国幼教新一轮变革。

我们坚信，未来中国幼教将会是优质均衡、体系健全、人才辈出、智慧成长、人民满意的新时代奠基工程。

我们期待，未来爱立方将会是具有集团化战略布局、现代化创业氛围、专业化技术含量、规范化精细严谨、人本化人文关怀的新时代教育机构。

我们承诺，未来爱立方团队将会是有理想抱负、有家国情怀、有专业素养、有文化涵养、有朝气活力的新时代创业者。

打造幼教生态圈　　引领幼教新变革[①]

"黄鹤楼中吹玉笛，江城五月落梅花。"2021年，爱立方认真贯彻落实长江传媒党委提出的"打造改革创新试验田和高质量发展增长极"的战略要求，持续引领中国幼教新一轮变革，营收首次突破2亿元，在2018年的基础上实现高质量倍增，经营业绩和管理水平同步提升，党建品牌与幼教业务齐头并进，为"二次创业、引领行业"奠定了坚实的基础。

这一年，"一体三翼、双轮驱动、多点支撑"大幼教全程服务产业链布局更加稳健。

这一年，贯穿0～7岁的"托育—学前教育—幼小衔接"一体化产品线布局加快延伸。

这一年，省编幼教课程评审项目领跑幼教行业。

这一年，"社、店、企"协同营销新模式走向全国。

这一年，"目标管理、预算管理、成本管理"三位一体的精细化管理模式基本成型。

这一年，"扣子启蒙"党建品牌建设与幼教业务拓展一体化推进，"红色幼教"誉满天下。

2022年，踏上新的"赶考"之路，爱立方始终践行"教孩子三年，为孩子奠基三十年，为中华民族思考三百年"的教育使命观，持续聚焦"做中国儿童游戏化学习领军者"的目标追求，严格落实以下五大战略举措。

一是加快推进"扣子启蒙"党建文化品牌建设，以政治建设引领高质量发展。

---

① 这一篇为笔者在爱立方2022年新品发布会上的致辞，选入时略有删改。

二是加快推进爱立方出版教育产业园建设和爱立方培训学校实体化办学，以"一体三翼"夯实产业新布局。

三是加快推进新品研发和省编幼教课程布局全国项目，以研发精品引领幼教新变革。

四是加快推进经销商、政采商和供应商渠道重构，以渠道重构打造营销新模式。

五是加快推进"雏鹰展翅、雄鹰腾飞、精鹰领航"员工与合作伙伴能力素质同步提升工程，以团队建设塑造企业新形象。

十年磨一剑，一朝绽芳华。爱立方创业的"第一个十年"正在奋力实现"三次跨越"，即公司化运营、集团化布局、功能生态化。

我们清醒地认识到，若要圆满完成"十年三跨越"的目标任务，就必须深入推进以下四大战略工程。

一是做强"一体三翼"战略工程。以"聚焦主业、发展主业、引领行业"为战略主线，继续夯实以爱立方总部课程、装备为主体的发展底盘；以"延伸产业链、缩短供应链、优化服务链、提升价值链"为目标导向，加速把承载培训、幼教与托育全程服务、信息化与家庭端为主业的"三翼"——爱立方培训学校、中幼爱立方学院、武汉长江学习工场数字科技有限公司打造成"营收过1000万、利润过100万"的千万级工程。同时，广泛依托国有渠道资源，全面推广"政、校、企""政、园、企""社、店、企""城市合伙人"和区域幼教整体合作新模式，不断提高爱立方国企品牌的市场输出能力和行业引领力。

二是做精"智库服务"战略工程。依托长江学前教育发展研究院、长江托育研究院、长江书法教育研究院、中幼爱立方学院、爱立方培训学校、《新班主任》（当代学前教育）杂志"四院一校一刊"智库服务平台，纳天下教育人才，聚天下教育智慧，大胆探索"党建引领业务、学习提升业务、智库服务业务"的运营管理模式，真正打通成果转化快车道。同时，借助智库专家优势资源，打造省编幼教课程的评审模式、合作模式和运营模式，努力推进《幼儿学习与发展课程》入选全国各省（市、自治区），实现全国全覆盖目标，坚决守好幼教主阵地。

三是做大"产业园区"战略工程。整合各方资源、凝聚多方力量，以"构建幼教生态圈"为价值取向，以"教育＋出版""教育＋培训""教育＋文创"为业态支撑，着力打造融"政、产、学、研、媒、介、金"于一体化的现代化、集群化、共享化爱立方出版教育产业园，力争三年内成为长江传媒乃至湖北省文化产业高质量发展的新名片，真正实现"办好一个企业，锻造一支团队，建设一个园区，带动一个产业，引领一个行业"的远景目标。借打造爱立方出版教育产业园之契机，高标准规划建设世界幼教名人名言文化长廊、创业文化长廊、员工文化长廊、企业文化长廊、党建文化长廊、爱立方儿童教育体验馆"五廊一馆"企业文化体系，让"红色幼教"成为亮丽底色。

四是做优"三鹰团队"战略工程。创新人才培养模式，持续推进"雏鹰展翅、雄鹰腾飞、精鹰领航"员工与合作伙伴素质能力同步提升工程，确保"基层员工团队斗志昂扬、中层管理团队谋深做实、高层管理团队领跑冲刺"。创新开展以"读好书、讲好话、写好字、做好人"为主题的"书香爱立方"品牌活动，努力锻造一支高素质、专业化、有情怀的学习型、创新型、智慧型团队。

态度决定一切，承诺重于千金。爱立方团队向各位合作伙伴做出三点承诺：一是不会轻易放弃任何一位合作伙伴；二是不会因为一件事、一句话或者一次失误评判任何一位合作伙伴；三是不会因为私人感情去偏袒或者打压任何一位合作伙伴。

为此，爱立方高管团队将在广大合作伙伴面前带头履行好三个角色职责：一是甘当"蜡烛"，燃烧自己，照亮大家；二是甘当"人梯"，你若扬帆，我助启航；三是甘当"绿叶"——你当主角，我当配角。

家和万事兴，人勤百业旺。从创业到开业，从兴业到旺业，爱立方人精诚团结、凝心聚力，高扬理想之帆、大兴学习之风、铆足实干之劲，奋力用"根植中国、绽放世界"的宏伟愿景引领"二次创业"的航船驶向远方，为打造幼教生态圈、引领幼教新变革贡献智慧和力量！

知难图远　奋勇登攀[①]

创业八年再出发，知难图远勇登攀。2022年，爱立方严格落实长江传媒党委对爱立方提出的"对标行业第一，实现争先进位"战略要求，大力实施主题出版质量提升、教育服务能力提升、数字化转型"三大专项行动"，扛住了疫情防控、新生人口下滑、教材清理整顿和经济形势持续下行"四重压力"，守住了营收2亿元大关，爱立方培训学校、中幼爱立方学院、长江学习工场三家子公司营收均突破千万元并实现盈利，成为幼教行业发展理念最新、发展势头最好、发展模式最优的龙头企业之一。

这一年，"扣子启蒙"党建品牌走向全国，"红色幼教"典范企业形象成功树立。

这一年，国内第一家幼教产业园——爱立方出版教育产业园建成运营，幼教生态圈初具雏形。

这一年，"一体三翼"产业布局持续夯实，爱立方教育集团战略布局全面铺开。

这一年，全方位、多元化、原创性研发体系加速构建，创新型企业取得实质性进展。

这一年，"扣子启蒙"教育智库平台资源得到充分挖掘，"文化营销、智库服务"成为引领幼教变革的新风尚。

这一年，业务财务一体化深度开展，内控体系不断完善，集团化战略管控更加规范高效。

这一年，以"读好书、讲好话、写好字、做好人"为主题的"书

[①] 这一篇为笔者在爱立方2023年新品发布会上的致辞，选入时略有删改。

香爱立方"和"清廉爱立方"文化品牌加快创建，智慧型团队建设取得显著成效。

"二次创业"没有"躺赢"的捷径，只有奋斗的征程。2023年，为积极应对教育政策调整和新生人口下滑导致的幼教课程业务受阻、园所购买能力下滑、渠道信心不足等现实难题，爱立方团队坚持"党建引领、创新驱动、专业赋能"的战略思路，全力推进"六大工程"。

一是全力推进红旗党支部冲刺工程，积极申报湖北省直机关红旗党支部。以擦亮打响红色幼教典范企业品牌为目标，实现"扣子启蒙"党建品牌创建与幼教业务拓展一体化推进，共建"红色幼教"生态圈，汇聚"小象"大爱正能量，努力把"扣子启蒙"党建品牌打造成文化品牌、教育品牌和活动品牌。

二是全力推进幼教生态圈共建工程，实现爱立方出版教育产业园提档升级。加快推进"教育＋出版""教育＋培训""教育＋文创"三位一体的生态布局，进一步延伸产业链、缩短供应链、优化服务链、提升价值链，有效促进爱立方上下游企业集群、集聚、集约发展，着力把爱立方出版教育产业园打造为湖北省文化产业高质量发展新名片。

三是全力推进教育产品线创新工程，努力打造课程装备精品爆款。以市场需求为导向，以精品爆款为牵引，加快调整优化产品结构，进一步壮大装备产品，做强幼教出版，改变课程产品"一业独大"的局面，力争在"十四五"末期构建起两条亿元级、三条五千万元级、五条三千万元级产品线矩阵。

四是全力推进全程服务链升级工程，大力拓展托育、家庭端玩具、书画培训、校园文化等新业务。认真落实《爱立方全面提升教育服务能力三年行动计划（2023—2025）》，建设长江传媒教育全程服务先行区和示范区。推动爱立方培训学校深耕教师培训、职教特教培育和素质教育培训，推动中幼爱立方学院全面打造幼教全程服务体系3.0、托育全程服务体系2.0和校园文化全程服务体系1.0，推动长江学习工场大力拓展幼教信息化、家庭端玩具和教育文创产品线。

五是全力推进数字化转型攻坚工程，积极探索教育新媒体营销模式。以"爱立方幼教"微信公众号、"扣子启蒙教育智库"视频号为重要载体,全面构建"扣子启蒙"教育新媒体矩阵,创建"扣子启蒙"教育新媒体直播间和园长沙龙,开设"教育大咖访谈录""卓越园长校长会客厅""研发主编创作谈""主播探校访园记"等精品栏目,打造教育新媒体传播高地,在服务主业中引领行业,以数字化转型实现价值最大化。

六是全力推进智库型企业奠基工程,打造高素质、专业化、复合型团队。深入推进"雏鹰展翅、雄鹰腾飞、精鹰领航"全员成长计划、"青桐"专业人才培养计划和"扣子启蒙"名师名家塑造计划,积极构建分层分级分类人才培养体系。做精做优"四院一校一刊"教育智库平台,用专业赋能幼教行业高质量发展,实现从企业型智库向智库型企业的跨越,着力打造持续引领行业的高素质、专业化、复合型团队。

唯有勇敢冲破黑暗,方可昂首迎接光明。我们坚信,扛过大疫三年的幼教产业,必将迎来更加光明的发展前景。未来,爱立方人将大力弘扬勤学善思的学习风尚、能谋善断的决策风尚、担当善为的干事风尚、知人善任的选人风尚、善始善终的清廉风尚,主动融入湖北建设全国构建新发展格局先行区战略,共建幼教生态圈,守稳幼教主阵地,引领幼教新变革,在构建全产业链中打造新增长极,为推动长江传媒高质量发展和开创中国幼教美好未来贡献全部智慧和力量!

知难图远,奋勇登攀,虽远必达。让我们携手并进、同心同德、同向同行,牢记空谈误国、实干兴邦,做到自信自强、守正创新,努力办好让党放心、让人民满意、受社会尊重的幼儿教育,奋力将"二次创业"的航船驶向远方!

反思文化之内核

第二辑

　　文化是一种规范化的社会意识和集体灵魂。文以载道，化雨春风，是文化的核心要义。烟没有文化，就是草；酒没有文化，就是水；茶没有文化，就是叶子。同理，人没有文化，就是躯体；人有文化，就是灵魂。只有时刻反思自身的文化属性，我们才能把大写的"人"字铭刻在时代的年轮上。

"讲好中国故事"的文化担当与职业素养

"中国故事"是党的十八大以来主流媒体和宣传文化战线的高频词汇。"讲好中国故事，传播好中国声音"，习近平总书记是倡导者和践行者，更是示范者和引领者。他通过讲述通俗易懂、温暖人心、鼓舞斗志的中国故事，向世界展现了大国领袖的超凡智慧和务实风范，向外界表达了公正严明的中国立场、中国观点和中国态度。长期以来，习近平同志始终高度重视学习党史，多次强调"要讲好党的故事"，并在多个场合讲述"三千孤儿入内蒙""半条被子的温暖""真理的味道非常甜"等党史故事，让人们如沐春风、温润心田。毫无疑问，新闻出版单位是"讲好中国故事"的主力军和主阵地，必须动员组织广大编辑记者带头讲好中国共产党治国理政的精彩故事，讲好中国人民共圆中国梦的动人故事，讲好中国积极构建人类命运共同体的美丽故事。只有我们真切、生动、鲜活地讲好中国故事，世界才能看到一个真实、立体、全面的中国。

一、坚定文化自信，始终把"讲好中国故事"作为时代风尚

对于经济社会发展而言，科学技术是第一生产力，讲好故事也是先进生产力的必然要求。在打造文化旅游城市的时代浪潮中，我们不难发现，会讲故事、讲好故事的城市往往都是有名、有利、有人气、有生机活力的文化城市、旅游城市和品牌城市。以"海纳百川"为城市品牌传播语的上海，以"精彩之都，时尚深圳"为城市品牌传播语

的深圳,以"西安年,最中国"为城市品牌传播语的西安,以"千年帝都,牡丹花城"为城市品牌传播语的洛阳,均不例外。

实践证明,品牌因故事而生动,故事因品牌而持久。讲好精彩、动人、美丽的中国故事,正当其时,人人有责。新时代编辑记者必须坚持以人民为中心的创作导向,积极顺应时代潮流,坚定文化自信,以"讲好中国故事"带动新时代党风、政风、民风的加快转变。

(一)"讲好中国故事"成为国家传播战略

历史反复证明,落后就要挨打,贫穷就要挨饿,失语就要挨骂。新中国成立后扭转了落后挨打、贫穷挨饿的被动局面,但面临"失语挨骂"的威胁。这也是"讲好中国故事"上升为国家传播战略的重要原因。若要改变当前基于西方话语体系构建的"西强我弱"舆论格局,我们既要创造与世界接轨的优质内容,又要构建符合国际主流的传播渠道,还要设置参与国际沟通与交流的共同话题,努力实现我们想讲的内容与国外民众想听的内容的有机统一,做到国际视野与中国情怀融为一体。

(二)"讲好中国故事"承载社会期待

要想让世界看到一个真实、立体、全面的中国,要想让世界普遍认可正在走向世界舞台中央的中国,我们必须讲好中国故事、重塑中国形象。讲好中国故事,是消除误解误读、构建中国形象、让世界重新了解中国的重要路径。人民出版社出版的《习近平讲故事》,一度稳居畅销书排行榜前列,并转化为多种融媒体、数字化产品形态,足见社会各界对向世界讲好中国故事的迫切期待和向青少年讲好中国故事的热切期盼。可以说,讲好中国故事,不仅是国家倡导的大事,也是社会期待的好事。

(三)"讲好中国故事"受到民众追捧

这是一个"人人都有麦克风"的全媒体时代,民众需要真相,也需要故事。好故事是绝佳的世界通用语言。一个好故事胜过千言万语，一个好故事胜过一堆硬道理。纪录片《舌尖上的中国》、电影《战狼Ⅱ》和电视剧《山海情》迅速走红的原因，便是这些优秀作品讲述了一个又一个吸引人、感染人、激励人的精彩故事。我们只有把故事讲得用心、走心，民众才会动心、欢心。

（四）"讲好中国故事"关乎职业需要

新闻出版工作者的一个重要职责就是围绕中心、服务大局、营造氛围、推动发展。具有2800多年建城史的襄阳，近几年在传播"千古帝乡、智慧襄阳"城市品牌时提炼出以尧治河为代表的先祖智慧、以刘秀为代表的政治智慧、以诸葛亮为代表的人生智慧、以习家池为代表的园林智慧、以释道安为代表的宗教智慧、以宋玉为代表的楚辞智慧、以孟浩然为代表的诗歌智慧、以米芾为代表的书画智慧、以汽车工业为代表的现代智慧、以《射雕英雄传》为代表的武侠智慧等十大核心智慧品牌。这些故事得到了广大民众的口口相传，取得了良好的传播效果。新冠疫情之后，中央和湖北省主流媒体策划报道的"让世界看见湖北""看武汉浴火重生"等疫后重振的故事，让人感慨万分、点赞无限。毋庸置疑，讲好中国故事，既是新闻出版单位的职责所在，也是编辑记者的职业需要。

二、坚持内容为王，始终把"讲好中国故事"作为价值标尺

对于儿童而言，故事是通往梦境的时空隧道；对于成人而言，故事是接受教育的有效载体。自古以来，成语故事、民俗故事、神话故事、改革故事、创新故事、创业故事等，都是哲人向后代传道授业解惑的重要形式。正是一个个关乎成长、奋斗、筑梦的经典故事，成就了历史悠久、文化繁荣、根脉永续的故事中国。新时代编辑记者是弘扬和传承中华优秀传统文化、红色革命文化、社会主义先进文化的生力军与先锋队，只有坚持"胸中有大义、心里有人

民、肩上有责任、笔下有乾坤"的理想信念，才能讲好精彩、动人、美丽的中国故事。

（一）"讲好中国故事"必须三观正，讲出高品质

"讲好中国故事"并非简单地为讲故事而讲故事，而是要端正人们的世界观、价值观、人生观。新时代编辑记者要认真思考"讲什么故事""怎样讲好故事""为谁讲故事"等核心问题，讲好中国共产党治国理政、中国人民共圆中国梦、构建人类命运共同体的时代故事，真正在走基层、转作风、改文风中把基层故事讲生动，把真实故事讲鲜活，把正能量故事讲出高品质。比如，襄阳古城孕育了刘秀、诸葛亮、孟浩然、米芾等千古名流。在建设文化襄阳的新时代征程中，诸葛亮"一代智圣谋天下大业，八方人才起事业宏图"、孟浩然创作《春晓》、米芾创作《研山铭》等故事，都是助力襄阳古城品牌高品质传播的优秀载体。

（二）"讲好中国故事"必须做到内容实，努力讲出好品位

好故事一定是源于人民、源于实践、源于真理的故事。湖南省湘西土家族苗族自治州十八洞村是全国脱贫攻坚的典型代表。由中共中央党校出版社出版的著名学者王宏甲"用脚写出来的"长篇报告文学作品《走向乡村振兴》，通过一个个鲜活人物和群体的奋斗实践，讲述了党的十八大以来，中国历经八年决战脱贫攻坚、走向乡村振兴的故事，总结提炼了中国摆脱贫困的宝贵经验，折射出中国脱贫攻坚战的苦难与辉煌。无独有偶，2021年4月30日，为了给湖南省脱贫攻坚表彰大会胜利召开营造良好的舆论氛围，《湖南日报》推出8个版连版印刷的大型全景式新闻漫画特刊《十八洞村：走上幸福大道》，真实展现了200多个人物典型和23个精准脱贫小故事，生动描绘了一幅清晰完整的脱贫画卷。这是全国党报首次以新闻漫画的艺术表达形式，全方位、全景式、全媒体呈现精准扶贫首倡地十八洞村波澜壮

阔的精准脱贫之路，成为湖南报业史乃至中国党报史上的一大创举。这些来自基层、来自一线、来自人民的脱贫故事，既有好内容，也有好品位，无疑是最动人的中国好声音。

（三）"讲好中国故事"必须做到形式新，努力讲出好品相

人人都是故事中的主角，人人都是讲故事的主角。只有形式新颖、品相优雅的故事，才能激发广大民众听故事的兴趣和讲故事的热情。2021年3月5日，正值全国"两会"召开之际，新华社原创Rap（说唱）歌曲《十四五@十四亿》刷屏。"十四五，十四五，十四亿人的十四五，666，嘟嘟嘟……"这首时尚的歌曲生动描述了"十四五"规划与人们日常生活的联系，引导广大民众增进对《国民经济和社会发展第十四个五年规划和2035年远景目标纲要（草案）》的理解。近年来，中国将以汉语、中医药、武术、建筑、美食等为代表的中国特色文化IP推向世界舞台，比如央视推出《国宝档案》，江西景德镇推出《瓷上中国》，国产动漫推出《子不语》《罗小黑》等，让世界认识到中国历史之久远、文明之灿烂、文化之繁荣。这些故事化的作品将宏大的主题进行通俗化、艺术化的演绎，既能与受众内心的情感高度呼应，又能让受众产生有趣、共鸣之感，特别是能让广大年轻人喜闻乐见、互相转发，极大地增强了传播效果。

（四）"讲好中国故事"必须做到格调高，努力讲出好品质

故事被读懂、易传播，根本在于人心相通。2014年8月，由中宣部、国家互联网信息办公室、国家新闻出版广电总局（后改为国家广播电视总局）、中国记协主办的"好记者讲好故事"演讲活动在全国新闻战线展开。如今，"好记者讲好故事"已经成为全国宣传文化战线的品牌活动。这与广大新闻工作者下沉一线的精心采访与自信大方的精彩讲述密不可分。2015年，荆楚网记者孙永军讲述了利用新媒体手段，在互联网上传播"信义夫妻"生死接力、诚信还钱的故事；

2016年,中央电视台"远方的家"栏目记者蔡丽娜讲述了在行走中记录遥远的西藏阿里执勤点士兵的坚守与担当的故事;2018年,《人民日报》记者杨俊峰讲述了藏族姐妹卓嘎、央宗守护五星红旗的故事;2020年,《人民日报》记者吴姗讲述了自己深入武汉参与抗疫报道80天"三次痛哭"的故事……一个个以小人物反映大社会的感人故事,向人们诉说着记者"铁肩担道义,妙手著文章"的责任与担当,传递着广大新闻工作者不变的初心和神圣的使命。

三、创新传播方式,始终把"讲好中国故事"作为职业素养

随着"两个舆论场"格局逐渐形成,我国新闻出版业也在发生重大变革,拓宽传播渠道、守住意识形态主阵地的要求日益迫切。牢牢把握意识形态主动权,必须科学掌握"讲好中国故事"的技巧和智慧,让主流价值观入脑入心、外化于行。新时代编辑记者讲好中国故事,必须增强文化积淀、阅历积累、逻辑训练和传播技巧,创新传播方式和技巧,在唱响大时代中凸显小个体,在讲述家国情中展现国际风范。

(一)在守正创新中唱响大时代

新闻出版工作者的初心是打造精品力作、传承优秀文化。新时代的中国为广大新闻出版工作者讲好中国故事提供了无限的素材和丰富的题材。无论是在全面建成小康社会之时讲好脱贫故事,还是在中国共产党建党百年之际讲好红色故事,新闻出版工作者都可以在守正创新中唱响大时代,实现大作为。2021年是中国共产党百年华诞。如何把一段段改天换地的红色征程、一个个感天动地的红色故事讲给广大民众听,是时代赋予广大新闻出版工作者的重要使命,也是赓续红色基因、传承优良传统、激发价值认同的历史机遇。

（二）在求真尚善中凸显小个体

在这个正在经历伟大变革的美好时代，人人都有遇到好故事的机会，人人都有讲好故事的机会。好故事是追求真善美、触人心弦的故事。2020年感动中国人物、荆楚楷模年度人物汪勇，被誉为"疫情防控人民战争中的最美志愿者"。他主动组织志愿者司机团队接送医护人员，并每天为7800名一线医护人员送1.5万份盒饭。正是这个从市井地走来、向暴风眼走去的平凡人，用大爱之举定义了"英雄来自人民，平凡铸就伟大"，诠释了"小个体也能释放大能量"。

（三）在贯穿古今中讲述家国情

世界为我们打开了一扇智慧之门，让我们从一个世界来到另一个世界。"讲好中国故事"就是一扇智慧之门。主题电影《流浪地球》《我和我的祖国》《我和我的家乡》《送你一朵小红花》之所以叫好又叫座，主要是因为这些优秀作品坚持叙议结合的方式，遵循"源于中国而属于世界、立足历史而引领未来"的思维逻辑，讲述的都是与家国情怀相关的激荡人心、充满文化自信的中国故事，实现了故事与道理的有机统一。

（四）在沟通内外中展现国际风范

中国特色社会主义建设取得了巨大成就，深刻改变着中国，深远影响着世界。正在走向世界舞台中央的中国，若想展现负责任大国的国际风范，就必须讲好为世界发展贡献中国智慧、提供中国方案的中国故事。当然，"讲好中国故事"需要警惕"有故事、没中国"和"有中国、没故事"的"两张皮"现象，努力实现中国与故事的有机统一，真正用好故事去塑造中国的世界观和世界的中国观。

传播好故事，奋进新时代。在新时代编辑记者脚力、眼力、脑力、笔力"四力一体"的辛勤耕耘下，每一个好的中国故事都犹如一座不灭的文化灯塔，照亮了中华文明前行的方向。

小时评涵养大智慧

评论是传媒的灵魂和旗帜，是媒体的直接声音，更是党报鼓与呼的号角。作为时事评论的典型代表，时评是热言时代的思想原声，是穿越历史的智慧光芒。

我的时评写作与研究，起源于互联网异军突起的 21 世纪初，爆发于青春燃烧、理想放飞的大学时代。正是基于对时评的浓厚兴趣和特殊情结，我不论从事什么职业和岗位，都坚持写作与研究时评，努力在时评写作中增长人生智慧，在时评研究中把握时代脉搏。

一、时评的发展历程：推进公共领域构建

中国是一个具有政论传统的国家，中国知识分子对政论的写作与表达情有独钟。先秦时期，特别是春秋后期和战国时期，是我国古代论说文的辉煌时期。

东汉末年，刘备拜访诸葛亮时的谈话内容《隆中对》是一篇传诵千古的文章，也可以被视为中国最早的时政评论。这篇字数不多的《隆中对》谋划了"三分天下"的时局，堪称政论领域的典范。

政论是时评的滥觞。当历史的车轮驶入近现代，时评伴随着近代报刊的创立应运而生。虽然时评的发展历程一波三折，但其随着社会变革曲折成长、日趋成熟。

近代报纸问世以后，政论和一般的言论开始成为报刊版面的主要内容，同时涌现一大批以刊载政论为主的报刊（如《时务报》《新民丛报》《民报》《新青年》《每周评论》《湘江评论》等），也涌现出王韬、

严复、章太炎、梁启超、宋教仁、陈天华、章士钊、张季鸾、胡适、邹韬奋、王芸生等一批杰出的政论作家。

自1904年《时报》出现署"时评"之名的言论以来，时评逐渐脱离政论文，成为一种相对独立且受读者欢迎的文体。时评文体在刚出现之时便呈现诸多优势，比如词句简短、冷峻明利、段落分明、一目了然。从近代报纸时评的运作来看，时评品牌及时评人品牌的树立对媒体而言有着十分重要的意义。当时《大公报》的"社评"就是典型代表。

近代以来，中国时评经历了"产生—繁荣—沉默—复兴"的艰辛历程，也实现了从时评到新时评的华美蝶变。

新时评不仅是指新时期的时评，更是指时评呈现新的发展特性与内涵。也就是说，新时评的"新"主要是相对于传统时评而言的。传统时评的基本特征有以下几点：基于时事或时政进行评论；文字简短；表达风格直白、明快、睿智。新时评除了具备传统时评这些特性外，还具有一个核心特征——公民写作。换句话说，新时评不是一个政治概念，而是一个时代概念。因此，新时评的起点不一定是新时期的起点。新时评的起点比新时期的起点要晚。新时评的真正开端是1996年1月12日《南方周末》新年改版时在"时事纵横"版开辟的"阅报札记"专栏（后来更名为"纵横谈"）。

时评的存在价值和社会作用，取决于它与现实社会生活联系的紧密程度。在中国近现代报刊史上，第一次"时评热"是由1904年在上海创办的《时报》"时评"掀起的，改革开放以来的"新时评风"是由1996年于广州创办的《南方周末》"纵横谈"刮向全国的。

在《解码新时评——中国新闻时评的新发展（1996—2006）》一书中，我把1996年至2006年中国新时评发展变化的第一个十年划分为五个阶段。

第一阶段是新时评专栏的产生阶段（1996—1998），它以1996年1月12日《南方周末》"时事纵横"版开辟"阅报札记"专栏为标志。

第二阶段是新时评专版的发展阶段（1999—2001），它以1999年11月1日《中国青年报》创办"青年话题"版为标志。

第三阶段是大众报时评版的兴盛阶段（2002），它以2002年3月

4日《南方都市报》创办"南都时评"版为标志。

第四阶段是报网时评的互动阶段（2003—2004），它以搜狐网创办"搜狐星空"、新浪网创办"新浪时评"、网易创办"第三只眼"为标志。

第五阶段是新时评的缩水与坎坷阶段（2005—2006），它以2005年3月15日《新周报》宣布停刊为标志。

从2006年至今，受政治经济大气候和媒体生态大环境的影响，时评仍然处于坎坷期和转型期。

长期以来，时评在推进公共领域构建中扮演着重要的角色，它记录并影响着公共领域构建的历史进程。时评史是舆论史，是思想史，也是智慧史。中国新时评的发展历程体现了近年来中国的舆论变迁历程，无疑是改革开放以来中国发展变迁的思想史、智慧史。

虽然时评一直在公共领域构建的密林中穿行，但没有什么力量能够阻挡时评前进的车轮。时评要实现健康持续的发展，就必须吸纳更多的时评写手参与其中，必须坚持批评性与建设性的辩证统一。只有营造一种充满宽容与理解的氛围，时评才能吸引更多的写手加入，同时为时评创作提供无穷的动力源泉；只有实现批评性与建设性的有机统一，时评才能有效满足受众的阅读需求，永葆生机与活力。

在媒体同质化竞争日益激烈的年代，各类媒体都将评论视为核心竞争力的源泉，评论版面、评论栏目运作的质量和水平直接影响着媒体的质量和水平。这也是时评被认为是当今媒体评论中最有生机与活力的文体的重要原因。

二、时评的核心特征：意见表达

时评的"时"是时事的"时"，更是"时代"的"时"。"因时而评、合时而著"，是时评的"表意"，也是时评的"内核"。

广义的时评是时事评论与时政评论的简称，也是新闻评论的略指，包括报刊言论、广播电视新闻评论及网络评论等。狭义的时评是民众通过报刊、网络等大众传媒，表达关于新近发生或发现的事实的看法和观点的方式。时评的核心特征为由事而评、简短明快、公民写作。从这个意义上讲,当前广播电视新闻评论节目不能称作时评,因为它们不具备意见广场、公民写作的基本特性。从这个定义看,狭义的时评有别于杂文,是新闻评论的子集。很多新闻评论和杂文并不具备时评的由事而评、意见广场、公民写作等核心特性。

当今时代,时评的功能主要表现在以下五个方面:一是思维取向;二是意见广场;三是利益诉求;四是舆论监督;五是公共领域构建。正因如此,时评被誉为"热言时代的思想原声",涵养丰富的表达智慧、责任智慧和宽容智慧。

首先,时评涵养表达智慧。作为公民写作的代表文体,时评创作不是为了附庸风雅或单纯追求轰动效应,而是生命体验的真实表达。一个有良知的时评写作者要坚守这样一个原则:能讲真话时讲真话,不能讲真话时宁可保持沉默也不能讲假话。时评写作需要知识的积累、思维的训练以及生活的体验。华中科技大学新闻评论研究中心主任赵振宇教授曾在接受专访时表示:新闻评论告知大众的不是改造社会的具体方法,而是一种理念、一种思维、一种思想、一种观念,提供一个公众交流的平台,表达一种观点。我创作发表的《人文春运》《视力问题不容忽视》《开好短会是艺术更是能力》《品牌不仅要赚钱更要值钱》《解码襄阳十大核心智慧品牌》《多一些国家企业 少一些国有企业》《"从0到1"比"从1到n"更加难能可贵》《阅读让城市备受尊重》等思想碰撞类时评,就是努力传播一种思维、一种观念,表达一种有价值的观点。

其次,时评涵养责任智慧。媒体不可无时评,时评不可无品牌。新闻媒体要靠新闻安身立命,新闻业务要靠时评独树一帜。时评不仅要体现公民言论的开放度和自由度,更要承担直面现实、关注民生、引导舆论、推动发展的社会责任。2003年,针对我国海军潜艇失事导致70名官兵遇难和多名"非典"医护人员牺牲事件,我在《能否为"民众"来个下半旗》(刊载于《凤凰周刊》2003年5月)中写道:"国旗不仅是国家主权和民族尊严的象征,也是民族精神和民族凝聚力的体现。下半旗除了表达对领导的悼念,还应该表达对国民'生命权利'的重视。在国外，下半旗也决不仅限于逝世的国家领导人，面对一些重大的、突发性事故和灾难造成重大伤亡时，我们也时常见到下半旗。"2008年，为了表达全国各族人民对汶川大地震遇难同胞的深切哀悼，国务院决定，2008年5月19日至21日为全国哀悼日并下半旗致哀。这是中华人民共和国国旗首次为民众而降，既体现了国家对民众权利的尊重，又顺应了时评的呼声和时评人的期待。此外，我创作发表的《火车到底该为谁提速？》《红顶商人需要统一清理》《立法尊重民意与民意融入立法》《文件"旅行"背后是本位主义作怪》《落实的重量》《城市建设要把人本理念放在首位》《乡村休闲产业要坚持品质与品牌并重》《致敬劳动者的最好方式是维护劳动者尊严》等建言献策类时评，架起了媒体与大众之间的桥梁，积极普及社会常识，勇于践行社会责任。

最后，时评涵养宽容智慧。近年来，关于时评自身的评价与争论从未停歇。不论这些争论结果怎样，时评界的浮躁之风已初见端倪。针对时评界面临的社会争议，我在《用开放与宽容来解救"时评危机"》（刊载于《中国青年报》2003年8月7日）中写道："一种反思、一种逆向思考对于时评人而言都是必要的。但是，我们必须明白一点，那就是时评浮躁之风的由来，不是因为时评文体，也不是因为所有的时评人和编辑，而是一部分时评人出了问题。对待这一小部分人，我们应该采取开放、宽容与理解的态度。"我还呼吁，具有社会影响力和震撼力的时评作品毕竟是少数，时评人对自己和别人不必求全责备，更不要泼妇骂街，而应该以宽容的心态去适应时评的现状，相互学习，加强商榷和交流。这篇时评不仅较好地反省了时评界自身存在的问题，也加深了外界对时评界的理解与宽容，受到了时评人与读者的广泛好评。此外，我创作发表的《学生逃课老师要不要反思》《为何出现不会写消息的新闻学博士》《别把春晚寄希望于某个总导演》《钓鱼岛让我们读懂国情世情》《"一生一事"背后的业绩观》《让智慧成为人生的亮丽底色》《别把工匠精神与读书文化对立起来》等探讨交流类时评，努力在"人云亦云"风气盛行的时代发出一种与众不同的声音。

无论世事如何变迁，社会都需要"因时而评、合时而著"的声音。社会各界要为时评创作营造宽容的环境，提供表达的空间。时评人也需要以一种开放的心态、宽容的胸怀去评说世事。当时评充分发挥公民写作应有的社会作用和表达功能时，其自身便会拥有更广阔的生存和发展空间，当下的时评危机也能得到有效缓解。

三、时评的最高境界：叙事化表达

时评是思考、判断与表达的有机统一。一篇好的时评作品通常具备"四要"特征：观点要新，即有思想、有论点、有视角；思路要清，即言之有理、言之有物、言之有序；逻辑要严，即以事实为依据、以道理为准绳；文采要好，即通俗易懂、雅俗共赏。

为了达到上述"四要"标准，时评人需要牢牢把握时评创作的基本定位：稳健而不失锐气；尖锐而不失准确；批评而不失根据；理性而不失建设性；权威而不失活泼；尊重个性而不出格。

在写作和研究时评的过程中，我积极倡导并践行时评的叙事化表达，并始终把它视作时评写作的最高境界。

与"设定一个观点，然后进行论证"的逻辑推论方式不同，叙事化表达主张用叙事化的语言来评述新闻事件或新闻故事，以达到科学判断和论理明理的目的。这种"在叙事中表达观点和态度"的写作模式往往是时评人在用亲身体验、生活阅历来写作，可以有效避免"为证而论"，既能给受众带来亲切感和心灵共鸣，又能增强时评的可读性和传播效果。简言之，叙事化表达方式能够给作者和读者带来某种情感的满足与寄托。

在信息爆炸和新闻同质化的时代，紧跟时代步伐、把握时代脉搏、倾听社会呼声、呼吸现实空气的真知灼见是十分稀缺的。若能把这样的真知灼见通过叙事化的表达模式呈现出来，就能达到既完美又高效的效果。

多年来，我一直在努力探索时评的叙事化表达模式，尝试用故事和体验去解读新闻事件，解码新闻真相，并取得了良好的传播效果。

2003 年，针对"非典"时期社会舆论"讨伐"80 后大学生现象，我创作发表时评《谁说独生子女没有责任感？》（刊发于新华网评 2003 年 5 月 21 日），以自己和身边 80 后独生子女积极参与抗击"非典"的事例现身说法，为 80 后独生子女群体正名。文章最后写道："我们现在虽然没有肩负起历史发展的重担，但经历了这场突发疫情，我相信我们这一代人会在今后的工作和生活中，变得更加坚强、成熟，更有责任感。我也相信社会在发展，一代只会比一代更好。"

2013 年，我在实地考察厦门鼓浪屿等旅游景区的运营情况后，针对襄阳旅游"不温不火、留不住人"的窘困局面，发表时评《在这里，时间是用来"浪费"的》（刊载于《襄阳日报》2014 年 1 月 1 日），提出了襄阳旅游"举文化旗、打传奇牌、走体验路"的创新模式："汉江边、古城墙下、护城河畔、鱼梁洲头、隆中山脚……在这里，时间是用来'浪费'的；在这里，生命是需要'发呆'的；在这里，走慢点，让灵魂跟上脚步。"

2014 年 1 月 25 日，32 岁中国网球运动员李娜勇夺澳网冠军，再创中国网球历史。我认真梳理李娜的成长历程及外界对她的综合评价后，创作发表时评《每个人都可以做自己的英雄》（刊载于《襄阳日报》2014 年 1 月 29 日），解读李娜虽然饱受争议却受人尊重的秘方。文章写道："'做自己的英雄'的本质就是做好自己。特别是在这个复杂多元、浮躁功利的社会中，做好自己比苛求别人更有价值、更有意义。'做自己的英雄'需要做真实的自己、做坚定的自己、做最好的自己。"

文字是思想的皮肤，思想是文字的灵魂。时评人既要敬畏文字、崇尚思想，又要保持理性、充满激情。一个优秀的时评人应该具备以下三个方面的基本素质：一是勤学善思，加强常识学习，增强政治敏感，提升政治素质；二是刻苦钻研，完善思维体系，强化专业学习，提升专业素质；三是思行致远，丰富生活阅历，增强生活体验，提升综合素质。

人因梦想而伟大，因思想而受尊重。生活需要时评，时评丰富生活。时评的本质是智慧，小时评涵养大智慧。在这个思想写作的年代，必将有更多的人在时评阅读或创作中提升思想、增长智慧。

用开放与宽容来解救"时评危机"

读了中国人民大学新闻学院马少华副教授于2003年7月31日在《南方周末》上发表的《也谈近来关于时评的争议》,我深受启发。作为时评写作者和研究者,我也非常赞同马先生"提倡宽容"这一观点。

很长一段时间以来,关于时评的争论从未停歇,有批评与自我批评,有剖析与自我剖析,还有骂作者、骂编辑的。不管这些争论结果怎样,时评界的浮躁之风已是初见端倪。因此,一种反思、一种逆向思考对于时评人而言是必要的。但是,我们必须明白一点,那就是时评浮躁之风的由来,不是因为时评文体,也不是因为所有的时评人和编辑出了问题,而是一部分时评人出了问题。对待这一小部分人,我们应该采取开放、宽容与理解的态度。

随着社会日新月异的发展,时评的评说素材越来越丰富,这就需要时评人以开放的视野、开放的思维对待这些新事物、新现象。另外,具有社会影响力和震撼力的时评作品毕竟是少数,因此,时评人对自己和别人不应求全责备,更不应泼妇骂街,而应该以宽容的心态去适应时评的现状,相互学习,加强商榷和交流。读博期间,我去《南方周末》拜访时评界的老前辈鄢烈山先生,鄢老的一番话让我感触颇深,他说:"现在时评所写的一般话题,我以前差不多都写过了,时评要说篇篇出新观点、篇篇有影响力,这是不现实的。但是,社会现象往往是一些重复性的运动,时评当然也要一评再评,即使是'炒剩饭',也是有必要的。"我想,这应该是我们给予时评本身和时评人一点宽容的理由。

正如马少华所认为的那样,时评是公众表达的实用文体,就像写信是表达的实用文体一样。这种实用文体是在近些年兴起的，还不算成熟，也没有得到社会的普遍认同。对于这个"新生儿"，我们更多的是做建设性的工作。也正因为它是"新生儿"，才有广阔的发展空间，因此它需要被呵护，包括获得相关法律的支持。

当然，就像任何游戏都有自己的规则，时评也有一定的要求和标准。作为时评人，对自身最起码的要求是自律，此外，还要不断学习，用知识培育健康的文化人格、塑造学术灵魂。值得注意的是，时评要发展，必须吸纳更多的时评写手；而只有社会充满宽容与理解，更多的时评写手才愿意加入。这种持续、稳定的"换血"对丰富时评内容有重要的意义。

面对世事变迁，时评人需要以一种开放的心态、宽容的胸怀去评说世事，这样不仅能让时评发挥应有的社会作用，时评人自身也会有所进步，当下的时评危机也能得到缓解。

让创新创业风尚提升城市精神区位

创新创业是一个新话题，也是一个老话题。"新"是因为创新创业的内涵更加丰富、方式更加多样、人群更加多元；"老"是因为创新创业这个话题自人类诞生以来就客观存在，并且延续至今。

2016年1月6日，中共襄阳市委十二届十二次全体（扩大）会议明确提出："实施'双创'工程，加快建设国家创新型城市和创业型试点城市，努力把襄阳打造成为充满生机活力的创新之城、创业之城、创客之城。"

此前，襄阳市人民政府出台《关于大力推进大众创业万众创新的意见》，在激活创业创新主体、强化创业创新载体、创新财政资金引导、完善创业创新服务体系、优化创业创新环境等方面提出了明确的支持政策，并提出力争到2020年将襄阳打造成为全国领先的创业创新示范地区的发展目标。

无独有偶，2016年1月7日，由中共襄阳市委组织部主办，襄阳广播电视台承办的融媒体党建专栏《汉江创客》正式开播。该栏目对"党员干部人才带头带领创新创业，基层党组织创优创示范"的好经验、好典型进行集中展示，为广大党员干部提供了争当先进、比学赶超的宝贵平台。正如华中科技大学新闻与信息传播学院教授赵振宇所言："《汉江创客》实现了事物发展规律和新闻传播规律的有机统一，为传播襄阳创新创业正能量提供了重要样本。"

襄阳市委、市政府之所以高度重视创新创业，不仅因为创新创业为城市当下发展创造了巨大的物质财富，更因为创新创业可以为城市未来的跨越式发展创造无穷的精神财富。

一座创新创业蔚然成风的城市，必定是催人奋进的活力之城；

一座尊重创新创业的城市，必定是让人向往的梦想之城。当前，很多人对创新创业存在误解，认为"创新就是高科技、大手笔"，"创业就是发财致富、追求自由"等。殊不知，革新一点点也是创新，向前迈进一小步亦是创业。正是每一个个体的革新一点点、向前迈进一小步，推动着人类的持续进步和永续发展。

在这个物质主义、功利主义盛行的时代，端正创新创业价值观显得尤为重要。广大创新创业者需要认清这样一个现实：创新创业是一件艰辛却伟大的事情，每一个创新创业成功者的背后，都有饱含辛酸的成长历程和追逐梦想的事业情怀。

在这个风险与机遇并存、不确定性因素增多的年代，富人创业比穷人创业具有更多的成功条件，比如创业资本、市场敏感性、人脉资源、经营管理经验等。而穷人创业成功者凤毛麟角，大多最后演变成一场资金灾难。

在创新创业的过程中，具有社会责任感的富人决不能从创业者沦为食利者，甚至转变为维护既得利益、放弃理想追求的"集体逃离者"。与此同时，创新创业者不应有"前生做了孽，今生干企业"的消极思想，在心底把创新创业与幸福生活对立起来。创新创业虽然艰辛、劳累，但也能带来获得感、成就感和幸福感。

对于广大创新创业者而言，创新创业理应是一场灵魂洗礼；对于一座城市而言，创新创业更是提升精神区位的重要手段。无论创新创业者走多远、事业做多大，都需要不忘初心，持续提升自身的文化素养和精神区位。因为创新创业不仅是人生的选择、梦想的放飞，更是责任的担当、精神的传承。这也是"大众创业、万众创新"的题中应有之义。

现代文明城市最需要"为别人着想的善良"

随着新一轮全国文明城市创建进入冲刺阶段，已获得无数殊荣的襄阳距离全国文明城市仅有一步之遥。"为民创建、创建为民"的理念深入人心，襄阳"创文"不仅是广大党员干部翘首以盼的事，更是广大人民群众热切期盼的事。

作为曾经参与襄阳"创文"工作的一员，我深刻感受到"创文"给襄阳这座城市带来的巨大改变，给市民带来的灵魂洗礼。其实，城市变美、变靓、变精细的背后，是市民思维习惯与行为习惯的双重改变，以及市民文明素质的显著提升。

当我们穿梭在繁华街道时，看到的不再是杂乱无章的交通秩序，而是广大志愿者引导下的井井有条；当我们行走在背街小巷时，看到的不再是历史遗留下来的脏乱差，而是古旧却不破败的干净整洁；当我们走出火车站时，看到的不再是熙熙攘攘的拉客族，而是扑面而来的文明风；当我们前往行政单位服务窗口办事时，看到的不再是冰冷的表情而是热情的微笑，感受到的不再是拖拉的态度而是高效的服务……这一切的一切，无疑是"创文"的直接推动或间接影响，也让广大市民、投资者和游客直接受益。

长期以来，广大党员干部和志愿者默默付出，广大市民朋友积极参与，共同奏响创建全国文明城市的华美乐章，合力推动襄阳这座城市的文明蝶变之路。与其说"创文"的过程是推动城市蝶变的重要历程，不如说"创文"的道路是带动市民素质跃升的捷径。

全国文明城市不仅是授予城市个体的文明勋章，更是对于市民群体的文明洗礼。"为民创建，创建为民"是"创文"的出发点，也是"创文"的落脚点。

市民是城市真正的主人，也是城市文明成果的最大受益者。城市管理者要时刻坚持人本理念，突出市民在城市管理中的主体地位，让市民在积极参与城市管理的过程中增强认同感、归属感和自豪感。广大市民也逐渐把城市当作自己的家园，像爱护自己的眼睛一样爱护城市，为城市建设尽一分心，出一分力，携手把城市建设得更加美好，与城市共成长、同进步。

知名作家梁晓声曾这样总结"文化"的深刻内涵：根植于内心的修养；无需提醒的自觉；以约束为前提的自由；为别人着想的善良。如果一个人具备了这四个方面的涵养，那么他一定是一个文化人、文明人。

坐落在瑞典哥德堡的沃尔沃集团总部，有一个可供2000人同时停车的大型停车场。如此大的停车场，居然从未出现堵车现象。这让人们感觉难以置信，其原因却很简单：每天早上7点开始就陆续有员工来上班，但先到的员工会自觉地把车停到远离办公楼的地方。虽然最远的泊位距离办公楼超过1千米，但先到的员工始终坚持远停多走。其实，沃尔沃集团从未明文规定这样的停车规则，但员工们形成了高度自觉的思想意识和行为习惯："我到得比较早，有时间可以走路。如果晚到的同事把车停这么远，他们上班会迟到。"这种朴实的"停车逻辑"，无疑是"为别人着想的善良"的现实样本，也是城市文明的真实写照。

现代文明城市总是需要"为别人着想的善良"：上厕所时，要想到下一个上厕所的人；扔垃圾时，要想到收垃圾的人；乘电梯时，要想到下一个乘坐电梯的人；停车时，要想到下一个停车的人；甚至离职时，也要想到接手的人。

"无论做什么事，都要想到下一个人。"当这种文明习惯嵌入市民素养并转化为自觉行动时，城市发展的美好未来也就指日可待。

每天都是"创文日" 人人都是"创文人"

近些年,如火如荼的全国文明城市创建活动正在深刻改变着襄阳这座山水古城的面貌和气质。与此同时,空前力度和超高标准的襄阳新一轮"创文"活动,也引发了一些社会"杂音"。有人认为,"创文"只是阶段性的,一阵风来一阵风去,不用太在意;有人认为,"创文"只是党员干部的事情,与群众关系不大;还有人认为,"创文"是劳民伤财的"面子工程",累人累己累街坊。

但总体来说,"创文"赢得了广大市民的认可和拥护,这主要是因为市民是"创文"的最大受益者和最终受益者。"创文"之所以引发一些抗拒或诋毁的"杂音",主要是因为"创文"刺痛了某些不文明人的思维神经或利益神经。让人遗憾的是,极少数人至今还不习惯接受文明的约束和道德的规范,更不理解文明创建中"个人利益必须服从城市文明"的现实要求,并对"创文"活动横加指责。

事实表明,襄阳每天都会坚持一样的标准"创文",而"创文"也会让襄阳每天发生不一样的变化。作为对城市未来负责的市民,我们必须保持清醒的认知:只有每天都是"创文日"、人人都是"创文人",才能汇聚各方智慧和力量,巩固"创文"取得的阶段性成果,才能消除不理解、不配合、不参与甚至阻碍城市文明发展的"杂音"。

每天都是"创文日",需要持之以恒、久久为功。文明城市创建是一项系统工程,更是一项民生工程,这项工程涵盖数百项测评指标。在文明城市创建的过程中,未达标的指标要尽快达标,已达标的成果需进一步巩固和提升。创建文明城市,必须积极构建"党委主导、部门齐抓、社会联动、人人参与"的工作格局,层层传导压力,时时传递能量，变"要我创"为"我要创"，真正让文明习惯浸入广大市民的灵魂深处，并转化为自觉行动。

人人都是"创文人"，需要放下"小我"、弘扬"大我"。全国文明城市是城市综合类评比中含金量最高、影响面最大的品牌荣誉，也是全体市民的共同荣耀。文明城市创建的成效直接关系到人民群众的福祉。每个市民都应该把"大我"摆在"小我"的前面，将自己的行为举止当作测评指标，让自己成为"创文"的文明使者，共同守护城市文明的精神区位。唯有如此，高标准、高水平、高品质的全国文明城市才会水到渠成。

作为一座新兴崛起的文化古城，襄阳在近代历史上错过了内涵发展和精细管理的宝贵机遇，也饱尝"摊大饼"式发展和粗放式发展酿造的苦果。幸运的是，"创文"让襄阳有机会站在新的历史起点上。这一次，"创文"可以通过文明的力量引领城市尽快迈入内涵发展和精细管理的快车道，将助力智慧襄阳华美蝶变、市民素质快速跃升。

每天都是"创文日"，人人都是"创文人"，文明城市便会向我们阔步走来。

致敬劳动者的最好方式是维护劳动者尊严
——"五一"国际劳动节感怀

随着时代的进步，"劳动最光荣"已成为社会共识，尊重劳动、尊重知识、尊重人才、尊重创造也成为新时代的最强音。人们对劳动者保持高度赞美的态度，主要是因为劳动不仅能够创造价值、改变世界，还能够奏响时代价值的最美音符。

纵观人类历史长河，无论时代如何变迁、环境怎样变化，劳动始终是推动人类文明进步的根本动力。神州大地的沧桑巨变，靠的是亿万人民的辛勤劳动；夺取全面建成小康社会的伟大胜利，靠的也是亿万人民的不懈劳动。

创作于1871年的《国际歌》中有这样一句歌词："要创造人类的幸福，全靠我们自己。"劳动者不仅是先进生产力的创造者，也是精神文明建设的引领者。在社会发展过程中，每一项创新创业成果都凝聚着劳动者的辛勤与智慧；在日常生活中，每一种看似平常的服务都倾注了劳动者的辛劳与汗水。

我们迎接"五一"国际劳动节的最佳态度，就是把目光投向身边的劳动者，向劳动者致敬。而致敬劳动者的最好方式，就是认可劳动者的价值，切实维护劳动者的尊严，不断提高广大劳动人民的获得感和幸福感。

实现、维护、提升广大劳动人民的根本利益，是贯彻落实党的方针政策的基本要求。这无疑是尊重劳动的具体体现，也是社会文明进步的重要标志。在一定意义上，只有劳动者的尊严得到有效维护，人民才能幸福，社会才有活力，国家才有希望。

近年来，环卫工人被车撞、快递小哥被打、农民工工资被拖欠等事件时有发生，女工、临时工、私营企业员工等弱势群体的劳动权益有时受到侵犯。甚至，劳动工资无保证、超时劳动无报酬、模糊合同无条款、社会保险无人管、劳动安全无保障的现象在一些地区依然存在。这些现象折射的本质正是很多人失去了对劳动的敬畏、对劳动者的尊重。

在社会主义市场经济条件下，鼓励劳动创造，倡导创新创业，不仅需要引导全社会牢固树立劳动最光荣、劳动最崇高、劳动最伟大、劳动最美丽的观念，更需要有关部门采取切实行动、有效举措维护劳动者的合法权益，切实做到在提高效率的同时更加注重公平，真正让改革发展成果更多更公平地惠及全体人民。具体而言，就是在政治层面不断强化以人民为中心的主体地位，在经济层面不断提高劳动报酬在收入分配中的比重，在社会层面不断维护劳动者平等参与、平等发展的权利。

当前，全球经济持续下行，就业形势相当严峻，社会各界更不能忽视对劳动者权益的保护、对劳动者尊严的维护。只有劳动者的合法权益得到保障，劳动者的尊严得到维护，广大员工才会对企业不离不弃，共同应对经济下行带来的各种风险，携手共渡难关。

与此同时，全社会要积极行动起来，从各种角度关心、关注、关怀劳动者，特别是给广大基层劳动者创造更多学习提升的平台，帮助更多的一线工人和农民工掌握能够适应时代发展需求的劳动技能，提高他们在劳动力市场上的竞争力，真正让广大劳动者实现体面劳动、全面发展。

使劳动创造成为提升劳动者生活质量的不竭源泉，既是"大众创业、万众创新"的本质内涵，更是实现中华民族伟大复兴的中国梦的题中应有之义。正如习近平总书记所说的："正是劳动，成就了一个充满活力魅力的现代中国；也正是劳动，让我们今天无比接近中华民族伟大复兴的梦想。"

别把工匠精神与读书文化对立起来

2016年3月,"工匠精神"一词首次出现在政府工作报告中,之后迅速成为2016年网络热词和中国发展语境中的重要概念。时至今日,全国上下关于工匠精神的讨论依然十分激烈。

当下中国呼唤工匠精神的回归,期待工匠大师的出现,更需要工匠品牌的支撑。可以说,我们怎样赞赏和褒奖工匠精神都不为过。然而,我们绝不能因为崇尚工匠精神而去批判或否定其他的教育模式和成才路径。

在讨论中,有些人简单地把工匠精神与读书文化对立起来。他们认为,工匠精神的缺失是倡导精英教育、忽视平民教育的结果,是"学而优则仕""万般皆下品,唯有读书高"观念的产物。甚至还有人直言不讳地指出,"平民教育做不好,精英永远冒不出来"。

工匠精神是指工匠对自己的产品精雕细琢、精益求精的精神理念。换言之,对质量的精益求精、对制造的一丝不苟、对完美的孜孜追求,是工匠精神的本质特征。事实表明,德国、日本等国家的一些工业品正是凭借工匠精神誉满全球、畅销世界。

工匠精神既是一种技能要求,也是一种精神品质。在大多数人的逻辑思维里,工匠精神是在平民教育或家族企业中孕育和诞生的。其实,各行各业都需要工匠精神,也可以催生工匠精神。被誉为国企"创客"的80后工程师祝文姬,2011年从湖南大学电气与信息工程学院博士毕业后进入广西电力科学研究院工作。四年时间里,她用19件国家发明专利、30余件实用新型专利、6项计算机软件著作权,率领团队成功突破面向智能电网的无线电能传输关键技术,开创了全球电动汽车无线供电新时代。祝文姬始终相信"科学没有捷径可走"。这无疑是现代工匠精神的生动写照。

社会需要工匠精神，但并不需要人人都成为工匠；国家需要平民教育，但并不是人人都要去接受平民教育。即便是在工匠精神传承和弘扬得较好的国家，精英教育依然是主流教育，读书文化依然是主流文化。正所谓"国要强，先强国民；国民要强，先强精英"，只有精英教育与平民教育互为补充、读书文化与技能文化比翼齐飞，工匠们才会找寻到自身的独特价值，工匠精神才会迸发出强大的时代力量。

改革开放40多年来，中国的快速发展更多解决的是商品层面的"有无"问题，而非精品层面的"好坏"问题。反观全球制造业强国，德国通过法律、标准、质量认证"三位一体"的质量管理体系，完成了德国制造的质量革命；日本通过实施"质量救国"战略，实现了日本制造的脱胎换骨。

中国从来不缺工匠，缺少的是工匠制度和工匠文化。没有制度设计，何谈工匠精神？没有文化土壤，何来工匠精神？只有工匠精神与工匠制度、读书文化深度融合，才能培养出具有现代工业文明特征的工匠大师。

从一定意义上讲，一个国家工匠精神匮乏折射出的正是工业文明和商业文明的沦落，具体表现为匠人地位的低下、百年老店的式微、品牌观念的淡薄、企业文化的迷失、制度管理的缺位、社会心理的浮躁、诚信氛围的缺失等。因此，培育工匠精神，既需要工匠榜样和工匠文化的引领，更需要政府部门积极完善崇尚实业、弘扬工匠精神的制度和法规，为构建现代工业文明和商业文明提供强力支撑。

当前，推进供给侧结构性改革为重振中国现代制造业提供了难得的历史机遇。全社会要大力传承和弘扬工匠精神，努力实现工匠精神与读书文化的有机统一，培育更多的现代工匠大师，掀起中国现代制造业的品质革命。唯有如此，我们才能成功避开传统制造业陷阱，实现由制造大国向制造强国跨越的梦想。

乡村休闲产业要坚持品质与品牌并重

阳春三月，是踏青赏春的好时节，也是乡村休闲产业发展的旺季。

在经济企稳向好发展的背景下，休闲经济的集约发展在我国提上日程，乡村休闲产业实现前所未有的发展。2016年中央"一号文件"聚焦农业现代化，并明确提出："依托农村绿水青山、田园风光、乡土文化等资源，大力发展休闲度假、旅游观光、养生养老、创意农业、农耕体验、乡村手工艺等，使之成为繁荣农村、富裕农民的新兴支柱产业。"这为我国乡村休闲产业发展提供了千载难逢的机遇。

作为一种新兴经济模式，乡村休闲产业的快速发展，既可以满足民众的休闲消费需求，带动农村人口就业，破解扩大内需难题，又能改善经济结构，缩小城乡差距，促进城乡协调发展。不论从哪个角度看，大力发展乡村休闲经济，都是绝佳的选择。

据美国权威经济部门预测，在今后15年至20年，发达国家将进入"休闲时代"，先进的发展中国家将紧随其后。在发达国家中，乡村休闲经济的德国模式和日本模式可谓独特的样本。

德国的休闲产业诞生于20世纪30年代，其主要形式是休闲度假型的"市民农园"和"度假农庄"。"市民农园"是将城市里或近郊区的农地规划成小块出租给市民，承租者可以在农地上种花、草、树木、蔬菜、果树或进行庭院式经营，让市民享受耕种、体验田园生活以及接近大自然的乐趣。而"度假农庄"主要是吸引休闲客前往农场度假，并与农场主人一起生活，使他们在观光度假之余，尽情欣赏田园风光，体验农家生活，参与生产活动。据统计，60%的休闲客停留在"度假农庄"的时间为一周左右，一半的休闲客每年有2～3次的"度假农庄"游。

日本的"观光农园"以城市居民为主导客群。前往"观光农园"的休闲客不只是观赏美景，还亲身体验农趣。比如处于沿海地区的岩手县为休闲客提供捕捞虹鳟、加工海带等体验服务。

其实，不论是"市民农园""度假农庄"，还是"观光农园"，均体现了生产、生活与生态三位一体的休闲模式，不仅满足了德国、日本城市居民的消费需求，还吸引了全世界千千万万的休闲客，有效带动了该国休闲产业的全面发展。

中国是一个拥有14亿人口的大国，若按全国20%的人口参与休闲活动、全年人均消费3000元计算，可形成涉及近3亿人口和1万亿元消费量的广阔市场。近几年，我国休闲消费的需求快速增长，休闲产业形式多种多样，品位不断提升，主流形态正在从以观光旅游为主要特征的初级阶段迈向以环都市乡村休闲与乡村体验为主要特征的高级阶段。在中国，乡村休闲产业需求旺盛、前景广阔、潜力巨大。

如何加快发展乡村休闲产业？品质永远是第一位的。然而，仅有品质并不够，还需要打造以文化挖掘、精致服务、特色经营为基本内涵的乡村休闲品牌模式。

如果说品质化是乡村休闲产业发展的基石，那么品牌化则是乡村休闲产业发展的动力源泉。乡村休闲产业的发展需要以市场为导向、以品牌为核心、以企业为依托，顺应品牌时代的潮流和趋势，全力塑造休闲产业公共品牌和休闲企业服务品牌。毫不夸张地说，坚持品质与品牌并重，是乡村休闲产业腾飞的必经之路和必然选择。只有真正实现品质与品牌的有机融合，才能赢得市场客源，赚取阳光利润，最终做大乡村休闲产业这块蛋糕。

没有道德支撑的"网红"终将是昙花一现

党的二十大报告强调，以社会主义核心价值观为引领，发展社会主义先进文化，弘扬革命文化，传承中华优秀传统文化，满足人民日益增长的精神文化需求。当前，"网红"经济方兴未艾，给中国经济社会发展注入了强大动力，但也给不少民众的生活带来了困扰，在社会上引发了一定的信任危机，给意识形态领域管理带来了新问题和新挑战。

环视当下，不论是"网红"明星、"网红"写手、"网红"主播，还是"网红"面包、"网红"书店、"网红"咖啡，都已成为民众生活中不可缺少的部分。"网红"的商业逻辑其实很简单，就是在网络平台或社交媒体上聚集流量和热度，并将其演变为生活风尚或购买行为，从而实现流量变现。可见，"网红"经济不仅是靠人们口碑相传带动消费行为的注意力经济，还是以人或机构为品牌背书的信任经济。

值得警惕的是，"目光聚焦的地方，金钱必将追随""赚很多钱"已成为大多"网红"经济从业者追求的目标。正是因为不少"网红"经济从业者长期游走在道德与法律的边缘，失信失德的"暴雷事件"时常发生。这也是国家相关部门出重拳整治"网红"生态圈的重要原因。

"网红"是被置于放大镜下的常人，其优点容易被拔高，缺点容易被放大。从这个意义上讲，"网红"是一把双刃剑。一方面，"网红"的言行会让"粉丝"产生较强的崇拜感，具有示范作用，会引发模仿效应，直接影响用户的消费选择和购买行为，可以带来广告效应和流量变现。另一方面，只注重关注、热捧，有时危害会很大，甚至带来灭顶之灾。一旦有些从业者为了博取眼球违背公序良俗，甚至触碰道德底线和法律底线，信任就会塌方，人设就会崩盘。

没有道德支撑的"网红"终将是昙花一现。无数事实证明，"网红"是一个对道德操守要求很高的职业，"网红"经济是一种风险性极强的商业模式。从《超级女声》《中国好声音》《星光大道》等选秀节目，到《非诚勿扰》《百里挑一》《非你莫属》等婚恋求职节目，再到斗鱼、抖音等视频直播平台，催生了一波又一波"网红"，但一个又一个人设在丧失道德之后崩塌，这直接印证了"'网红'需要道德支撑"这个简单却深刻的道理。近年来，全国多地警方向民众发出"'网红'有风险，入行须谨慎"的安全提示，正是提醒人们不要掉进"狂热的陷阱"。

因为被人信任，所以受到追捧；因为被人崇拜，所以获得顶流。现实生活中，"网红"往往是虚拟或现实世界里某个细分领域的公众人物，必须承担公众人物所应该承担的社会责任并接受社会民众监督。一个人选择了"网红"之路，就必须像公众人物一样，以更高的标准、更严的作风、更强的责任来要求自己，做好诚信与道德的示范。正如一位知名主持人所说的：如果你想获得大家的热捧，就得做出值得大家追捧的作品来，而不要炒作自己。

互联网时代从来都不缺免费的内容和关注的眼球，缺的是优质的内容和持久的注意力。无论是被人关注，还是关注别人，都需要坚持一个核心价值——道德品质。树高千尺，根深在沃土。道德品质是一切"网红"的根基。离开了道德品质，所有的"网红"最终都会在昙花一现之后凋落。

互联网不是法外之地，也不是德外之地。对于"网红"而言，欲戴其冠，必受其重。新时代的"网红"需要强大的道德品质做支撑，时刻校准价值航标，提升专业水平，强化行业自律，引领时代风尚。

立法尊重民意与民意融入立法

浙江省人大常委会于2004年11月郑重宣布,从11月12日起就2005年的立法计划编制工作面向全省公众公开征集意见,截止时间为11月30日。据悉,之后的每一年,浙江省人大常委会在编制下一年度的立法计划时,都将向全省公开征集立法建议项目。

这种民主立法举措体现了立法机关对民意的尊重。在我看来,立法是否尊重民意是一个层次的问题,民意能否真正融入立法是另一个更深层次的问题。换句话说,尊重民意是态度问题,在尊重民意之后,能否把民意很好地融入立法程序和法治精神是一个更值得期待的现实问题。从一定意义上说,后者比前者更重要。

从现实来看,公众对立法产品的陌生感,已成为建设法治社会的重大障碍。甚至许多民众会有这样的感受:法律法规是政府制订的,老百姓只要遵守和执行就行了。这样一来,面对铺天盖地的新旧法律法规,公众无法了解和通晓,更难以掌握和运用,这使得越来越多的法律成为百姓生活中的"奢侈品",更不用说"让民众树立法律信仰","把法律内化为自己的行动准则"了。

不难理解,公众对法律具有陌生感的一个重要原因是立法脱离民众。除此之外,没有把民意真正融入立法当中,也是一个重要的原因。

事实表明,法律既需要专业人士的科学知识,也需要普通民众的知识,只有将这两个方面的知识结合起来,才能制定出真正行之有效的法律。法律只有以良好的民意作为基础,才可能正确反映客观规律,推动社会进步,并最大限度地保障绝大多数人的最大利益。

我们倡导的法治社会,应当是一个立法与民意之间的信息畅通互动的社会。要想更全面、更准确地代表和实现最广大人民群众的意愿，我们必须重视民意的表达、公众的声音。只有倾听民意民声、汲取民言民智、及时做出回应、实现良性互动成为常态，公众才会更自觉更主动地配合法律实施，拥护法律，遵守法律，而不是消极的、被迫地服从法律。毕竟，制定法律本身并不是目的，更重要的在于执行法律、实施法律。

值得一提的是，民意往往是复杂的。在当下这个利益分化的时代，民意本身的流变和分化时常让人难以应对。在立法过程中，只有把代表不同利益诉求的民意综合起来，最后达成一种妥协，才能实现利益平衡。当然，即使是以妥协的方式寻求平衡，也是民意的体现。公众意见必须作为立法时的一个重要考量。

在这个公民意识持续勃兴的时代里，让民意融入立法不是口号，而是责任和使命。尊重民意对于推进民主、法治进程而言是一个良好的开端，而让民意通过合法程序真正融入法律精神或者"红头文件"才是最终目的。

钓鱼岛让我们读懂国情世情

近些年，国人在密切关注钓鱼岛问题。日本当局不尊重历史事实，不遵循国际法规，非法购买中国的钓鱼岛，大搞"国有化"伎俩。这种横行霸道、为非作歹的行为与当面一套、背后一套的阴谋，在中华民族的中日情感康复旧伤口上撒下一把盐，让人极度愤慨。

当今，世界的竞争归根结底是综合国力的竞争。日本之所以横行霸道，与中国争钓鱼岛，与韩国争独岛，与俄罗斯争北方四岛，是倚仗其强大的经济实力的支撑和日美同盟的保障。然而，它忽略了一条中国传统的智慧理念——得道者多助，失道者寡助。日本当局的暴行只会让其在亚洲更加孤立，在世界更加独行。它也忽略了一条国家发展的基本规律——综合国力不是静态的而是动态的。随着世界格局的变化，中国不再是曾经那个积贫积弱的旧中国，日本也不再是那个有足够能力主导亚洲经济的日本。

在钓鱼岛问题上，亚洲局势和国际关系在国家利益面前变得扑朔迷离，让我们从中明白一个道理：在国际交往过程中，没有永远的朋友，也没有永远的敌人，只有永恒的利益。任何一个国家的外交行为都以国家利益为准则。钓鱼岛是中国固有的领土，有史为凭，有法为据，因此，这也注定钓鱼岛问题涉及中国人民的核心利益。

面对日本当局的恶劣行为，中国政府及社会各界进行了空前猛烈的回击。从外交部、国防部发言人喊话到全国人大、全国政协外事委员会发表声明，从全国青年、全国学联表达义愤到社会各界进行抗议游行示威，从划定领海基线到公布钓鱼岛详细地理坐标，从各地媒体舆论集中关注到几大军区密集军演……这一切足以表明中国政府和中国人民积极捍卫领土主权的决心和底气。

一座小岛，时刻牵动着海内外每一个中华儿女的心。日本当局在钓鱼岛上进行无休止的挑衅行为，试图扰乱中国发展的节奏。殊不知，这只会让中国政府更加注重综合国力提升，让中华儿女的心更加紧紧相连。这是中国综合国力之外的另一股捍卫中国领土主权的精神力量，它具有巨大的威力和无限的能量。

作为普通公民，我们在表达抗议、表示愤怒、表露爱国情感的同时，更要做好自己的事情，尽自己所能维护好当前发展、稳定、团结、和谐的社会局面，并时刻警醒自己：高昂的爱国热情和坚定的团结意志，永远是我们立足于世界之林并赢得尊重、获得尊严的基石。

不论国情、世情如何变化，在国家领土主权问题上，所有中华儿女都不会退让半步。日本上演的钓鱼岛"购岛"闹剧为我们上了一堂国防教育课和爱国教育课。认清国情，看清世情，关心捍卫国家利益并做好自己的事，是每一个公民理性爱国、务实爱国的最佳选择。

一经梦想　一生追求

我于2000年9月1日进入华中科技大学新闻与信息传播学院广播电视新闻学专业学习，9月20日便向党组织递交了入党申请书。

当时，我在入党申请书中写道："人民需要党，党也需要人民。只要党和人民需要，我就会为党和人民奉献我的一切！我坚决拥护中国共产党，遵守中国的法律法规，反对分裂祖国，维护祖国统一，认真贯彻执行党的基本路线和各项方针、政策，带头参加改革开放和社会主义现代化建设，带动群众为经济发展和社会进步艰苦奋斗，在学习、生产、工作和社会生活中起到先锋模范作用。这也是我一名学生、一名中国共产党领导下的新时代的大学生申请加入中国共产党的原因之所在。"

二十多年前，我居然在入党申请书中提到了"新时代"，这不能不说是机缘——当时是跨世纪的新时代，而现在是中国特色社会主义新时代。而我始终坚信共产党员必须时刻与国家同命运，与人民同呼吸，与时代共成长。

2001年12月24日，我在预备党员的入党志愿书中写道："1921年7月23日，浙江嘉兴南湖会议胜利召开，中国共产党成立，神州大地焕然一新，中国社会的历史画卷从帝国主义、封建主义手中抢回并重新描绘。我会牢牢记住我是一名中国人，一名共产党领导下的中国人。我会在现在和以后的学习生活中时时刻刻以马列主义、毛泽东思想、邓小平理论作为自己的行动指南，并绝对支持党的一切活动。"

回望来时路，奋进新时代。我深刻感受到当时入党的动机与初心虽简单纯真，但热血坚定。

那时，我想："人民需要党，党也需要人民。"现在，我要说：

"党和人民永远心连心、同呼吸、共命运。"可以说，人民是水，党就是鱼；党和人民，永远鱼水情深。

那时，我想："如果我是党员，我不觉得自己多了什么；如果我不是党员，我会觉得自己少了很多。"现在，我要说："如果我是党员，我会觉得自己多了一分忠诚，多了一分责任，多了一分担当；如果我不是党员，我会觉得这是人生的一大遗憾。"可以说，党员不党员，关键看忠诚，根本在担当。

大浪淘沙，方显英雄本色。二十多年来，作为年轻的中共党员，我有过彷徨，有过怀疑，有过投机心理，有过错误倾向。庆幸的是，自己的理想信念从未动摇，对党和人民的忠诚从未动摇，对中国特色社会主义事业建设的坚守从未动摇。

心系天下，方可志存高远。今天，我重温入党志愿，依然激情澎湃、豪情万丈。未来，我将持续增强"四个意识"、坚定"四个自信"、做到"两个维护"，深刻领悟"两个确立"的决定性意义，不忘初心、牢记使命，努力把灵魂置于高处，把人民放在心中，把行动放在脚下，把世界观、人生观、价值观的改造和加强自身修养作为人生的必修课，塑造新时代党员干部的良好形象，为推动我国在新时代的高质量发展贡献智慧和力量。

一经梦想，一生追求。我深知，重温入党志愿，不只是为了做一次历史回望，而是为了用一生执着践行。坚定理想信念，做新时代合格党员，我们永远在路上。未来，我将从以下四个方面加强党性锤炼和自身修养：一是把信仰融入血脉，补足精神之"钙"；二是把灵魂置于高处，铸牢思想之"魂"；三是把担当扛在肩上，锤炼作为之"锌"；四是把行动落到实处，铸造作风之"铁"。

新时代，历史的车轮滚滚向前，中华盛世悄然而至。这盛世，如你所愿，为你而来，让你惊喜，请你珍惜。让我们一起接力，一起奋进，一起担当！

初心不忘　红心不变

2018年5月,我第一次走进湖北红安干部学院,用一周的时间在这里学习。在这期间,我跟其他学员一起听辅导报告、观革命旧址、看历史剧片,深刻感受到湖北红安干部学院课堂教学、现场教学、艺术教学的"三位一体",也深刻体会到各位学员在寻根思源守初心的过程中传承历史、勇担大任的决心。对于如何传承红色基因、弘扬红安精神,我认为最务实的就是保持初心不忘、红心不变。

一、从红安精神中重新认识初心:红安老一辈共产党人的初心是什么?

董必武同志曾写道:"血染沙场气化虹,捐躯为国是英雄。"这是铁血红安精神的生动写照,也是朴诚勇毅的精彩注脚。

"朴诚勇毅、不胜不休"的红安精神是红安这座将军之城的文化灵魂,是党性和人民性有机融合的杰出代表。站在新起点,走进新时代,红安精神被赋予了丰富的时代内涵和独特的时代价值。

(一) 朴诚勇毅让初心更纯粹、更厚重

朴诚勇毅的核心内涵是朴素、诚实、勇敢、坚毅。这是中华民族的优良道德风尚,也是中国人的优秀国民素质,更是中华传统文化的重要内容。对于新时代共产党员而言,朴诚勇毅就是更纯粹、更厚重的初心。

(二) 不胜不休让初心更坚韧、更持久

不胜不休的核心内涵是信念坚定、奋斗不止。这既饱含中国共产党人敢冲敢打、敢拼敢赢的万丈豪情,也饱含新时代共产党员不获全胜决不收兵的担当品格。对于新时代共产党员而言,不胜不休就是更坚韧、更持久的初心。

(三) 为党为民让初心更神圣、更崇高

为党为民的核心内涵是为党分忧、为民服务。这既体现了中国共产党立党为公、执政为民的执政理念,也印证了新时代共产党员许党报党、许国报国的执着信仰。对于新时代共产党员而言,为党为民就是更神圣、更崇高的初心。

二、从党史故事中深刻理解初心:新时代共产党员应该坚守什么样的初心?

李先念同志曾说:"我们不把老区建设好,就对不起老区人民。"这便是老一辈共产党人的家国情怀和责任担当。

在湖北红安干部学院为期一周的学习中,我们倾听了"湖北革命斗争史""湖北抗战的历史贡献和宝贵启示""董必武的革命人生和精神风范"等辅导报告,参观了黄麻起义和鄂豫皖苏区纪念园、李先念纪念馆、鄂豫皖苏区首府烈士陵园等,观看了《一心向党》《大爱》《飞虎情缘》等历史剧片。在这个过程中,党史故事在我们心中烙下了深刻的印迹。

发人深省的党史故事是开展党史教育的有效载体。好的故事一定是源于人民、源于实践、源于真理、源于初心的。新时代共产党员坚守的初心主要体现为爱国之心、为民之心、奉献之心。

(一) 坚守爱国之心,高扬爱国主义伟大旗帜

红色基因中最明显的特征就是爱国。爱国不仅是中国人最基本的

价值观，也是中华民族赖以生存和发展的精神支柱。每一个中华儿女都应该拥有一颗爱国之心，每一个共产党员都应该保持一种爱国激情。

（二）坚守为民之心，牢记"全心全意为人民服务"根本宗旨

树高千尺根深在沃土，树高千丈也不能忘本。因为世界上没有哪种根基比扎根人民更坚实，没有哪种力量比从人民中汲取的力量更强大，没有哪种资源比民心更珍贵。

（三）坚守奉献之心，扛起"国家富强、民族振兴、人民幸福"历史重任

为中国人民谋幸福，为中华民族谋复兴，是历史交给中国共产党人的光荣使命，也是时代交给中国共产党人的现实考题。从所听所看所学的党史故事中，我们欣喜地看到，伟大的中国共产党人时刻以奉献之心、担当之为书写着"我是谁、为了谁、依靠谁、服务谁"这份历史答卷。

三、从学思践悟中不断升华初心：新时代共产党员该怎样坚守初心？

习近平总书记在党的十九大报告中指出："历史车轮滚滚向前，时代潮流浩浩荡荡。历史只会眷顾坚定者、奋进者、搏击者，而不会等待犹豫者、懈怠者、畏难者。"这是党中央对新时代共产党员投身中国特色社会主义伟大事业发出的动员令。作为党员干部，我们必须学思践悟、争做表率、勇创标杆。学思践悟是一个学而思、思而践、践而悟、悟而再学的循环往复过程。越是纯粹的初心，越要在学思践悟中不断升华。

(一) 要把初心转化为对党的忠心

忠诚于马克思主义，忠诚于中国共产党的领导，忠诚于中国特色社会主义伟大旗帜，是新时代对共产党员的本质要求。中国共产党人必须把忠诚作为最高贵的精神品格，让忠诚成为人生的亮丽底色。倘若没有对党的忠心，谈何初心？

(二) 要把初心转化为对人民的真心

为民是中国共产党成立的初衷，也是检验新时代共产党员的价值标准。中国共产党人必须时刻保持为人民着想的善良与真诚，让为民成为人生的崇高追求。倘若没有对人民的真心，谈何初心？

(三) 要把初心转化为对事业的匠心

专业化是新时代对党员干部提出的高素质要求，也是推动中国特色社会主义伟大事业开辟新境界的必然选择。中国共产党人只有坚持专业做事、独具匠心，才能不断夯实党的执政基础，实现党的执政能力现代化，才能赢得人民发自内心的尊重与真诚拥护。

实践表明，初心不忘与红心不变是辩证统一、相辅相成的。只有初心不忘，才会红心不变；只有红心不变，才会初心不忘。作为一名普通的共产党员和媒体工作者，我会努力讲好红色故事，传播红安声音，传承红色基因，践行红安精神，更会把服务人民的初心置于灵魂深处，把许党报国的红心融于血脉之中，积极投身于实现中华民族伟大复兴的历史洪流，用实际行动和辉煌业绩回报组织的培养、团队的信任、朋友的支持和家人的付出。

心容天下，方可胸怀天下。这是老一辈中国共产党人的心胸，也是新时代共产党员的初心。

将红色基因转化为前行动力

红色基因是一种永恒的力量，党史学习是一门必修的课程。2021年10月，我有幸第二次走进湖北红安干部学院学习一周。这次我跟学员们一起参观了红安、麻城、大悟的红色革命旧址和遗址，通过理论辅导、现场教学、文艺熏陶、学员论坛等多种形式的学习，深刻感受到初心不变、本色不改、使命不移的重要性，进一步坚定了理想信念，传承了红色基因，汲取了奋斗智慧。这次的学习不仅让我们加深了对党史学习教育的深刻理解，还让我们深化了对传承红色基因责任的认识。

一、胸怀"两个大局"，在学习党史中解码红色基因

苦难辉煌的百年党史孕育并铸造了内涵丰富、张力巨大的红色基因。毫无疑问，红色基因是中国共产党立党兴党强党的重要法宝，是党团结带领中国人民实现中华民族伟大复兴中国梦的精神之魂、信念之基。面对复杂多变的国际形势和艰巨繁重的国内改革发展稳定任务，年轻干部要提高政治站位，胸怀"两个大局"，通过挖掘红色资源讲好红色故事，在学习红色历史的过程中汲取奋斗智慧，从缅怀历史先烈的历程中找到基因密码，切实做到党性与人民性、民族性与时代性、先进性与开放性的有机统一。

二、心系"国之大者",在坚守初心中传承红色基因

红色基因是我们党团结带领中国人民在革命、建设和改革进程中形成的光荣传统和伟大精神,它既是党的宝贵财富,也是广大党员的精神之"钙",还是党员干部增强免疫力的良药妙方。年轻干部要坚定理想信念,心系"国之大者",始终把信仰作为最高追求,把实干作为最优选择,把人民作为最深眷念,切实用党的光荣传统、优良作风和伟大精神坚定信念、凝聚力量、启迪智慧、砥砺品格。

三、践行"人民至上",在担当使命中转化红色基因

惟其艰难,方显勇毅;惟其磨砺,始得玉成。红色基因是无数革命先烈用生命换来的,既包含生命价值层面的"血统",也包含社会价值层面的"传统"。年轻干部要立足本职工作,践行"人民至上",努力把红色基因转化为对党忠诚的基石,奋力把红色基因转化为勇于担当、善于作为的基台,全力把红色基因转化为服务人民的基础,切实在全面建设社会主义现代化国家、实现中华民族伟大复兴中国梦的宏伟征程中建功立业、绽放人生。

未来,我们将始终胸怀"两个大局",心系"国之大者",践行"人民至上",努力用发展成果检验学习成效,争当不负组织、不负人民、不负时代的新时代年轻干部。

让智慧襄阳的品牌故事口口相传

襄阳都市圈建设稳步推进，"千古帝乡、智慧襄阳"城市品牌广泛传播，500多万襄阳人民坚持不懈追逐的中心城市梦正在放飞。

当前，湖北省委、省政府按照习近平总书记对湖北提出的"建成支点、走在前列、谱写新篇"的指示要求，提出"一主引领、两翼驱动、全域协同"的战略规划和打造武汉都市圈、襄阳都市圈、宜荆荆都市圈的发展布局。襄阳省域副中心城市的战略地位被进一步强化。襄阳要如何发挥两翼驱动和襄阳都市圈的核心功能？除了经济、民生、生态文明等要素驱动外，文化驱动也是至关重要的。从一定意义上讲，文化驱动力甚至可以说是根本驱动力。

襄阳历史文化厚重，文化底蕴丰厚，但一直以来缺乏人们口口相传、耳熟能详的故事。一座襄阳城本是一部智慧史。智慧是襄阳最亮丽的底色。如何把襄阳智慧变成故事、把襄阳故事讲出智慧，值得襄阳文化旅游界人士深思。

最能代表襄阳城市的名片大体可以总结提炼为十大核心智慧品牌：一是以尧治河为代表的先祖智慧；二是以刘秀为代表的政治智慧；三是以诸葛亮为代表的人生智慧；四是以习家池为代表的园林智慧；五是以释道安为代表的宗教智慧；六是以宋玉为代表的楚辞智慧；七是以孟浩然为代表的诗歌智慧；八是以米芾为代表的书画智慧；九是以汽车工业为代表的现代智慧；十是以《射雕英雄传》为代表的武侠智慧。

无论世事如何变迁、历史如何穿越、文化如何蝶变，襄阳十大核心智慧品牌都值得人们去品读、体会和传颂。若能挖掘好、传播好、塑造好这些智慧故事，襄阳城市品牌会更加光彩夺目，"让世界了解襄阳、让襄阳走向世界"也就水到渠成、指日可待。

信手拈来的淡定从容都是源于厚积薄发的文化沉淀。若想把襄阳的智慧故事讲到人民群众的心坎里，就必须以人民群众的需求为导向，创新传播方式和技巧，讲出文化味、哲理味、亲切味和时代味。

（一）立足于"回归初心"，把襄阳故事讲出文化味

智慧襄阳的重要源头是诸葛亮，襄阳人必须讲好"一代智圣谋天下大业，八方人才起事业宏图"的故事。当下，"一极两中心"发展战略为创作和传播襄阳故事提供了文化基因和丰富素材。我们理应为襄阳打造超越前人的精品力作，为时代打造出比之前更灿烂的文化襄阳。

（二）立足于"叙议结合"，把襄阳故事讲出哲理味

故事是讲给人听的，只有让人爱听并且能够接受的故事，才是真正的好故事。讲好襄阳故事要立足于"叙议结合"，追求事与理的有机统一，既要讲出妙笔生花的文采，更要讲出发人深省的哲理；既要讲出扑面而来的生活气息，更要讲出荡气回肠的家国情怀。

（三）立足于"喜闻乐见"，把襄阳故事讲出亲切味

好故事从来不追求"高大全"，而是源于真心、成于走心。讲好襄阳故事既要贴近生活、深入生活，走进广大人民群众的内心世界，抓住最本源、最核心的东西，又要摒弃"假大空"的内容和形式，求真尚善，春风化雨，润物无声，让人民群众喜闻乐见。新时代，人人都是讲故事的主角，人人都可以是故事中的主角。

（四）立足于"守正出新"，把襄阳故事讲出时代味

讲好襄阳故事的根本目标是传播好声音、传递正能量，努力把党和国家的路线、方针、政策传送到千家万户。襄阳故事的创作与传播，必须守正出新、笃行致远，必须坚持历史文化与时代文化并重。

唯有如此，我们才能把襄阳智慧变成故事，把襄阳故事讲出智慧，真正引导广大人民群众听党话、感党恩、跟党走。

讲好襄阳故事是文化襄阳建设的引爆点和闪光点。一个好的襄阳故事必然有丰富的内涵和别样的精彩，越来越多的好的襄阳故事必定能够成为传播智慧襄阳的"文化方舟"。

如何打响襄阳都市圈文化品牌

中国共产党湖北省第十二次代表大会明确指出:"大力发展襄阳都市圈,支持襄阳打造引领汉江流域发展、辐射南襄盆地的省域副中心城市。"作为全省三大都市圈中唯一一个跨省都市圈平台,襄阳都市圈拥有襄阳、十堰、随州、神农架四个主要成员,是湖北省北部列阵的精华浓缩,承载着引领"襄十随神"城市群崛起的历史使命。

襄阳、十堰、随州、神农架均具有得天独厚的自然禀赋和底蕴深厚的历史文化。汉十千里汽车工业走廊和最美高铁线"西武高铁"在襄阳都市圈城市群横穿而过,为襄阳都市圈新兴制造业腾飞和文化旅游业发展带来空前的历史机遇。站在新的历史起点,加快推进襄阳都市圈文化融合传播,既是助力襄阳加快建成汉江流域中心城市的动力源泉,也是实现"襄十随神"城市群一体化发展的必由之路。

迈上构建全国新发展格局先行区的新征程,襄阳都市圈城市群若想把湖北省委、省政府战略部署和《襄阳都市圈发展规划》描绘的美好蓝图变为现实,擦亮打响最能代表自身鲜明特色的十大核心文化融合传播品牌,无疑具有重要的战略意义和时代价值。

一、擦亮打响以神农架、随州炎帝神农故里为代表的寻根问祖文化

五千年前,炎帝神农氏"创耕耘、植五谷、尝百草",开启了史前农耕文明。充满神奇魅力的神农架千峰陡峭、万壑幽深,被誉为"华中屋脊",也是稀缺的"绿色宝库"。神农架因华夏始祖炎帝神农氏在此架木为梯、采尝百草而得名。相传远古时期,炎帝为遍尝百草

率众来到了神农架，无意中发现了这个奇药密藏，共采得良药400种，成就了中医四大经典著作之一《神农本草经》。相传炎帝神农的诞生地就在今天的随州厉山镇。《礼记注》云："厉山氏，炎帝也，起于厉山，或曰烈山氏。"《帝王世纪》记载："神农氏，……故曰炎帝，其起本于烈山，又号烈山氏。"农历四月二十六日是炎帝神农生辰纪念日，每年数以万计的海内外中华儿女前来随州烈山敬奉炎帝神农，缅怀华夏始祖，同贺千秋伟业，共庆神农生辰。如今，神农架和随州炎帝神农故里已成为海内外中华儿女寻根问祖的圣地，其生出的寻根问祖文化无疑是襄阳都市圈需要擦亮的特色名片。

二、擦亮打响以尧治河为代表的治水福民文化

尧是我国古代五帝之一。尧帝的降龙治水、制定历法、访贤求才、禅让帝位等事迹或传说，至今让后人口口相传、津津乐道。历史上有40多位帝王将相曾被流放到房陵（今十堰房县、襄阳保康一带）。据史料记载，尧帝之子丹朱被流放房陵，是房陵最早的流放活动，开创了流放房陵的先河。地处十堰房县与襄阳保康交界的尧治河村因尧帝治水福民而得名，如今该村大力弘扬尧帝精神、传承先祖智慧，历经修路开矿、筑坝发电、文化旅游"三次创业"，从一个极度贫困村变成中国山区最美幸福村，让"尧祖治水地 愚公新传奇——大美尧治河"地域品牌名扬天下。尧治河已成为尧乡的典范和尧文化的代表，尧帝治水福民的动人传说必将让鄂西北幸福尧乡的大山、大公、大爱之美更加鲜明耀眼。

三、擦亮打响以和氏璧和曾侯乙编钟为代表的荆山楚源文化

据《韩非子·和氏》记载，春秋时期楚国人卞和所献的和氏璧就是来自荆山山脉东麓的襄阳南漳。和氏璧一经面世，便成为楚国不轻易示人的国宝。无独有偶，1978年出土于湖北随县（今随州）的曾侯

乙编钟，作为战国早期的稀世珍宝，是我国迄今发现数量最多、保存最好、音律最全、气势最恢宏的一套编钟。它是由 65 件青铜编钟组成的庞大乐器，音域跨五个半八度，十二个半音齐备，具备高超的铸造技术和良好的音乐性能，比欧洲十二平均律键盘乐器的出现要早 2000 年。更为可贵的是，曾侯乙编钟的钟体和附件上，还篆刻了 2800 多字的错金铭文，记载了先秦时期的乐学理论以及曾和周、楚、齐等诸侯国的律名、阶名的相互对应关系。这一重大历史发现，明确否定了"中国的七声音阶是从欧洲传来"的说法，同时填补了中国早期的音乐史空白。和氏璧和曾侯乙编钟反映了当时先进与繁荣的楚文化。

四、擦亮打响以刘秀为代表的光武中兴文化

出生于南阳蔡阳（今湖北枣阳西南）的东汉开国皇帝刘秀集大智、大勇、大仁、大义于一身，可谓"内圣外王"，是古代既高尚又成功的明君。从南阳郡的舂陵乡（今属枣阳）起兵到高邑千秋台登基，再到洛阳定都，刘秀不鸣则已、一鸣惊人，不仅完成了统一大业，还采取了休养生息、恢复生产、加强皇权、优待功臣、精兵简政、整顿吏治、释放奴婢、抑制豪强、大兴儒学、招贤纳士等有效举措，在东汉初年开创了社会安定、经济发展、人口增长的光武中兴局面。刘秀既是管理者又是思想家，对治国理政、选人用人、为官做人、家风家教均有深刻且独到的见解。与刘秀有关的诸多成语典故，如"手不释卷""乐此不疲""推心置腹""披荆斩棘""得陇望蜀""克己奉公""疾风知劲草""有志者事竟成""失之东隅，收之桑榆"等饱含求学问道、兴国安邦、尊贤修德的远大志向和超凡智慧。回望历史，中国几千年的封建社会诞生了 400 多位皇帝。在历代帝王中，刘秀是唯一一个同时拥有"中兴之君"与"定鼎帝王"两项头衔的皇帝。刘秀建功立业的奋斗历程，是"有志者事竟成"的真实写照和成功范例，为此被一代智圣诸葛亮称赞为"能识人，会用人，知人善任，用其所长"，也被毛泽东赞誉为"中国历史上学历最高的皇帝、最会用人的皇帝、最会打仗的皇帝"。

五、擦亮打响以习家池为代表的山水园林文化

位于襄阳城南约5千米的凤凰山（又名白马山）南麓的习家池，又名高阳池，是我国最早的古代郊野园林，由东汉初年襄阳侯习郁修建。习郁依照春秋末期越国大夫范蠡养鱼的方法，在白马山下修筑了一道长60步、宽40步的土堤，引白马泉水建池养鱼，池中垒砌钓鱼台，凭栏可赏出水芙蓉和悠然游鱼。东晋时期，习郁后裔、史学家习凿齿在习家池临池读书，留下千古名作《汉晋春秋》。西晋永嘉年间，镇南大将军山简镇守襄阳时，经常到习家池饮酒，醉后自呼"高阳酒徒"。唐代诗人孟浩然曾用一诗感叹"当昔襄阳雄盛时，山公常醉习家池"。自建成以来，习家池便是古代园林文化、诗词文化、书画文化、宗族文化、酒文化的重要汇聚地，被明代著名园林学著作《园冶》奉为"私家园林鼻祖"。如今，习家池不仅是中国私家园林和山水园林文化的发源地，更是"天下习姓、源自习国、望出襄阳"的代名词。

六、擦亮打响以诸葛亮为代表的三国智圣文化

三国时期蜀汉丞相诸葛亮，在襄阳隆中躬耕十年，与刘备上演"隆中对策"，谋划三分天下大事。诸葛亮不仅军事谋略高超，而且智慧过人。他不贪权势、不谋私利、严于律己、知人善任、谦恭待人、革故鼎新、勤政为民、高风亮节的高贵品格让后人高山仰止。特别是他给后人留下的"静以修身，俭以养德"的节俭课、"非淡泊无以明志，非宁静无以致远"的理想课、"非学无以广才，非志无以成学"的励志课、"鞠躬尽瘁，死而后已"的忠诚课、"亲贤臣，远小人"的做人课等智慧，让人们受益终身，是当之无愧的"一代智圣"和"智慧化身"。纵观2000多年建城史，襄阳古城因三国智慧而更加传奇，三国智慧因襄阳古城而更加厚重。

七、擦亮打响以武当山为代表的中华武医道文化

武当山，又名太和山、仙室山，既是传说中玄天真武大帝的发迹地，也是武当派拳术的发源地，还被誉为"中华药库"，可谓中华武医道文化的集大成者。自春秋以来，武当山是中国道教的传播重镇，也是传说中吕洞宾、陈抟、张守清、张三丰等历代仙真高道的隐修胜地，武当派由此成为中国道教的一个重要流派，在中国道教史上有着举足轻重的地位。明成祖朱棣登基后，更是把武当道教推向了鼎盛时期。从营建武当道场的勘测设计，到派遣功臣贵戚到现场督工，再到武当道人修持守道，朱棣都亲下圣旨、直接安排。为此，当时的武当山以"治世玄岳"的崇高地位成为全国道教活动中心和全国最大道场。历经数千年变迁，武当山已经涵盖宏伟的古建筑群、玄妙的太极武术、神奇的道医道药和深厚的道教文化，成为人们心中的仙山和中华武医道文化圣地。

八、擦亮打响以宋玉、孟浩然、米芾为代表的诗书圣贤文化

出生于楚国鄢城（今襄阳宜城）的宋玉是战国末期与屈原并称"屈宋"的中国文学的重要奠基人，也是中国文学史上第一位职业作家和纯文学作家。其代表作《九辩》《招魂》《风赋》《高唐赋》《神女赋》等均为楚辞智慧之经典。作为屈原诗歌艺术的直接继承者，宋玉在楚辞与汉赋之间，发挥着承前启后、继往开来的重要作用。出生于襄州襄阳（今湖北襄阳）的唐代诗人孟浩然，世称"孟襄阳"，继陶渊明、谢灵运、谢朓之后，开盛唐田园山水诗派之先声，与王维合称"王孟"。孟浩然的《秋登万山寄张五》《过故人庄》《春晓》《夜归鹿门歌》等千古名篇，大多源于隐居襄阳鹿门山时的创意与智慧。经过孟浩然诗歌智慧的浸染，襄阳不仅具有山水之美、人文之胜，还是别具特色的春晓之城、诗歌名城。北宋书法家米芾祖籍太原，后迁居襄

阳，属于宋代书法"四大家"之一，世称"米襄阳"。米芾天资高迈、好洁成癖，既善于吟诗作词，又擅长篆、隶、楷、行、草等多种书体，并精通绘画、鉴石，独成一派，自成一家。独树一帜的"米癫"书画智慧，不仅让襄阳成为名副其实的中国书法名城，还告诉我们一个智慧的道理——在兴趣中坚持，在坚持中成功。宋玉、孟浩然、米芾等一大批诗书圣贤，为襄阳都市圈文化享誉世界提供了厚重底色和精彩故事。

九、擦亮打响以东风汽车为代表的现代工业文化

汽车是现代工业文明的重要象征，也是推动一个国家或地区经济发展的重要引擎。东风汽车公司的前身是1969年始建于十堰的第二汽车制造厂，目前已发展成为中国汽车行业产业链最齐全、产品线最丰富的汽车企业，主营业务涵盖全系列商用车、乘用车、军车、新能源汽车、关键汽车总成零部件、汽车装备、汽车金融等。襄阳都市圈城市群是汉十千里汽车工业走廊的关键节点，也是东风汽车的核心生产基地。如今，襄阳是国内知名的汽车整车、零部件生产和检验检测基地，十堰是中国商用车之都，随州是中国专用汽车重要发源地和生产基地。"襄十随神"城市群聚集了东风、日产、本田、裕隆、德纳、雪铁龙、沃尔沃、英菲尼迪、康明斯等一批汽车产业巨头，打造了富康、天籁、楼兰、御风、英菲尼迪、程力等一批整车和专用车品牌，已成为中国汽车产业版图中不可或缺的组成部分。"襄十随神"城市群的汽车产业在推动工业文明不断进步的同时，已成为襄阳都市圈现代工业文化的特色名片。

十、擦亮打响以南水北调中线工程为代表的汉江生态文化

1952年10月31日，毛泽东视察黄河时首次提出南水北调的宏大

设想。南水北调工程是国家战略工程，主要解决我国北方地区，尤其是黄淮海流域的水资源短缺问题，规划区人口4.38亿人，调水规模448亿立方米。该工程分东、中、西三条线路，其中，东线工程起点位于江苏扬州江都水利枢纽，沿京杭运河逐级提水北送，途经江苏、山东、河北三省，向华北地区输送生产生活用水；中线工程起点位于汉江中上游丹江口水库，受水区域为河南、河北、北京和天津；西线工程还处于规划阶段，没有开工建设，规划中主要解决涉及青海、甘肃、宁夏、内蒙古、陕西、山西等6省（自治区）黄河上中游地区和渭河关中平原的缺水问题。通过三条调水线路与长江、黄河、淮河和海河四大江河的联系，构成以"四横三纵"为主体的总体布局，以利于实现中国水资源南北调配、东西互济的合理配置格局。南水北调工程自2014年全面通水以来，南水已成为京、津、冀等40多座大中城市280多个县（市、区）超过1.4亿人的主力水源。如今，南水北调工程的综合效益不断显现，不仅使取水区、受水区的饮水和生态得到有效保障，也让沿线区域逐渐形成"一渠清水北上，一路产业向阳"的良好格局。南水北调工程中线工程顺利实施的生动实践表明，汉江生态经济带已经成为生态优先、绿色发展的"中国样板"，并进一步印证了生态文明建设与经济社会发展可以比翼齐飞、相得益彰。

新时代必将是一个中华优秀传统文化、红色革命文化、社会主义先进文化全面复兴的大时代。世界为襄阳都市圈打开了一扇开放之门，襄阳都市圈为世界打开了一扇文化之窗。我们坚信，襄阳都市圈十大核心文化融合传播品牌终将会变成世人口口相传、耳熟能详的中国故事。只要深度挖掘、传播、塑造这些文化名片，襄阳都市圈品牌形象就会更加光彩夺目，"襄十随神"城市群崛起就会未来可期。

定力与韧劲是劲牌创业者的精神支柱

做人有决心、有定力，是一种高贵的品格。做事有恒心、有韧劲，是一种可贵的品质。定力是一种洞察力，也是一种意志力，更是一种决策力。韧劲是一种顽强的精神，也是一种落实的能力，更是一种坚定的信念。干事创业重在谋定而后动、谋定而快动、笃行以致远。

法国伟大军事家、政治家拿破仑曾说："胜利往往在于最后五分钟。"若想熬到"最后五分钟"，就必须做到不为名所累、不为利所诱、不为情所困、不为难所屈、不为危所乱。只有沉得住气、静得下心、扛得住事，才能不惧困难、攻坚克难、排除万难，始终朝着既定目标奋勇前进。

每临大事有静气，成功的创业者无一不是保持战略定力和发展韧劲的高手。保持战略定力和发展韧劲，不是被动应付、贻误战机、无所作为，而是主动谋划、等待时机、蓄势待发，在以不变应万变的过程中练就深邃的思想力、准确的判断力、坚强的意志力和果断的执行力。

作为国内一流健康产品企业，劲牌公司自1953年创建以来所经历的70年创业历程，充分彰显并有效诠释了战略定力与发展韧劲的深刻内涵。2023年9月19日，劲牌公司正式对外发布70周年高质量发展报告，总结提炼了劲牌公司健康成长的关键基因——坚持"五个战略核心"，即始终坚持以人为本，坚定"健康之路"不动摇；始终坚持创新引领，坚定"科技之路"不动摇；始终坚持精益求精，坚定"品质之路"不动摇；始终坚持助力社会发展，坚定"责任之路"不动摇；始终坚持弘扬正气，坚定"文化之路"不动摇。同时，劲牌公司在2023年9月制定完成的《劲牌可持续纲领》明确提出：坚持"做少做小、做专做精、做强做久"的生存观，继续聚焦保健酒、草本白酒、中药业三大主营业务，坚定"健康、科技、品质、责任、文化"道路，保持战略定力，着力打造百年品牌、百年企业。

劲牌公司70年风雨兼程，谱写了一曲从县级小酒厂成功迈向全国知名健康产品企业的时代壮歌。更让人敬佩和期待的是，永不懈怠、从不服输的劲牌人已经顺利开启"二次创业"新征程，奋力奔向百年愿景。

回望来时路，奋进新征程，解码劲牌公司的定力与韧劲基因，显得尤为重要、十分必要。

定力源于正气。从一定意义上讲，劲牌公司的战略定力是基于主要矛盾、长远目标、未来趋势分析形成的科学判断、坚守底线、稳打稳扎的可持续发展能力。劲牌公司董事长吴少勋多次表述自己对劲牌企业文化的独到见解："劲牌文化如果用一个字表述，就是'正'！两个字，是'正气'！三个字，是'树正气'。"毋庸置疑，劲牌公司的战略定力既源于"正"，也深化了"正"的内涵，即始终坚持走正道、做正人、行正事。世间万物因正义而生，也必将归附于正义。一个人或一个组织若失去了正义，必定会走上歪路和邪路。

韧劲基于坚守。只有坚守本真、初心如磐，方可固本培元、行稳致远。劲牌公司的坚守主要体现为坚持梦想、守护健康。面对风云变幻、大浪淘沙的市场，劲牌公司之所以能够稳如泰山、屹立不倒，就在于放飞激情并不断追逐"健康人类、永无止境"的伟大梦想，始终信奉并坚持高质量发展辩证法：面对快与慢的选项，果断选择稳健前行，把"企业发展不贪快"作为第一信条；面对多与少的选项，持续聚焦核心单品，专注健康跑道，努力做精做专、以少胜多；面对大与小的选项，一直坚持量力而行，不刻意追求市场与行业的规模排名，不被别人"带节奏"。

定力和韧劲是劲牌创业团队战胜一切艰难险阻、应对一切不确定性的最大底气。立志于做百年企业、树百年品牌的劲牌公司，必将依靠弘扬正气的定力和坚守梦想的韧劲走向更加美好的未来。

尧治河的变与不变

2012年以前，尧治河在我心中还是一个遥远的山村名字，只知那是鄂西北一个富裕的村庄，却不知这个村庄发展背后的历史文化与创业故事。

2012年7月，我从河南信阳茶乡浉河港镇选调到襄阳日报传媒集团工作。因为文化宣传与品牌策划等方面的业务合作，我与湖北省襄阳市保康县马桥镇尧治河村结下了不解之缘。

每次到尧治河，尧治河村党委书记孙开林都会带着我们这个文化服务团队考察新建项目，开展专题座谈研讨，举办村民学习讲堂，参加文化传播和学术交流活动。时间一长，合作加深，我们也就成了倾吐真言、互开玩笑的挚友。我在内心深处一直把孙开林当作知音和良师益友。这一切机缘均源于我与尧治河的文化故事。

一、尧治河的文化追求备受尊重

2013年是尧治河文化建设的顶层设计年。我们团队与尧治河管理团队在谈论尧治河为何要高位推动打造文化旅游体系时，几位尧治河高管并不理解，甚至提出了质疑。特别是在成立尧文化传播研究院、建设尧治河民俗文化博物馆、创办《尧治河周刊》、开发尧治河旅游商品等问题上，有些同志认为太高端、不接地气，不符合尧治河发展实际。

面对这些不同的声音，孙开林并没有马上拍板，而是与我们进行了一次长谈。我们阐述了尧治河应该高度重视文化建设的两个理由：一是对于一个企业而言，只有产品和文化双管齐下，市场拓展的战队才会无往不胜;二是文化一直是尧治河的短板,倘若尧治河把文化建设这件难事做好了,就证明了尧治河没有什么事是干不好的。

听完我们的理由,孙开林很快采纳了我们的建议,同意组建国内第一个村级文化传播研究机构——尧文化传播研究院,建设尧治河民俗文化博物馆(后更名为尧治河农耕文化博物馆)。后来,尧治河又打造了尧子书院,创办了《尧治河周刊》,拍摄了《尧治河口述史》,开发了一系列文化旅游商品,对尧文化进行深度挖掘,对尧治河创业文化进行历史性抢救,这些行为可谓"功在当代,利在千秋"。实践证明,孙开林五年前大胆探索"打造尧治河文化高地"的做法十分正确,尧治河人对文化建设的崇高追求备受尊重。

之后,湖北省委对襄阳提出打造"一个增长极、两个中心"的全新定位,特别是"打造长江经济带重要绿色增长极",给尧治河发展带来了千载难逢的机遇。30年来,尧治河经历了从修路开矿到兴办水电,再到文化旅游的"三次创业",在转型发展、绿色发展方面迈出了坚实步伐,并率先打造了自身的"绿色增长极"。

二、变的是发展,不变的是本色

站在新起点,面向新未来,尧治河人正在深刻思考"尧治河的变与不变"这个时代课题,努力以辩证思维与历史担当去认清、谋划、开创尧治河的美好未来。

(一)尧治河的事业发展在变与不变中转型跨越

尧治河是一个地名,更是一种精神;尧治河是一个传说,更是一个传奇。尧治河是基层党组织贯彻落实中央精神和省委、市委、县委决策部署的重要典范,是乡村转型发展、绿色发展的时代先锋,是精准扶贫、文化小康的襄阳样板。奋斗是尧治河人的本色,智慧是尧治河人的底色。尧治河取得的发展成就,是不懈奋斗的结果,是集体智慧的结晶。尧治河每天都在变,唯一不变的是领路人孙开林的本色和村"两委"班子的底色。未来,期待尧治河能够坚定不移地打造"千年古村、百年名企",让"变的是发展,不变的是本色"理念真正落地生根、开花结果。

(二) 尧文化传播在变与不变中厚积薄发

尧文化是尧治河的母文化,创业文化、智慧文化、磷矿文化、民俗文化、生态文化等都是尧治河的子文化。尧文化传播是尧治河文化建设的永恒主题。打造高起点、高标准、高品质的尧文化传播体系,是尧治河人文化觉醒的标志,也是尧治河人文化自信的必然要求。尧文化传播变的是内涵的丰富、档次的提升、形式的创新,不变的是大公为民、奋斗不息的核心精神,是虚功实做、实功真做的认真态度。

(三)《尧治河周刊》在变与不变中服务大局

一份小村报,一种大情怀。一年企业靠运气,三年企业靠经营,十年企业靠制度,百年企业靠文化。《尧治河周刊》是尧文化传播的重要窗口,也是尧治河精神传承的重要载体。《尧治河周刊》的创办标志着尧治河文化迈上新台阶,开启新征程。《尧治河周刊》变的是形式,不变的是宗旨。只有不断推动采编形式、传播形式、活动形式创新,《尧治河周刊》才能让广大读者喜闻乐见、雅俗共赏。不论《尧治河周刊》如何变,办报宗旨不能变,那就是全力服务尧治河改革发展大局,努力讲好尧治河故事、唱响尧治河声音、大力弘扬尧帝精神、创新尧祖智慧。具体而言,就是要与尧治河绿色发展大局相结合、与尧文化传播相结合、与新媒体传播相结合、与旅游经济转型相结合、与干部群众素质提升相结合,坚持为大美尧治河鼓掌,为尧治河创业精神吟唱,与尧治河干部群众同频共振。

三、讲好新时代的尧治河故事

"变与不变"是尧治河人的辩证法,也是尧治河人的方法论。正如孙开林所言:"尧治河的过去靠精神,现在靠发展,未来靠文化。"

基于此,尧治河还需要写好"走出去、引进来"这篇辩证文章,简单来说就是让产品走出去,把游客引进来;让文化走出去,把产业引进来;让智慧走出去,把人才引进来。

2017年11月16日,由中国外文局对外传播研究中心等单位主办的"第一届讲好中国故事创意传播国际大赛"颁奖典礼在北京国家会议中心举行。讲述孙开林创业历程的电视片《一个村支书的中国梦》,获得评委一致好评,荣获一等奖。孙开林受邀出席活动并现场讲述新时代尧治河创业故事,赢得阵阵掌声。

2018年是尧治河创业30周年,也是尧治河承前启后、继往开来的关键节点。2018年1月29日,作为党的十七大代表、全国优秀党务工作者、全国劳动模范、全国扶贫攻坚奋进奖获得者,孙开林第三次当选全国人大代表。他表示,站在新的历史起点,会不忘初心再出发,继续创造属于尧治河人的时代传奇,时刻向外界讲述精彩动人的尧治河故事。

深谷远村传尧史,到此不思桃花源。尧治河人从艰苦奋斗中走来,如今正在筑梦圆梦的过程中将事业的航船驶向远方。我们期待并坚信:尧文化必将点亮精神的灯塔,照亮尧治河人不忘初心、继续前进的方向!

千古帝乡源尧祖,智慧襄阳看尧乡。尧治河因"变"而更加精彩,因"不变"而更加厚重。

楚天茶王玉皇剑的创业故事

2008年,有名无实、"抱着金饭碗讨饭"的湖北玉皇剑茶业有限公司(以下简称玉皇剑公司)正式由乡镇企业改制为股份制民营企业。当地茶商张于学临危受命,接下了这个"烫手的山芋",带领玉皇剑人改革创新、攻坚克难,以绿色低碳为导向,以创新驱动为引擎,以清洁智能为标准,以茶旅融合为目标,做有机茶、放心茶、良心茶,开启了创新创业的第一个"黄金十年",书写了玉皇剑品牌奋进新时代的精彩故事。

一、天赐玉皇剑:地处北纬32°黄金产茶区

2012年7月,我从信阳茶乡调到襄阳日报传媒集团工作,在深入学习研究玉皇剑公司的历史文化、工艺特色、产品品质等情况后,带领文化服务团队与玉皇剑公司开展深度合作,并与其管理团队建立了深厚的友谊,成为精神上的亲密者、思想上的契合者、灵魂上的同在者。

一方水土养一方人,一方人种一方茶叶。北纬32°被誉为"地球与人类的密码",金字塔群、玛雅文明、古巴比伦文明、中国的兵马俑和三星堆文明等均出现在或发祥于这个神奇的纬度。玉皇剑正处在北纬32°的黄金产茶区,这个地区群山环绕、土壤干净、植被丰厚、气候温润、云雾缭绕,是生产有机茶的理想之地,注定会充满传奇、创造奇迹。

长期以来,玉皇剑公司坚持标准化建设、有机化种植、清洁化生产,绘就春有茶、夏有花、秋有果、冬有绿的茶旅田园风光,努力擦

亮"中国有机谷"这张襄阳城市名片,争当中国有机茶的代表。如今,已获得中国驰名商标、中国茶业百强企业、全国优秀农民田间学校、湖北省农业产业化"重点龙头企业"、全省"十大名茶场"等荣誉的玉皇剑公司在创业的第一个"黄金十年",虽满怀辛酸却孕育希望,是湖北乃至中国茶企转型跨越的一个缩影。

二、智造玉皇剑:纳八方智慧,起事业宏图

玉皇剑公司能够成为襄阳高香茶的引领者、襄阳高端红茶的开创者,是综合进行战略创新、产品创新、科技创新和文化创新的结果,是"纳八方智慧,起事业宏图"的真实写照。

(一)战略创新是玉皇剑公司创业之根

战略决定成功,细节保证不败。十年来,玉皇剑公司始终坚持文化立茶、科技兴茶、智慧名茶,走一、二、三产业融合发展之路。早在 2012 年,玉皇剑公司就果断提出"地造五山镇,天赐玉皇剑"的镇企融合发展思路,全力推动玉皇剑生态休闲谷建设,致力于"弘扬茶文化,致富千万家"。如今,玉皇剑公司结合自身实际,着力打造"一区三园",即茶加工展示综合服务区和茶博园、茶公园、茶庄园,争创湖北省"三产"融合示范区、襄阳市乡村旅游示范区、谷城县茶旅小镇建设核心区。这标志着玉皇剑品牌初步实现了从茶叶到茶业、从制造到服务、从淳朴到时尚的跨越。

(二)产品创新是玉皇剑公司创业之本

产品创新是企业赢得竞争优势的利器。玉皇剑公司地处道教圣地武当山与神农架林区之间的谷城县五山镇。这里的山上布满风化烂石,依据陆羽《茶经》关于茶树"上者生烂石,中者生砾壤,下者生黄土"的理论,谷城县五山镇的山场便是种植茶叶的宝地,这里也已经被打造成为独具特色的无污染无公害生态茶园。玉皇剑茶叶沐武当

山、神农架之灵气，汲高山丛林之精华，实现传统工艺与现代科技的结合，以"外形美、滋味厚、香气高、耐冲泡"名动四方。比如：玉皇剑绿茶扁平似剑、翠绿显毫、汤色绿亮、栗香持久、滋味甘醇，其中，高档剑茶开发了剑王、金剑、银剑系列产品，毛尖茶开发了正、清、和、雅四个品种，分别代表了儒家之正气、道家之清气、佛家之和气、茶家之雅气的文化内涵；玉皇剑红茶立足襄阳高香茶的鲜明特色，借助信阳红茶的成功经验，先后开发了智圣、智都、智慧、智谋四个品种，打破了襄阳茶叶产业多年来没有高端红茶的局面，开启了襄阳茶叶产业发展的新篇章。2013年，玉皇剑公司提出"玉皇剑，天天见"的全新品牌传播语，坚持智慧做茶、做智慧茶，在基地改造、品种改良、工艺改进、绿色防控、生态修复等方面做了全方位努力。

（三）科技创新是玉皇剑公司创业之源

科技创新是现代企业生存与发展的动力源泉。自2013年1月起，玉皇剑公司积极探索"产学研"一体化发展模式，先后与襄阳市农业科学院、襄阳日报传媒集团、华中科技大学等单位建立战略合作伙伴关系，并与国家现代农业产业技术体系岗位科学家龚自明签约建立了院士（专家）工作站。在茶园管理、茶树生长、茶叶炒制、茶叶储存等环节，专家团队会出计献策，提供技术指导。比如，针对病虫害防控，玉皇剑公司在专家团队的指导下探索了五种方法：一是采用先进的电子灭虫灯"光"诱杀虫；二是利用生物对特定光谱吸引的特性，用黄、蓝粘虫板等"色"诱杀虫；三是应用雌虫生物信息素性诱雄虫减少交配率，从而降低害虫数量的"性"诱杀虫；四是利用特定的寄生蜂在害虫中散播"生物导弹"，定向"寄生"杀虫；五是及时修剪茶园，将茶树病叶及时清出茶园，采用农艺措施"断粮"杀虫。与此同时，玉皇剑生产团队还借助鄂西北茶王茶艺大赛平台，公平、公正、公开地进行技术大比拼，完善、优化、创新制茶工艺，发现、培养、奖励制茶大师。这一系列切实可行的科技创新举措，为打造零污染、零残留、可监控的质量安全管理体系和高标准选拔、多渠道培养的专业人才培育体系奠定了坚实的基础。

（四）文化创新是玉皇剑公司创业之魂

一个企业如果没有技术支撑，就会一打就垮；如果没有文化支撑，就会不打自垮。玉皇剑的传说源远流长，玉皇剑的文化博大精深、雅俗共赏。相传玉皇大帝云游四海，途经五山时，在美丽的山水间流连忘返，同时被当地淳朴的民风感动，遂解下腰间佩剑插在地上，宝剑瞬间化为满山茶树，玉皇大帝亲手传授当地山民种茶、制茶技术。这种茶外形扁平，恰似玉皇大帝插在地上的宝剑。山民为了纪念他，就将这种茶命名为"玉皇剑茶"。此外，这里还有太白金星到凡间寻访玉帝、姜子牙封神等传说。为了深入挖掘、弘扬传统文化，玉皇剑公司连续多年举办鄂西北茶王茶艺大赛和茶叶开采节，评选出"玉皇剑八景"，推选"玉皇剑十大民俗活动"，积极筹建玉皇剑民俗文化博物馆和玉皇剑茶研究院。实践证明，玉皇剑文化的深度挖掘与精准传播，为玉皇剑品牌的腾飞注入了无穷动力。

三、梦圆玉皇剑：用良心制百姓福茶

创新无止境，创业永远在路上。一个企业的成功，是多个有利要素同时作用的结果；而一个企业的失败，有时只需要一个不利的要素就能引发。玉皇剑公司的持续平稳发展与"一带一路"、精准扶贫、乡村振兴等国家战略紧密相连，与中国有机谷建设无缝对接，未来必将在品牌创新、管理创新、科技创新、人才创新等方面取得新突破、积累新经验，带动广大茶农积极参与乡村振兴。

玉皇剑品牌承载着"千年故事、百年传奇、十年辉煌"的期待，严格按照"集团化布局、产业链运营、开放型合作、闭环式管理"的发展思路，努力实现"让富人喝得到好茶，让穷人喝得起茶"的目标，必将在奋进新时代中开启"二次创业"新征程。

"妙手绘宏图，丹心写春秋。"这是玉皇剑人的不懈追求与时代担当。正如玉皇剑公司董事长张于学所言：做茶叶有的东西能变，有的东西永远不能变；玉皇剑未来发展永远不变的是用良心制茶、以内涵取胜。

星光不问赶路人，时光不负有心人。在2023年"楚茶论坛"宜昌茶产业推介会上，玉皇剑牌襄阳高香茶从全省几百家企业选送的308个绿茶茶样中脱颖而出，一举夺得"茶王奖"，再一次用品质证明了实力。

如今，玉皇剑公司已经成功开启了创业的第二个"黄金十年"，剑指何方，赢在何处？答案必然是：剑指"二次创业"，赢在持续创新。

霸王醉品牌文化背后的时代价值

对于"霸王"一词,《礼记·经解》中有云:"义与信,和与仁,霸王之器也。"《国语·晋语八》中有云:"夫霸王之势,在德不在先歃。"霸王与霸王醉的故事与襄阳有着不解之缘。襄阳自古便是王侯将相册封之地,谷城县有神农植五谷、尝百草的传说,石花镇拥有2500多年酿酒历史的文字记载。作为湖北省石花酿酒股份有限公司(以下简称石花酒业)倾力打造的高端旗舰品牌,霸王醉不仅是一个白酒名称,更是一个文化坐标,演绎了一段历史文化与现代文明交相辉映的精彩故事。

一、匠心酿酒与良心做酒

据《谷城县志》和《石花镇志》记载,楚庄王对石花酒大加赞誉,并作有诗文:"双泉液兮琼浆,醇芳袭兮甘柔。玉斛倾兮寿康,祈国兴兮民强。"当时的石花酒被称作"石溪双泉液"。

清代,著名诗人欧阳常伯路过石花古街时品尝了石花酒,并顺手题写了"此处竟跨竹叶,何须遥指杏花"。诗人以竹叶青和杏花村作为石花酒的参照,盛赞石花酒。于是"北有杏花,南有石花"逐渐闻名于酒界。

石花酒业的前身是1870年创建的黄公顺酒馆,距今已有150多年的历史,是中国白酒行业著名的百年老店。民国时期,它在汉口、南京、上海等地设有分号。

抗日战争时期,国民党第五战区司令长官李宗仁常喝石花酒,曾把石花酒作为当时的"国宴"酒。

1953年，黄公顺酒馆被改造为国营石花酒厂。

1979年，邓小平在钓鱼台国宾馆召开中国经济座谈会，黄公顺酒馆第四代传人黄善荣受邀参加座谈。

改革开放初期，石花大曲一度畅销全国并远销马来西亚、新加坡等东南亚国家。

2003年，石花酒业根据"西楚霸王项羽带领军队攻打秦国，途经石花街时闻香下马，令军士痛饮石花酒，以壮军威"的故事，策划开发了中国第一高度白酒品牌——霸王醉。同年7月25日，霸王醉品牌带着"上好原浆、二十年窖藏、原汁灌装"三大精品特质和"中国高度、中国礼物、中华老字号"三大文化特征横空出世，给中国白酒行业刮来一阵新风。

霸王醉品牌是石花人坚持匠心酿酒与良心做酒的智慧结晶。2017年4月18日，霸王醉品牌在中央人民广播电台举办的"聚力中国，共赢央广"中国品牌集结行动活动上与劲牌、华美月饼等知名食品企业一起荣获"品牌创新奖"。活动组委会对于霸王醉品牌的颁奖词是："肩负打造汉江流域知名生态白酒的使命，湖北石花酒业坚持用良心做酒，发力'霸王醉'和'石花'双品牌驱动，将英雄气质的文化元素融入产品创新，用石头开花的精神酿造中国第一高度白酒。石花酒业，矢志于让世界品味中国白酒的高度。"

事实证明，70度的霸王醉品牌，不仅有高度，更有温度；不仅有品质，更有品位。

二、质量兴企与生态强企

三千里汉江，精要在襄阳。汉江襄阳段是汉水文化和汉水风光最精彩的部分。

水为酒之血脉。一方水土养一方人，一处人家酿一味酒。自古以来，佳酿藏于民间、隐于巷尾。石花酒业所在的石花镇是位于汉江之滨的千年古镇，既适合种植酿酒需要的优质农作物，又拥有酿酒需要的优质水源地。得天独厚的生态禀赋是大自然对霸王醉品牌的慷慨馈赠。

石花酒业的质量兴企与生态强企战略在霸王醉品牌身上得到充分彰显。

在理念上，霸王醉品牌始终坚持"质量大于市场"，塑造生态企业，打造生态品牌。2014年，霸王醉与贵州茅台一起荣膺"杰出绿色健康食品奖"。同年，霸王醉酒被湖北省博物馆永久收藏。

在工艺上，霸王醉品牌始终坚持"原汁原浆、浑然天成"，用20年的窖藏时间，酿造70度的好酒，造就极致口感，享受无上尊荣。

在营销上，霸王醉品牌始终坚持"零容忍、严处罚、不压任务，从源头上遏制窜货"，推出中国白酒行业最严苛、最全面、最透明的市场监管体系。

新时代的食品企业有能力、有责任、有义务为构筑生态文明和保障食品安全贡献力量。在生态文化的挖掘与传播方面，霸王醉品牌为诸多白酒企业做出了示范和榜样。

2017年3月，石花酒业荣获"国家生态原产地产品保护"证书，成为湖北省唯一一家获此殊荣的白酒企业。这体现了石花酒业一脉相传的坚守"匠心酿酒、良心做酒"的核心理念，也彰显了国家对百年老店传统工艺的认可与保护。

为此，石花酒业董事长曹卢波激情赋诗一首，并与全体石花酒业员工共勉："石花百年贵守恒，经久弥坚味更醇。初心不改志不移，誓将品牌永保真。"

三、产品传播与价值传播

烟没有文化就是草，酒没有文化就是水，茶没有文化就是叶子。酒不仅是一种生活调味品，也是一种文化符号，正所谓"饮水思源，品酒思乡"。作为楚文化发祥地，襄阳自古出美酒，并孕育了深厚的酒文化。

在大量关于酒文化的名篇佳作里，人们可以感受到襄阳佳酿的醇香和酒文化的浓厚。比如，诗仙李白的《襄阳歌》就把汉江与酒的关联描写得淋漓尽致。他写道："遥看汉水鸭头绿，恰似葡萄初酦醅。

此江若变作春酒,垒曲便筑糟丘台。"他还感叹:"百年三万六千日,一日须倾三百杯。"

霸王醉品牌坚持产品传播与价值传播并重,借助一缕酒香,集历史文化传承与现代价值创新于一身,融地域文化、情感文化、民俗文化、祈愿文化于一体,开创了中国酒文化传播的新模式。

结合襄阳打造汉江流域中心城市的实际情况,霸王醉品牌联合襄阳日报传媒集团呼应城市战略、留存城市记忆、放飞都市梦想,开发出定制文化创意产品——"汉江梦"。霸王醉品牌绵浓而不失醇畅,走向远方而不忘初心。

随着"讲好中国故事"上升到国家战略层面,霸王醉品牌联合湖北长江报刊传媒集团响应国家战略、顺应民众期待、弘扬传统文化,开发出定制文化创意产品——"中国故事",唤起人们魂牵梦绕的乡愁,分享美好新时代的精彩故事。

把有限的文化资源转化为无限的企业竞争力,把无形的文化价值转化为有形的品牌价值,既是霸王醉品牌快速崛起的路径选择,也是霸王醉品牌文化建设的终极目标。

随着社会的发展与进步,霸王醉品牌所弘扬的生态白酒文化以及演绎的生态强企故事,必将被赋予越来越丰富的时代内涵。这对于霸王醉品牌而言是一种巨大的社会公益,对于社会而言也是一笔宝贵的精神财富。

双喜品牌文化背后的共享内涵

品牌是一种无形的资产，文化是一种独特的价值。近些年来，双喜品牌不断挖掘中国传统喜文化的内涵，传播喜文化的价值，激起了民众的积极响应，产生了良好的社会效果，也让双喜品牌更加深入人心。从双喜世纪婚礼缘定天路到双喜世纪婚礼喜缘盛会，从双喜喜愿基金到世纪经典中国新春音乐会，双喜品牌一路为人创造快乐，与人分享喜悦，有效传播了"喜传天下、人人欢喜"的品牌理念。双喜品牌之所以能够得到广泛传播并获得社会认可，最核心的原因就是双喜品牌文化与共享价值理念的高度契合。

其一，喜文化顺应了民众对幸福生活的美好期盼。美国著名社会心理学家马斯洛把人类基本需要由较低层次到较高层次分为生存需要、安全需要、情感需要、自尊需要、自我实现需要五种。曾几何时，贫穷落后的中国民众对生活的追求莫过于吃饱穿暖、平安稳定，较低层次的生存需要和安全需要都难以得到满足。正因如此，当今的中国民众对幸福生活有着无穷的向往，也更能珍惜快乐生活的点点滴滴。双喜品牌传播的喜文化抓住了中国传统文化的永恒诉求点，顺应了中国民众对于"喜"的向往心理、对于幸福生活的美好期盼。在品牌文化传播中，双喜努力做到与时代同步、与大众同行。从"双喜双喜，人人欢喜"到"喜传天下，人人欢喜"，品牌广告语的微妙变化反映了"幸福快乐可以传递"这个简单却又深刻的道理，也充分体现了双喜品牌向天下传递喜悦的胸怀与梦想。

其二，喜文化满足了社会营造喜庆氛围的需要。中国自古就是一个重视节庆的国度。当下我们国富民强，民众的物质文化生活日益丰富。面对事业兴旺、个人成就、生儿育女、节日狂欢等众多喜事乐事，中国人对喜文化的追求没有改变，对喜文化的激情没有削减。作为喜文化的代表品牌，双喜追求"以天下之乐为乐，以天下之喜为喜"的精神品格和文化内涵，承担起寻找喜悦源头、营造喜庆氛围的重任，也满足了社会营造喜庆氛围的需要。比如，双喜世纪婚礼吸引了千万对年轻男女参与，在全球范围内引发人们对婚礼的高度关注和重新认识，特别是其"始于爱心，终于喜悦"的活动流程，让亿万民众深受感动。它告诉人们：喜悦的氛围可以营造，喜悦的真谛在于分享。

其三，喜文化契合了共享发展理念构建的价值诉求。共享发展是人类奋斗的重要目标，也已经成为社会进步的主旋律。传递、沟通、分享是双喜品牌喜文化的精髓。喜文化代表的是一种朴素的文化价值理念，这种价值理念与和谐社会文化构建的趋势高度契合。双喜品牌的系列活动为人们提供了一个体验喜悦的平台，将婚姻、求学等人生大事融于国家大事之中，将喜悦传遍天下，与天下人共同分享。个人喜、家庭喜与国家喜的有机融合，不仅契合了共享发展理念构建的价值诉求，也丰富并延伸了共享社会的文化内涵。

创建共享企业、塑造共享品牌是构建共享社会的重要组成部分。企业及其品牌有能力、有责任，也有义务为构筑共享社会贡献智慧和力量。负责任的品牌文化挖掘与传播，也是贡献智慧和力量的一种方式。在喜文化的挖掘与传播方面，双喜品牌为众多企业和品牌树立了榜样，值得学习和倡导。

品牌是市场竞争的有力手段，也是一种文化现象。优秀的品牌只有在具备深厚文化底蕴的前提下才能获得进一步的发展。双喜品牌的喜文化内涵之所以如此丰富、意味深长，除了有效的挖掘与创新外，还有一个重要的原因——喜文化不只是双喜企业或品牌的文化，也不只是中国的文化，而是人类共同的文化，即人们对于"喜悦"这种文化具有普遍的追求与向往。

随着双喜品牌的成长壮大，随着社会的发展与进步，喜文化会被赋予越来越丰富的时代内涵。各美其美、美美与共，是双喜品牌文化传承创新的价值追求和努力方向。

襄阳程河柳编产业的路径选择

"民俗文化搭台，柳编产业唱戏"，这是当前素有"柳编之乡"之称的襄阳程河柳编产业转型发展的真实写照和必然趋势。

襄阳市襄州区程河镇柳编已有300多年的历史，其产品远销新加坡、意大利、英、法、德、韩国等40多个国家和地区。然而，知名品牌和龙头企业严重缺乏，农民种植和生产热情不高，已成为制约程河柳编产业发展的两大瓶颈。

破除发展瓶颈，夯实产业基础，是程河柳编产业发展的必由之路和唯一选择。程河人需要认清形势、坚定信心、主动作为、奋发有为，着力打好以下"三张牌"。

第一，讲好柳编故事，打好"文化牌"。柳编产业是非物质文化遗产的重要传承载体，也是程河的支柱产业。未来很长一段时间内，程河的转型发展要靠柳编产业与生态农业双轮驱动。但从长远来看，以柳编为核心的乡村文化旅游业一定是程河造福子孙后代的宏伟事业。讲好柳编故事，一方面要讲好营生故事、爱情故事、创业故事和励志故事，让耳熟能详、激荡灵魂的故事吸引人、打动人、影响人；另一方面，要开发家居类、户外类、酒店类和工艺类特色文化产品，让巧夺天工、独具匠心的产品成为文化和故事传播的重要载体，不断提升产品艺术感和附加值。程河柳编没有好坏之分，只有特色之别。全镇的柳编企业都可以不断强调和传播自身的特色与优势，但不能否定同行的努力与智慧，因为大家有一个共同的名字——程河柳编。

第二，延伸产业链条，打好"融合牌"。发展柳编产业，是功在当代、利在千秋的民生工程，至少可以给程河人带来五大"红利"：一是提高生活环境质量；二是提高知名度；三是提高干部群众素质；

四是提高农民家庭收入；五是提高地域品牌价值。互联网经济的本质是融合跨界。现代柳编产业必须在融合跨界中实现蝶变跃升。程河应借助柳编载体，着力推动一、二、三产业融合发展，稳步发展柳编种植业，大力发展柳编深加工产业，全力发展以柳编为主题特色的乡村文化旅游业，开创"政府鼓动、龙头带动、文化驱动、市场涌动"的生动局面，努力打造襄阳市乃至湖北省一、二、三产业融合发展示范区。

　　第三，塑造特色乡镇，打好"创业牌"。很多乡镇缺乏特色，而要塑造一种特色文化品牌，往往需要好几代人的不懈努力。柳编文化正是老祖宗留给程河人的最大的无形资产。特色乡镇相较于普通乡镇的最大优势，不是产品知名度与产业竞争力，而是品牌辐射力与人口吸附力。普通乡镇往往是人口输出型乡镇，而特色乡镇则往往是人口输入型乡镇，能够形成特色产业和专业人才的集聚。发展柳编产业，不只是卖个柳编筐、吃个农家乐、开个小商店、建个小旅馆，而是要持续提升产品品质品位、建设柳编特色产业集群。为此，程河人要树立"人人了解、人人支持、人人参与、人人创新"的理念，把自己当作文明窗口，从小事做起，从细节做起，从身边做起，积极支持党委、政府发展柳编产业的战略布局，像爱护自己的眼睛一样爱护程河的环境、文化和品牌，早日把"柳王之乡"这个地域品牌树立起来，把"程河柳编"这个公共品牌传播出去。与此同时，程河要通过发展柳编产业、推进特色乡村旅游等务实举措，为外出打工的青年农民返乡就业、创业提供广阔平台，打造新型职业农民创新创业示范乡镇。

　　地造程河，天赐柳编。小柳编，大产业；小柳编，大民生；小柳编，大文化。程河必将因柳编文化而更加美丽，柳编文化也会因程河而更加精彩。

"新"是一种力量
——兼论《今传媒》的办刊理念

当许多理论期刊纷纷提出"深度"和"高度"的时候,《今传媒》另辟蹊径提出了"新度"的办刊目标,并旗帜鲜明地将"用新解读传媒现象和传播行为"的办刊宗旨置于封面右上方。这是需要勇气和胆识的。

自 2005 年起,由于学习、科研的原因,我与《今传媒》结下了不解之缘,荣幸地成为杂志的特约编委和专栏作者。2005 年至 2008 年,我与《今传媒》编辑部老师没有见过一次面,只是通过电话联系。借助电波,我成为《今传媒》的特约成员。每次编前会,薛耀晗总编辑总会与我分享和沟通编辑部的策划方案和编辑思路,并耐心听取我的意见和建议。到 2009 年 6 月 20 日,我有幸去古城西安出差,专程拜访了《今传媒》编辑部的各位老师。当我走进陕西省新闻出版局老办公楼那间充满书香情和油墨味的编辑部办公室时,心里别是一番滋味。让我大受感动的是,异常简陋的办公环境居然能布置得十分温馨,在古旧传统的办公室里工作的编辑居然能打造出形式这么新颖、思想这么活跃的理论期刊。

作为《今传媒》的积极拥护者和参与者,我对其办刊理念有一些浅薄的见解和感悟。

一、《今传媒》"新"在哪里?

《今传媒》杂志创办于 1992 年,初名为《报刊之友》,2004 年起更名为《今传媒》。《今传媒》的字面意思是"关注当下传媒",即用新理论、新观点、新视角、新方法去关注当下的传媒现象和传播行为。"新"正是对"关注当下传媒"的深入解读和延伸。我以为,《今传媒》的"新"主要体现在以下四个方面。

(一)"新"在理念

《今传媒》的办刊理念是开放、创新的,其大胆提出"用新解读传媒现象和传播行为"的办刊理念正说明了这一点。首先,在内容设置上融人物访谈、传媒调查、传媒实务、媒介批评、传媒教育等几大类别于一体;其次,在编辑思路上强调实务与理论并重、探讨与批判相融;再次,在开门办刊上整合各方资源为我所用,将名家与专栏、主题征稿与学术研讨活动、文化传播与经营活动实现有机对接。正是在这种新理念的指导下,《今传媒》的办刊质量和经营水平稳步上升,在全国新闻传播类专业期刊中独树一帜,受到业界、学界的广泛关注和好评。几年来,《今传媒》的文章被《新华文摘》《中国记者》《新闻战线》《新闻传播》《中国新闻出版报》《中华新闻报》和人民网、新华网等权威媒体转载、索引1300多篇(次)。

(二)"新"在运作

《今传媒》建立了一套全新的运作模式,即没有"围墙"的编辑部。《今传媒》编辑部的在编人员非常少,在运作中大胆借助外力外脑,在全国组建了华东(上海)、华中(武汉)、东北(锦州)三个组稿中心,不求所有但求所用,进行开放式约稿。这不仅拓展了作者群,使许多知名人士的稿件在这里首发,也让许多非知名人士的佳作第一时间呈现,有效促进了刊物质量和编辑水平的提升。2006年以来,"卷首语"邀请著名传媒人梁衡、米博华和范以锦等接力撰写。"博导论坛""前沿观察""传媒调查""舆情报告"等栏目也多次邀请学界、业界的知名专家撰写文章,如周鸿铎的《科学把握中国媒介的基本走势》、郑保卫的《事业性、产业性:转型期中国传媒业双重属性解读》、张昆的《"八荣八耻"与新闻传播》、胡思勇的《应该怎样认识当前的报业——媒介经济学的视角》、童兵的《到现场去——新闻记者的成才之路》、祝华新的《万众一心 抗震救灾——汶川大地震网络舆情报告》等。大家的大作给读者们提供了一场场思想盛宴,对指导和促进传媒业的改革创新产生了积极作用。与此同时,《今传媒》不仅建立了便于读者阅读和查阅资料的杂志网站今传媒网,还与人民网传媒频道、舆情频道合作,每期刊物主要内容被该频道及时转载,并推出理论期刊的首个舆情专栏"舆情报告"。《今传媒》已被中国期刊全文数据库、万方数据库、中文科技期刊数据库(全文版)收录,传播面和影响力得到极大拓展。

(三)"新"在坚持

长期以来,为了搭建新闻传播学界与业界学习、研讨、交流的平台,《今传媒》以报道传媒、服务传媒、研究传媒、评论传媒为己任,逐步形成了独特的风格和个性。其高端的"卷首语"、特别的"封面访谈"、实用的"老总笔谈"、批判的"秦中随笔"、全国唯一的"审读阅评"等栏目给广大读者留下了深刻的印象。这是坚持的结果。特别是"审读阅评"栏目更彰显了坚持的力量。据统计,出版12年的《报刊之友》发表审读阅评陕西报刊的文章600余篇,还出版了精选本《五光十色的多棱镜》(1999年8月,三秦出版社)。更名为《今传媒》后,报刊批评扩展为媒介批评,专门设置了"审读阅评"板块,编辑刊发了《风暴过后无彩虹——西安报业2003年大盘点》《〈三秦都市报〉〈今早报〉两报整合背后的故事》《高校新闻报道病象报告及影响分析》《方言类新闻节目的劣势及负面影响简析》《如何看待电视新闻的摆拍和"情景再现"》等精品力作。

(四)"新"在批判

从《报刊之友》到《今传媒》,其一贯坚持的风格就是批判。从《报刊之友》的"报纸经纬""期刊纵横""专题阅评""个案评析"等栏目到《今传媒》的"媒介批评""审读阅评"等栏目,无不带有浓厚的批判色彩。此外，《今传媒》还率先推出了刘香成、鄢烈山、向熹等新闻界"敏感"人物的封面访谈，以及评论理论界张天蔚、曹林、孙明泉等独到的见解。可以说，《今传媒》有时是在冒着风险在追求自己的理想。这是传媒之风骨，更是期刊之品格。

二、"新"是一种思想的力量

近几年，《今传媒》文章的转载率、索引率大幅提升，并在学界、业界积累了大量的资源和人气。这足以表明，《今传媒》的"新"理念产生了作用、彰显了力量。

（一）"新"让理论研究具有时代价值

理论与实践相结合是学术研究的基本要求。《今传媒》刊发的理论文章有的具有较高的思想引导性和深厚的理论基础，有的具有较强的时效性、针对性和前瞻性，有的全方位推介全国传媒同行改革创新的先进观念、先进经验和先进典型，均能为传媒学界和业界提供镜鉴。比如，《媒体改革还是初步的，我很希望参与进来——记现代传播集团内容总监刘香成》《理论文章能否写得更活泼更生动——兼论对理论文章的社会误读》《传媒教育要满足业界需求更要顺应社会期待——访华中科技大学新闻与信息传播学院院长张昆教授》《选择新闻就是选择一种人生——访《南方周末》执行总编辑向熹》等文章都是理论与实践结合的佳作，具有重要的时代价值。

（二）"新"让实务探讨具有理论支撑

新闻传播实务是一项涉及面很广、内容比较发散的工作。随着信息社会的深入发展，新闻传播实务迫切需要理论的指导。《今传媒》架起了实务与理论联系的桥梁，为实务探讨提供了强大的理论支撑。比如征集选登策划传媒经典案例，2007年至2010年，共选登经典案例60余个，全面、深刻、鲜活地透析传媒市场化、产业化过程中的相关现象、事件与思考，把传媒实务与理论研究进行了有效融合。《从品牌传播到价值传播——"双喜世纪婚礼"的启示》《〈同饮一江水〉：开启跨文化传播与国际传媒合作的新典范》《一次文化宣传和成就报道的成功结合——海峡之声广播电台"大运河千里行"媒体活动解读》《以媒体慈善整合社会财富——〈武汉晚报〉"扶助行动"的六大创新》……这些经典案例不仅能让传媒人学习并借鉴成功的传媒运营经验，还能让传媒人接触到国内外传媒的前沿理论和思想。

（三）"新"让学术批判成为一种思维习惯

俗话说："宣传有口径，学术无禁区。"对于传媒学术探讨而言，也不应该有禁区。正所谓"批评无自由，赞美无意义"，学术研究只有带有一定的批判性，才能体现独到的价值。《今传媒》发挥批判功能的最大特点就是深入剖析、扬正匡谬、指名道姓。如《这种新闻我信你几分》《谁来更正以假乱真的新闻》《新闻照片曝光应有度》《破解"腐败指数"兼及新闻娱乐化》《北京〈文明〉杂志，为何不宣传北京文明奥运》《〈现代教育报〉出版无章法》《传媒误传新闻何其多》《对引文照相一定要保持原样》等媒介批评文章，都是针对传媒运行的批评监督。这些批判入木三分，让人惊叹。其实，此类文章的更大价值不在于批评了某个事件、某种现象，而在于让批判成为学术研究的一种思维习惯。唯有如此，学术探讨才更有生命力和实践性。

在市场经济环境下，理论期刊要有理想，更要有底线。其最低底线就是选稿有原则、观点有新意、运作有特色。特色源于创新，而创新只有起点，没有终点。《今传媒》诞生并成长于市场经济的发展浪潮中，通过不懈的创新，打造了别具一格的特色。实践表明，"新"是一种追求，也是一种境界，更是一种力量。《今传媒》记录、影响着今天的传媒，当然也会被今天的传媒铭记！

回望过去，《今传媒》伴随我度过了硕士、博士和博士后阶段学习和科研的美好时光，必将是我人生中一段难忘的记忆！真心祝愿《今传媒》激情永在、风骨永存！

反思教育之变革

第三辑

　　教育是国之大计、民生之本。教育改革浪潮一波接着一波。加快推进教育现代化、建设教育强国、办好人民满意的教育，是大势所趋、民心所向。不断反思教育之变革，把稳教育改革的航向，涉及千秋大业，关乎千家万户。只有充分尊重教育规律，让教育回归本源，"为党育人、为国育才"的根本目标才能真正实现。

为何出现不会写消息的新闻学博士？

华中科技大学新闻与信息传播学院博士生导师赵振宇教授说："新闻学博士连最常见最简短的消息、通讯、言论都不会写，我认为是不合格的毕业生，至少我会在论文答辩时提出质疑。"

新闻学硕士生或博士生在毕业前没有发表过一篇新闻作品，并非个例。关于新闻学博士要不要会写消息，很多人感到难以回答。倘若博士是搞研究的，那么，不会写消息好像也没太大关系。但是，新闻学博士与其他博士不同，因为新闻绝不是研究出来的。

当前的新闻教育，为何会培养出不会写消息的新闻学博士呢？

一是因为新闻学的考试相对容易。很多报考新闻学、传播学硕士或博士研究生的人都认为，新闻学、传播学专业考试就那几本书，万变不离其宗，没有管理学高深、没有文学面广、没有法学专业，因此，跨专业报考新闻学的人数远远超过新闻学专业自身的报考人数。

二是因为新闻教育的理念陈旧。很多教育机构把新闻学或传播学硕士和博士教育定位于研究型人才，只强调论文，而忽视新闻业务方面的训练。不少新闻学博士从其他专业跨考过来，连"报眼""头条""倒头条"等新闻常识都知之甚少。

三是因为新闻教学人才本身的素质参差不齐。数据显示，2003年，我国新闻传播学的教育机构不到200个，2004年增长到400个，2005年已达到661个。《中国新闻传播学年鉴2023》最新统计数据显示，截至2023年，全国有637所高校开设新闻传播学专业，覆盖编辑出版学、传播学、广播电视新闻学、广告学、网络与新媒体、新闻学、数字出版七大新闻传播类本科专业，专业布点在全国共计1073

个。全国高校新闻传播学专业在校本科生超过 14 万人，专职教师 6900 余名。随着新闻传播教育机构的强势铺开，教师紧缺现象十分严重，一些文科类的硕士、博士纷纷走向新闻教学岗位，甚至一些中文、哲学、管理学教授，摇身一变成为新闻传播学教授。这些人中很多没有媒体从业经历，甚至有人的新闻专业知识近乎空白。于是，一个不懂新闻业务的教师，居然能大讲采写编评；一个没有媒体经历的教师，能大话媒介文化与经营管理……

其实，"一些新闻学博士不会写消息"的问题，是当前新闻学教育乃至整个教育系统中存在的共性问题。类似的还有计算机专业的博士不会写程序、医学博士不会治疗感冒、心理学博士不会进行心理咨询……

当前，一些管理者包括跨国企业管理者对博士存在较大的偏见和误解，这不仅是博士的悲哀，更是博士教育的悲哀。为此，人们不禁责问：中国的博士教育到底怎么了？

回归"育人"初心
守望"育才"未来

教育发展是改革开放的风向标，改革开放是教育发展的助推器。1977年恢复高考拉开了中国当代教育改革的序幕。以恢复高考为重要标志，数千年传承下来的教育尊严得以维护，全社会尊师重教的优良风气得以弘扬，全民族压抑已久的学习热情得以迸发，包括湖北教育事业在内的中国教育事业获得了阳光和雨露的滋养，开启了改革新纪元，踏上了历史新征程。

改革开放40多年来，湖北从教育弱省发展成为教育大省、教育强省，科教优势已成为湖北的最大优势和根本优势。这与湖北省委、省政府坚持把教育放在优先发展的战略地位密不可分。与此同时，教育事业的全面发展，也为新时代湖北高质量发展提供了强有力的人才保障和智力支撑。

让人备感振奋的是，湖北教育在一些重点领域和关键环节的改革方面取得了重大突破。比如，高等教育的"五个思政"（即队伍思政、课程思政、项目思政、文化思政、评价思政）工作，得到中央和省领导批示肯定；乡村教师队伍建设的经验做法，得到中央深化改革领导小组简报推介；湖北作为全国教育信息化试点省份，顺利通过教育部现场验收；"留学湖北"行动计划成效显著。可以说，改革开放以来湖北教育的发展史，既是一部教育现代化的奋进史，也是一部加快建设教育强省的赶超史。

回望过去，展望未来，湖北教育从跟跑走向赶超的重要路径是聚焦目标、统筹布局、改革机制、创造经验。

第一，湖北教育在聚焦均衡优质目标中实现赶超。教育公平是最根本的公平。作为中部地区人口大省，湖北坚持把义务教育放在优先保障地位，把义务教育均衡发展作为省级重大工程，2017年湖北全域通过义务教育发展基本均衡督导检查。这标志着湖北义务教育正式从硬件建设阶段迈向内涵发展阶段，实现从均衡到优质的大跨越。

第二，湖北教育在统筹教育资源布局中实现赶超。近年来，湖北教育战线按照"加快发展学前教育，推进义务教育均衡，大力发展职业教育，促进高等教育内涵式发展"的基本思路，科学统筹教育资源布局，激励"优者从教"，保障"教者从优"，在缓解"入园难"、为中小学择校热"降温"、打通职业教育人才成长"立交桥"等方面做出了不懈努力，基本形成了以政府办学为主体、全社会积极参与、公办民办学校共同发展的良好局面。

第三，湖北教育在改革教育体制机制中实现赶超。改革开放初期，全省教育系统围绕"教育本质"开展了大讨论，以思想大解放推动教育初心回归。以2017年中共中央办公厅、国务院办公厅印发的《关于深化教育体制机制改革的意见》为指引，湖北不断深化教育领域综合改革，颁布了《湖北教育现代化2035》《新时代推进普通高中育人方式改革的实施意见》，推进全省教育治理体系和治理能力现代化，着力破解体制机制障碍，解决热点难点问题。

第四，湖北教育在创造本地经验做法中实现赶超。20世纪90年代以来，中国教育界在创新中国特色社会主义教育理论和实践方面迈出了坚实的步伐，涌现出情景教育、新基础教育、主体教育、新教育实验等一批教育改革实践模式。湖北本土教育的好经验和好做法如雨后春笋般生长，比如时任襄阳市教育局局长程敬荣的"成就最好自己"、华中师大一附中校长周鹏程的"关键能力培养"、武昌实验小学校长张基广的"新自然教育"、华中科技大学附属小学校长李晓艳的"批判性思维"、襄阳市时任恒大名都小学教育集团校长张德兰的"与世界一起奔跑"、时任襄阳市实验中学校长曾元忠的"唤醒教育"等都为改革开放以来的湖北教育发展留下了精彩的注脚。

回归"育人"初心、守望"育才"未来，是新时代湖北教育高质量发展的逻辑起点和当务之急。改革开放的第一个40年，湖北教育实现了从跟跑到赶超的伟大跨越；改革开放的下一个40年，湖北教育迫切需要实现从赶超到领跑的华美蝶变。

打造智库型媒体和媒体型智库

2019年11月，《新班主任》（当代学前教育）顺利复刊。这是我国学前教育界一件值得庆祝的事情。

自2006年创刊以来，《新班主任》（当代学前教育）始终坚持"在学前教育理论与实践之间搭建桥梁，为幼儿园教师提供展示和交流的平台"的办刊思路，努力为广大学前教育工作者提供有思想、有温度、有品质的精神食粮，着力打造高端权威学前教育智库。

教育媒体智库是中国特色新型智库建设的重要内容。然而，学前教育专业的新闻媒体和学术媒体较少，学前教育领域的信息和理论产品供给严重不足。当前，破解学前教育改革发展难题面临前所未有的复杂性和艰巨性，建设新型学前教育媒体智库正当其时。

国家学前教育新政策为学前教育改革发展指明了方向、提供了根本遵循。作为学前教育领域的知名学术媒体，《新班主任》（当代学前教育）理应充分发挥学前教育媒体智库功能，讲好学前教育故事，传播好学前教育声音，当好学前教育智囊，真正为学前教育提神鼓劲、把脉开方、领航助力。

第一，守稳主阵地，努力为学前教育提神鼓劲。教育媒体智库承担着引领社会舆论、凝聚社会共识、传递教育价值的时代重任。《新班主任》（当代学前教育）必须高起点规划、高标准建设学前教育媒体智库，高质量引进、高效能整合国内外学前教育专家学者资源，不断提高学前教育理论研究的思想力、引导力、影响力、公信力，守住意识形态主阵地，弘扬学前教育正能量，切实为推动学前教育深化改革、加快发展营造良好的舆论氛围。

第二，整合大智慧，努力为学前教育把脉开方。教育媒体智库的核心价值在于科研能力，核心竞争力在于整合智慧资源的能力。《新班主任》（当代学前教育）必须深度关注学前教育政策、学前教育改革、学前教育质量等热点、焦点、难点问题，以深刻鲜活的专业评论、专家访谈、专题研讨为学前教育把脉，以科学严谨的政策解读、理论思考、战略分析为学前教育开方，切实为学前教育改革发展提供科学、合理、有效的对策建议。

第三，把握新趋势，努力为学前教育领航助力。教育媒体智库的前瞻性和预见性是其生存发展的生命线。《新班主任》（当代学前教育）必须着眼于对学前教育改革发展的预测、预判，准确把握学前教育的发展现状，科学研判学前教育的发展趋势，持续创新学前教育的理论思考，勇敢地跑在行业趋势的前面，做广大学前教育工作者的"瞭望塔"和"导航仪"，切实为学前教育改革发展贡献更多具有前瞻性、预见性的思想产品和学术成果。

学前教育媒体智库的建设并非一朝一夕的事情，而是一项系统性工程，注定会经历一个漫长的过程。《新班主任》（当代学前教育）应坚持"围绕教育看教育，跳出教育看教育"的办刊方向，坚持"探究真理、引领改革、指导实践"的办刊目标，着力培养专家型记者和学者型编辑，全力打造智库型媒体和媒体型智库，用新时代学前教育的"奋进之笔"写出"得意之作"，真正为新时代学前教育事业发展添砖加瓦、献计献策。

让文化之光点亮校园

加强校园文化建设，营造良好育人环境，已成为广大教育工作者的基本共识。若想把校园文化建设推向一个新高度，我们必须深刻思考三个核心问题：文化的本质是什么？校园文化的本质是什么？中华优秀传统文化进校园的本质是什么？

自古以来，研究者对于文化的定义各有侧重。然而，大多数人对于文化本质的理解是趋同的，那就是文化的本质是意识形态，通俗而言，就是价值认同。基于此，笔者认为文化其实就是一种规范化的社会意识和集体灵魂。

首先，文化是世间万物的灵魂。世间万物如果没有文化，就只是单纯的物体；一旦有了文化，就有了灵魂。人更是如此。为此，广大党员干部需要经常开展触及灵魂的自我革命。文化不仅是一个民族的灵魂，也是世间万物的灵魂。

其次，文化是植入沃土的根脉。树高千尺，根深在沃土。文化之根扎得越深，发展之果才能结得越多。中国五千年苦难辉煌的文化底蕴，成就了中华民族一往无前的生生不息、朝气蓬勃。正如党的十九届六中全会通过的《中共中央关于党的百年奋斗重大成就和历史经验的决议》所指出的："文化自信是更基础、更广泛、更深厚的自信，是一个国家、一个民族发展中最基本、最深沉、最持久的力量，没有高度文化自信、没有文化繁荣兴盛就没有中华民族伟大复兴。"

最后，文化是激发斗志的源泉。历史反复证明，所有的革命都以文化为先锋，所有的创造都以文化为先导。现实生活中，一句句鲜活生动的文化口号，总能激发人们无穷的斗志。比如，爱立方自2019年开启"二次创业"新征程以来，每年都会总结提炼几句切合企业发展实际、源自员工内心的创业感言，并使其成为企业文化的重要基石，激发员工只争朝夕地去奋斗。

校园文化的本质是教育精神，教育精神的载体是校园文化。其一，校园文化是环境创设的展示。教育即环境，环境即教育。在校园里，教书育人需要营造一种与家庭、社会不同的清新环境，而环境创设可以形成直观、有效的育人氛围。校园文化往往通过环境创设鲜活生动地展示出来，并时刻提醒广大师生遵纪律、守道德、行规范、扬善美。其二，校园文化是办学精神的弘扬。校园文化建设的根本目标就是让办学精神贯穿学校发展的全过程，让人文情怀浸润校园的每一个角落，真正以文化之光点亮校园。其三，校园文化是规范管理的彰显。学校是一个小社会，学校的高效规范运行必须依靠制度保障。只有文化建设与制度管理双管齐下，学校发展才能行稳致远、厚积薄发。

中华优秀传统文化进校园的本质是道德示范。中华优秀传统文化进校园，既是为了引导广大青少年扣好人生第一粒扣子，也是为了推动广大学校和园所成为全社会的道德传承高地，还是为了创新德育教育模式、补齐素质教育短板。

文以载道、化雨春风，这是文化的本质内涵，也是文化的价值追求。对于青少年而言，没有科学素养，可能走不快；没有人文素养，可能走不远；没有艺术素养，可能走得不幸福。学校只有始终坚持根植于文化、崇尚科技、标新于艺术，才能引领教育新未来。

境界是一种力量

何谓境界？境界就是人的思想觉悟和精神修养。毛主席在《纪念白求恩》一文中写道："我们大家要学习他毫无自私自利之心的精神。从这点出发，就可以变为大有利于人民的人。一个人能力有大小，但只要有这点精神，就是一个高尚的人，一个纯粹的人，一个有道德的人，一个脱离了低级趣味的人，一个有益于人民的人。"从根本上讲，白求恩是一个有境界的人。对于人民教师而言，境界主要体现在以下三个方面。

第一，既要教书，更要读书。通常教师教授的是知识，读的是文化。在知识爆炸时代，教师要养成"想读书、爱读书、读好书、读懂书"的良好习惯。国学大师王国维先生提出的"读书三境界"值得我们学习借鉴：第一种境界"昨夜西风凋碧树，独上高楼，望尽天涯路"，强调博览；第二种境界"衣带渐宽终不悔，为伊消得人憔悴"，强调思考；第三种境界"众里寻他千百度，蓦然回首，那人却在，灯火阑珊处"，强调体悟。只有将博览、思考、体悟相结合，教育工作者的读书与教书才会为教育事业的高质量发展提供无穷动力。

第二，既要育人，更要立人。对于教育而言，育人只是手段，立人才是目的。学生是学校的名片，教师是学校的品牌。立人就是铸就人、造就人、成就人，这不仅是立学生，也是立教师。育人、立人都要从身边做起，从娃娃抓起。已故的中国科学院院士、中国外科医学奠基人、同济医学院创始人裘法祖先生有这样一个座右铭——"做人要知足，做事要知不足，做学问要不知足"。这也算是立人的三种境界：第一种境界"做人要知足"，强调做人知足才能常乐；第二种境界"做事要知不足",强调做事知不足才能持续改进;第三种境界"做学问要不知足",强调做学问不知足才能不断超越。只有以平常心做人、以进取心做事,我们才能保持勤奋好学的习惯和超越自我的激情。

第三,既要好学,更要治学。好学是一种态度,治学是一种素质。教师只有自身好学、严于治学,才能真正做到教书育人、以文化人。我们在《论语》中可以看到"治学的三种境界":第一种境界"学而时习之,不亦说乎",强调温习;第二种境界"有朋自远方来,不亦乐乎",强调交流;第三种境界"人不知而不愠,不亦君子乎",强调修养。作为人类灵魂的工程师,我们教师队伍要在好学中治好学,要在治学中保持勤奋好学的习惯和激情。

不论是教书、育人、好学,还是读书、立人、治学,我们都需要有一种平常又不平凡、平静又不平淡的理想主义境界。我们的课文中有一些关于生命的故事,比如撒哈拉沙漠中,母骆驼为了让即将渴死的小骆驼喝到够不着的水潭里的水,毅然纵身跳进水潭,提高水位,让小骆驼获得生存机会;再如老羚羊为了使小羚羊逃生而一个接着一个跳向悬崖,使小羚羊在即将下坠的刹那以老羚羊的身躯为跳板跳到对面的山头。它们让我们深切地感受到生命无法承受之重。那些超越生命的价值追求,总能让人们感慨万分、泪流满面。

人可以伟大,也可以渺小,关键在于道德境界的坚守程度。有的人在一天天的平凡中坚守,最后走上道德高地,赢得尊重和敬仰,在关键时刻展现出伟大的人性之光;有的人在一点点的迷失中沉沦,最终一溃千里,甚至沦为阶下囚。恪守道德底线,坚持职业操守,应成为广大教育工作者永恒的境界追求。

在当今这个纷繁喧闹的世界,倘若我们能让自己拥有专属的高境界,是一种莫大的幸福。从现在起,努力做一个有境界的人,我们就一定能够分享快乐、收获幸福。

朝着人民满意的方向阔步前进

兴国必兴教，兴教必重师。党的十九大报告明确指出："加快教育现代化，办好人民满意的教育。"2018年1月20日，中共中央、国务院发布中华人民共和国成立以来最高规格的专门规划教师队伍建设的政策文件《关于全面深化新时代教师队伍建设改革的意见》，为实现新时代教育强国目标留下了历史的注脚。

百年大计，教育为本；教育大计，教师为本。为谁培养人、培养什么样的人、如何培养人，是时代交给教育系统的答卷，而教师就是时代的答卷人。

从国家长远发展的角度看，要想变人口大国为人才大国、变人口负担为人才优势，没有一流的教师队伍，一切都是空谈。

从教育改革创新的角度看，促进教育均衡优质发展、推进教育供给侧改革，培养一支主动思考、积极顺应新时代教育变革的高素质教师队伍恰逢其时。

从学生成长成才的角度看，青少年学生是祖国的未来和希望，培养新时代的建设者和接班人是百年大计、千秋大业。教师就是青少年学生锤炼品格、学习知识、创新思维、奉献祖国的引路人。

全面深化新时代教师队伍建设改革的终极目标，就是引导广大教师朝着人民满意的方向阔步前进，做有理想信念、有道德情操、有扎实学识、有仁爱之心的教师。

朝着人民满意的方向阔步前进，既要做到均衡公平，更要做到优质高效。好的教育不仅是符合人性、适合学生的教育，也是顺应时代、推动发展的教育。均衡公平是优质高效的前提，优质高效是均衡公平的目标。实现均衡公平与优质高效的有机统一，当务之急是振兴乡村教育，补齐乡村教师短板，大力培养坚定乡村志向、融入乡村生活、造福乡村人民的本土化、专业化、现代化教师队伍，彻底改变乡村教师"下不去、留不住、教不好"的不良现状。

朝着人民满意的方向阔步前进，既要做到教者从优，更要做到优者从教。改革开放初期，随着高考的恢复，社会上知识的巨大需求让教师成为当时中国社会最令人羡慕的职业，广大优秀青年人才争相报考师范、争当人民教师，不仅提供了夯实基础教育的人才支撑，也书写了一段教者从优与优者从教良性互动的历史佳话。

朝着人民满意的方向阔步前进，既要做到学高为师，更要做到身正为范。著名哲学家雅斯贝尔斯在《什么是教育》中写道："教育的本质意味着，一棵树摇动一棵树，一朵云推动一朵云，一个灵魂唤醒一个灵魂。"师德是教师的灵魂，以德立身、以德立学、以德施教是教师的使命所系、职责所在。好教师不仅有较高的学识，更有较高的道德标准、高尚的人格。

我们欣喜地看到，国家在培育新时代高素质教师队伍方面推出了一系列务实举措，比如：通过免费师范生政策和特岗计划，有效填补乡村教师短缺；实施"国培计划"，进一步提高教师队伍的整体素质；完善职称评审制度，进一步拓宽教师职业发展通道，激发广大教师长期从教、终身从教的热情。

优秀人才争相从教、安心从教、热心从教、舒心从教、静心从教成为常态，教师成为最受社会尊重的职业，不正是一个东方大国数千年来对尊师重教、尊贤重才优良传统最好的传承与弘扬吗？

让教育受尊重　让教师有尊严

国家大计，教育为本；民族振兴，教育先行。党的十九大报告明确指出："建设教育强国是中华民族伟大复兴的基础工程，必须把教育事业放在优先位置，加快教育现代化，办好人民满意的教育。"这为新时代的教育事业发展指明了方向、提供了遵循。

在新时代"优先发展教育事业"的总体框架下，"建设教育强国"是目标，"加快教育现代化"是路径，"办好人民满意的教育"是标准。实现"教育强国"这个宏伟愿景的出发点与落脚点就是培养德智体美劳全面发展的社会主义建设者和接班人。

2017年11月15日，湖北省教育科学研究院与湖北长江报刊传媒集团共同组织，联合全省17个地市州教育科研部门共同组成的协同创新研究机构——中小学生发展核心素养研究中心正式揭牌运营，为全省学生发展核心素养搭建了平台、提供了阵地、创造了机会、拓展了空间。在我看来，发展核心素养、办好人民满意的教育，最重要的前提条件是让教育受尊重、让教师有尊严。简言之，就是让尊师重教蔚然成风。

《荀子·大略》中写道："国将兴，必贵师而重傅，贵师而重傅，则法度存。"这句话的意思是：国家想要兴盛，必须尊师重教；只有尊师重教，国家的法度才能得以保存。荀子一直认为教师的作用与君王的作用同等重要，并强调人有师表、国有师范的重要性。教师不仅起到传播知识、释疑解惑的作用，还起到教化育人、为人榜样的作用。发展教育事业，不仅能提高人的知识水平和道德水平，还能促进科技进步、生产发展、人民安居乐业。正因如此，尊师重教历来都被贤明的领导者重视。

尊师重教始于立德树人，终于人民满意。教师被誉为"太阳底下最光辉的职业"，与记者、医生一道，代表着社会的基本良心。什么都可以坏，但良心不能坏。教师必须始终保持一种高尚、博爱、专业、职业的境界，时时、事事、处处严格要求自己，为学生和社会树榜样、立标杆，真正以高尚人格赢得社会尊重，以专业素养获得职业尊严。

2017年11月20日，习近平总书记主持召开的十九届中央全面深化改革领导小组第一次会议审议通过《全面深化新时代教师队伍建设改革的意见》。会议强调，要全面提升教师素质能力，深入推进教师管理体制机制改革，形成优秀人才争相从教、教师人人尽展其才、好教师不断涌现的良好局面。这为教师队伍全面走向专业化和职业化，为全社会营造尊师重教的浓厚氛围提供了千载难逢的机遇。

马丁·路德·金曾说：一个国家的繁荣，不取决于它的国库之殷实，不取决于它的城堡之坚固，也不取决于它的公共设施之华丽；而取决于它的公民的文明素养，即在于人民所受的教育、人民的远见卓识和品格的高下。这才是真正的利害所在、真正的力量所在。可见，教育成就文明，文明催生力量。从一定意义上讲，学生是教师的名片，教师是学校的品牌。当教育事业受尊重、教师职业有尊严时，人民会更有信仰，民族会更有希望，国家会更有力量。

成全幸福教师　成就幸福教育

　　幸福是人类的追求，也是教育的需求。教育的根本任务是立德树人，教育的奋斗目标是办好人民满意的教育。回望教育的产生、发展和改革历程，我们不难发现这样一个规律：教育的根本价值以成就人为出发点和落脚点，关注受教育者的幸福，培养受教育者获得幸福的能力，最终成就受教育者的幸福人生和幸福社会。正如苏联著名教育实践家和教育理论家苏霍姆林斯基所说的：理想的教育是培养真正的人，让每一个人都能幸福地度过一生，这就是教育应该追求的恒久性、终极性价值。

　　教育是让人充满幸福感的事业。2018年教师节前夕，为了进一步加强湖北师德师风建设，引导广大教师增强教书育人的荣誉感和责任感，湖北省教育厅支持开展了2018"寻访荆楚好老师"大型公益活动颁奖典礼，对全省30位"荆楚好老师"进行表彰和推介。这些"荆楚好老师"正是幸福教师的代表、幸福教育的典范。

　　美好人生源自美好教育。人的幸福观和幸福能力的形成与幸福教育密不可分。站在全面建设社会主义现代化国家的历史关口，每一个人的命运或许不同，但教育在一定程度上给人们提供了一次改变命运的相对公平和均等的机会。作为教育之本，教师的状态直接影响教育的状态，教师的质量直接影响教育的质量，教师的未来直接影响教育的未来。

　　幸福教师成就幸福教育，幸福教育涵养幸福教师。只有幸福的教师，才能创造幸福的教育；只有为学生提供幸福的教育，教师才能享受教育的幸福感。

　　教师的幸福感从何而来？毫无疑问，它来自传道授业解惑的职业认同感，来自将幸福播进学生心田的职业成就感。可见，教师的幸福要靠自身去创造、去体验、去传递。

教师的劳动具有很强的自主性、创造性、复杂性、效果滞后性，教师职业的崇高性又会让社会民众普遍对其产生极高的期待。基于此，广大教师内心深处对尊重的渴望十分强烈，对职业的认同更加迫切。

近年来，从"尊重知识、尊重人才"到"科教兴国"，再到"加快推进教育现代化、建设教育强国、办好人民满意的教育"，党和国家对教育的重视程度一以贯之，人民教师的社会地位、职业声誉和幸福感大幅提升，但离幸福教育还有较大的差距。不少家庭"害怕孩子输在起跑线上""望子成龙、望女成凤"，过分关注考试分数，过分渴求优质教育，不经意间把对孩子的期望和压力迁移到教师身上，甚至对教师这个职业缺乏应有的尊重和认同。

《孔子家语·六本》有言："与善人居，如入芝兰之室，久而不闻其香，即与之化矣；与不善人居，如入鲍鱼之肆，久而不闻其臭，亦与之化矣。"一个散发着幸福气息的教师能够营造教学相长的良好氛围，让孩子们得到幸福的滋养；一个充满怨气的教师，一定会让孩子们望而生畏、畏而生厌，甚至会把对教师个人的反感演变为对学习的厌恶、对社会的不满。长此以往，教育的悲哀不言而喻。

培养幸福教师，是成就幸福教育的基石，应该贯穿教育现代化的全过程。全社会要积极行动起来，对教育规律多一分敬畏和尊重，对教师职业多一分理解和宽容，对教师群体多一分关爱和支持，创造一切可以创造的条件，调动一切可以调动的资源，成全幸福教师，成就幸福教育。

教育名家是教育振兴的时代坐标

教师是立教之本、兴教之源。自古以来,荆楚大地便有尊贤重才、崇文尚教的优良传统。走进新时代,建设教育强省,加快湖北教育现代化,办好人民满意的教育,必须建设一支师德高尚、业务精湛、结构合理、充满活力的高素质专业化教师队伍,培养一大批有理想信念、有道德情操、有扎实学识、有仁爱之心的好教师。

教师队伍是教育事业发展的第一资源,教育名家是教师队伍成长的第一品牌。越是追求教育高质量发展的时代,越是迫切呼唤教育名家的诞生。

2018年5月,32位荆楚教育名家从4000多名"楚天中小学教师校长卓越工程"培养对象中脱颖而出,成为全省48万余名中小学教师、校长的杰出代表。荆楚教育名家的诞生,是全面深化湖北教育改革的必然结果,也是加快推进"科教强省"战略的必然选择,更是全面推动新时代教育振兴的时代坐标。

第一,教育名家是新时代教育精神的时代坐标。我国著名教育家张伯苓说过:作为一个教育者,我们不仅要教会学生知识,教会学生锻炼身体,更重要的是要教会学生如何做人。当前,全国上下积极倡导教育家办学的出发点和落脚点就是鼓励更多热爱教育的人投身教育、擅长教育的人服务教育、懂教育的人办教育,真正促使广大教育工作者热爱教育事业、遵循教育规律、回归教育初心、尊重教育个体。时任襄阳市恒大名都小学校长张德兰曾担任襄阳传统名校襄阳市荆州街小学校长多年,她仅用几年时间便把新创办的襄阳市恒大名都小学打造成新兴名校。张德兰说过:教育工作者不能被别人的看法牵着鼻子走,要坚守教育的本心;所有的坚持都是为了一起奔跑，而最终都会赢得理解与支持。这不正是教育家办学的精神写照吗？

第二，教育名家是新时代教育理念的时代坐标。德国著名教育家第斯多惠说过：一个低水平的教师，只是向学生奉献真理，而一个优秀的教师是让学生自己去发现真理。教育理念是引领教育改革创新的"金钥匙"。武昌实验小学校长张基广一直践行"让孩子们自然地生长在我们的土地上"的"新自然教育"理念，倡导"尊崇三性"（顺应天性、尊重个性、发展社会性）教育观，实现"扎根中国大地"的"中国心"教育目标。张基广认为，教育就像一片原始森林，教育工作者要做麦田的守望者，探索新自然教育。这不正是教育家办学的理念创新吗？

第三，教育名家是新时代教育实践的时代坐标。捷克著名教育家夸美纽斯说过：教师应该用一切可能的方式，把孩子们求知与求学的欲望激发起来。近年来，湖北省黄冈中学一直在头顶历史光环与承载过高期待中负重前行。该校校长何兰田始终坚持问题导向，强化系统思维，大力发展素质教育，创造条件开展丰富多样的选修课，帮助学生开阔视野，促进学生全面而有个性地发展，最终让这所百年老校凤凰涅槃、朝气蓬勃。何兰田认为，上一代人考大学主要靠分数，现在社会对人才的要求高多了，仅有分数是不够的，更重要的是态度、能力、方法和干事的本领。这不正是教育家办学的实践典范吗？

培养教育名家，既是一项系统工程，也是一个复杂生态；成为教育名家，既需要自身努力，也需要外界支持。加快推进新时代教育振兴，必须大力培养一批本地著名、全省闻名、全国知名的教育名家，着力把教育名家打造为教育生态的精神高地，不断提升广大教师的职业获得感，真正让教育受尊重、让教师有尊严。

在站好三尺讲台中享受职业成就感

对于教师而言，讲台就是舞台，课堂就是殿堂。站好三尺讲台，是人民教师的天职。

让人遗憾的是，近些年来，很多教师以科研压力大、管理任务重、健康状况差为由，远离或放弃了三尺讲台。特别是一些知名专家、学者、教授很少走进本科生或中小学生的课堂。这也引发了社会民众对教育教学改革的疑虑与反思。

让人欣慰的是，全社会激励广大教师站好三尺讲台的努力从未停止。2019年1月13日，2018"马云乡村教师奖"颁奖典礼在海南三亚举行。湖北省有1名乡村学校校长和4名乡村教师获此殊荣。其中，25岁的丹江口市龙山镇彭家沟小学教师蔡明镜，是2018"马云乡村教师奖"最年轻的获奖者。蔡明镜自小在城市长大，却选择把青春奉献给乡村学校的三尺讲台。在教师力量不足的乡村小学，多才多艺的她一人身兼数职，把课文变成剧本，把讲台变成舞台，深受孩子喜爱。

乡村教育的三尺讲台需要鼓励和支持，高等教育的三尺讲台同样需要引导和激励。近年来，华中科技大学深化课堂改革，鼓励广大教师将主要精力倾注于本科教学，认真站好三尺讲台。该校一大批高层次人才、知名专家学者发挥带头作用，积极站上讲台为本科生上课。比如：中国工程院院士程时杰一直坚持给新生讲授"电气工程导论"研讨课，中国科学院院士陈孝平坚持为本科生讲授"外科学"总论，国家"万人计划"教学名师余龙江率先开展"翻转课堂"教学方式实践，马克思主义学院院长黄岭峻率领十几位优秀教师联手打造"爆款"思想政治教育公选课"深度中国"。如今，这些名师课堂已成为深受学生好评的教学品牌，赢得社会一片赞扬。

自古以来，优秀的教育工作者既要有坐好"冷板凳"的信念和意志，也要有站好三尺讲台的理想与追求。毕竟三尺讲台是教师传道授业解惑的主阵地。想要广大教师专心、安心、尽心地站好三尺讲台，就必须让他们在站好三尺讲台中享有职业成就感。

第一，职业成就感来自站好三尺讲台带来的职业尊严。我们要努力建立科学规范的考核评价体系，提高教师的福利待遇和生活保障，切实让高素质、专业化的年轻教师拥有合理的价值回报。

第二，职业成就感来自站好三尺讲台带来的职业评价。我们要努力完善高水平教学成果奖励机制，给予那些潜心于三尺讲台、教学成果突出、深受学生爱戴、获得广泛认可的一线教师公正的职业认同和适当的物质与精神奖励。

第三，职业成就感来自站好三尺讲台带来的职业成长。我们要努力拓宽教师的职业成长通道，把教学放在更加突出的位置，为教师的职业成长搭建平台、创造环境，真正让站好三尺讲台的教师拥有更多晋升的机会。

第四，职业成就感来自站好三尺讲台带来的职业幸福。我们要努力营造尊师重教、尊贤重才的氛围，既要让教师成为人人羡慕的职业，更要让广大教师在站好三尺讲台中享受喜悦与幸福，自觉成为教育事业发展的追梦人和守望者。

站好三尺讲台是教师保持职业操守、弘扬职业精神的力量源泉。只有教师有成就，教育才会成功。全社会应积极行动起来，努力为站好三尺讲台的教师提供成长的沃土，注入充足的养分。

让智慧成为幼教工作者的人生底色

对于一部法律而言，底线最重要；对于一场牌局而言，底牌最重要；对于一幅图画而言，底色最重要。其实，人生如画，创作之初选择什么样的底色，直接决定了这幅画的基本格调与风格定位。

给人生涂上什么样的底色，怎样给人生打好底色，如何让人生的底色更加亮丽，是值得每一个人思考的人生课题。对于广大幼教工作者而言，这些思考显得更为重要。

幼儿教育是基础教育之基础，也是教育短板之短板。改变我国幼儿教育的现状，迫切需要广大幼教工作者不断提升素质、增强本领，给人生打好智慧的底色。

第一，打好智慧底色，必须扣好第一粒扣子。人生的道路虽然漫长，但关键的只有那么几步，而最关键的就是走好第一步。"万事开头难""基础不牢、地动山摇"等突出的就是"走好第一步"的重要性。打牢了地基，万丈高楼才能平地起；定好了标准，大小事才能有评价的标尺；明确了方向，路途就不怕遥远。人生是多元的，世界是多样的，关键是要选择正确的人生道路。只有扣好了人生的第一粒扣子，才能实现一段完美的人生旅程。

第二，打好智慧底色，必须树立远大的目标。目标是人生的航向，目标远大才会成就伟大。我听过这样一个故事——一座山脚下准备建一个教堂，有三个石匠在干活。一天，有人走过去问他们在干什么。第一个石匠说："我在做养家糊口的事，混口饭吃。"第二个石匠一边敲打石块一边说："我在做世界上最好的石匠工作。"第三个石匠眼中带着想象的光辉，仰望天空说："我在建造一座伟大的教堂。"三个石匠的回答道出了三种不同的目标追求。第一个石匠是短期目标导向，只考虑自己的生理需求，没有远大的理想抱负；第二个石匠是职业思维导向，只考虑自己的本职工作，很少考虑组织的需要；第三个石匠是管理思维导向，注重个人目标与组织目标的协调统一，往往能充分发挥自身潜能，成就一番事业。

  第三，打好智慧底色，必须培养良好的习惯。人民教育家陶行知认为教育就是帮助人养成良好的习惯。生活即教育，社会即学校。幼儿教育最重要的目标就是培养孩子的逻辑思维和良好习惯。英国著名作家笛福在《鲁滨逊漂流记》中讲述了这样一个故事：鲁滨逊靠着那艘触礁的破船所遗留下来的东西，凭借智慧和毅力在无名岛上度过了28年。这种永不言败、不向命运低头的奋斗精神，无疑是一种长期培养而成的行为习惯，时刻提醒着人们生命不息、奋斗不止。良好的学习习惯、工作习惯、行为习惯，是人生智慧的另一种精彩呈现。

  第四，打好智慧底色，必须培育健全的人格。育德于心，成德于行。德育的本质就是塑造健全的人格。美国出版家阿尔伯特·哈伯德的《致加西亚的信》之所以能够风靡全球，最重要的原因是故事中的罗文中尉克服千难万险把一封军事机密信件送到古巴起义军首领加西亚将军手里，彰显了忠诚、敬业、勤奋、自信的高贵品格。教育无小事，事事即教育。孩子如同一张白纸，可塑性很强。如果能通过学习、生活中的点点滴滴，帮助孩子科学理性地认识世界，教他们学会生活、学会学习，懂得感恩、懂得宽容，培育健全的人格体系，孩子这张白纸一定能呈现最美的图画。

  新时代呼唤新幼教，新幼教在新时代绽放。每一位幼教工作者都应该大力弘扬"游戏学习、智慧成长"的教育理念，努力让孩子享受学习的快乐，让教师享受职业的幸福，让家长享受孩子的成长，让社会享受教育的文明，让园所成为孩子打好人生智慧底色的最佳空间。

让幼儿教师的专业成长没有边界

哲学大师冯友兰把做人分为四种境界，即自然境界、功利境界、道德境界、天地境界。自然境界就是顺着人的本能或社会风俗习惯做事；功利境界就是在不损害他人利益的前提下为自己做事；道德境界就是严格遵守道德准则，愿意为社会利益做事；天地境界就是坚守初心和本心，愿意为人类利益做事。可见，道德境界属于崇高的人生境界，而天地境界是最高的人生境界。

教师职业之所以崇高，就在于它符合"无我忘我"的道德境界和天地境界。教师职业之所以受人尊重，就在于它融知识的传授、智慧的交流、灵魂的对话、生命的呼唤于一体。

幼儿园的教育教学实践表明，高质量的幼儿教育不仅需要先进的硬件设施，更需要强大的幼儿教师团队。幼儿教师的专业素养在促进幼儿的全面发展和智慧成长过程中发挥着举足轻重的作用。

1966年，联合国教科文组织和国际劳工组织在《关于教师地位的建议》中对教师专业化做出了明确界定："应把教育工作视为专门的职业，这种职业要求教师经过严格的、持续的学习，获得并保持专门的知识和特别的技术。"

幼儿教师的专业素养往往是在持续的学习、思考、交流、碰撞和丰富的教学、科研实践中积累而成的。对于一名幼儿教师而言，最大的恐慌是智力智慧供给的不足，最大的落后是精神财富储备的懈怠。

我国《幼儿园教育指导纲要（试行）》明确要求，"教师应成为幼儿学习活动的支持者、合作者、引导者"，"善于发现幼儿感兴趣的事物、游戏和偶发事件中所隐含的教育价值，把握时机，积极引导"，"关注幼儿在活动中的表现和反应，敏感地察觉他们的需要，及时以适当的方式应答，形成合作探究式的师生互动"，"尊重幼儿在发展水平、能力、经验、学习方式等方面的个体差异，因人施教，努力使每一个幼儿都能获得满足和成功"。

从本质上看，这些要求就是鞭策广大幼儿教师对自己的教育对象从"高高站立"转到"俯下身子"，以平视的角度走进幼儿的内心世界，陪伴幼儿智慧成长，真正把自身的专业成长与幼儿的全面发展紧密联系在一起。

一个人没有想法不可怕，可怕的是明明想法很多，却不为想法去学习、去实践、去努力、去坚持。幼儿教师既要有专业研究的想法和独立思考的能力，也要积极运用科学前瞻的学前教育理论积极破解教育实践中的各种难题，切实以幼儿全面发展成果检验教育教学成效。

有幼教专家这样总结幼儿教师职业成长需要经历的四个阶段：第一阶段是为本专业生涯的生存而适应的阶段；第二阶段是具备了适应本专业能力的阶段；第三阶段是开始厌倦与儿童一起重复做同样事情的阶段；第四阶段是本专业的相对成熟阶段。简言之，从生存立足到逐渐适应，再到克服职业厌倦，从而走向相对成熟，是大多数幼儿教师都会经历的职业成长轨迹。因此，幼儿教师唯有以永不停歇的专业成长赢得社会尊重，才能在传道授业解惑中实现自身的人生价值。

人的生命有两条，一条是自然生命，靠子女去延续；另一条是思想生命或精神生命，靠学生、徒弟、同事或后来人去延续。通常，人的思想生命或精神生命比自然生命更长，因为思想生命或精神生命能够超越生命本身的价值。

新时代的幼儿教师要摒弃浮躁心态，大兴学习之风，弘扬实干之劲，立足自己的专业终身学习，立足幼儿的全面发展甘当人梯，坚持常学常思、常学常新、常学常用、常学常进，做到以学解惑、以学正心、以学明智、以学力行，做有思想的幼师，办有情怀的幼教，努力让自己的专业成长没有边界，让自己的思想生命或精神生命永续传承。

教育振兴为乡村振兴提供活水源泉

党的十九大报告首次提出"乡村振兴",正式把乡村振兴上升到国家战略层面。随后,中央农村工作会议明确了乡村振兴战略的时间表,2018年中央"一号文件"《中共中央 国务院关于实施乡村振兴战略的意见》描绘了乡村振兴战略的路线图。

如何让党中央的政策部署落地生根,让中央的农业政策惠及广大农民,让"一号文件"变为"一号行动",是民之所向、政之所求。

中央提出"乡村振兴",主要是基于改变新时代"三农"工作在全面建成小康社会全局中处于短板、弱项地位做出的战略性思考。乡村振兴的关键在于产业,产业发展的保障在于人才,人才培育的根本在于教育。实现乡村振兴,必须改变产业资源、人才资源、教育资源从农村向城市加速流动的格局,着力培养一大批懂农业、爱农村、爱农民的"三农"干部队伍,引进一大批志存高远、报效农村的创新创业人才,激活一大批具有发展潜质、致富潜能的农村专业技术能手。

前些年,部分农村地区不同程度地出现"学生大量流失、教师无心教、学校不断萎缩"的现象,引发学生上学难、教育成本增加、失学辍学等系列难题,不仅严重影响了乡村教育质量,也严重制约了乡村可持续发展。可以说,没有优质师资与生源做保证,培养乡村振兴人才就是一句空话。

首先,实现乡村振兴,必须加快推进优质教育资源朝着乡村正向流动。对照乡村教育的短板与弱项,各级党委、政府要尽快破除城乡二元结构,逐渐缩小城乡差距,着力解决乡村教育存在的优质教育资源紧缺、教育质量较低、人民群众满意度不高等普遍性问题,让优质教育为乡村振兴强筋壮骨。

其次，实现乡村振兴，必须加快推进优秀师资力量朝着乡村正向流动。优秀师资匮乏是乡村教育落后的重要原因。让人欣喜的是，许多地方为补齐乡村师资短板进行了不断且有成效的探索。2018年，武汉市出台《关于推进全市义务教育优质均衡发展体制机制改革工作的意见》，该意见明确提出，鼓励优秀校长到农村学校、薄弱学校任职任教并发挥示范带动作用；选派优秀的副校长或者中层干部到农村学校、薄弱学校担任校长或者副校长；教师到农村学校或薄弱学校任教1年以上，是申报高级教师、特级教师职称的必备条件。这为武汉地区缩小城乡之间、区域之间、校际教育差距，形成城乡义务教育一体化发展格局提供了制度保障。

最后，实现乡村振兴，必须加快推进优良社会风气朝着乡村正向流动。一些偏远的乡村虽然已经脱贫奔小康了，但"等靠要"思想依然根深蒂固，一些人依然持读书无用论，人情淡薄、不忠不孝等不良社会风气依然存在，给乡村全面振兴带来一定的现实困扰。唯有振兴乡村教育，方可提升广大农民的文化素质、思想认识和辨别能力，从而在根本上纯化社风、乡风、民风。

乡村富则国富，乡村强则国强，乡村美则国美。教育振兴是实现乡村富、强、美的硬支撑。推动乡村教育全面振兴，办好人民满意的教育，既是一项系统工程，也是一项民心工程，更是关乎人民福祉的长远大计，必将为乡村全面振兴提供活水源泉。

办好乡村学校是振兴乡村教育的第一步

城镇化进程加快引发农村人口向城市的大规模流动,给乡村教育发展带来严重冲击,特别是农村学龄人口流失严重、撤点并校等使得乡村学校的教育、文化和社会发展功能大大削弱。

针对乡村学校发展存在的现实问题,2018年5月,国务院办公厅印发《关于全面加强乡村小规模学校和乡镇寄宿制学校建设的指导意见》,为乡村教育振兴指明了方向、描绘了蓝图。这是一项利国利民、造福人民的战略工程。

乡村教育是广大农民群众最关心的也是最直接最现实的民生问题。曾几何时,乡村学校是乡村的文化中心,是农村传播知识、弘扬文化、推广科技、滋润灵魂的精神高地。让人忧虑的是,如今的乡村学校难以承载"塑美丽乡村建设之魂、架乡土文化交流之桥"的重要功能。

办好乡村学校是振兴乡村教育的关键一步,是落实乡村振兴战略、建设美丽中国的重要抓手。全社会要积极行动起来,真正把办好乡村学校置于乡村振兴、协调发展、城乡一体化的国家整体战略布局中加以考量和推动。

影响乡村学校办学水平的因素是多方面的,但关键因素是在软件方面,而不是硬件方面。办好乡村学校,必须以凝聚人心、完善人格、开发人力、培育人才、造福人民为工作目标,立足于培养德智体美劳全面发展的社会主义建设者和接班人,努力做到"五个科学"。

一是科学推进规划布局。乡村学校的规划布局应该广泛听取村民意见,充分尊重村民需求,实事求是、因地制宜,不能一刀切、一窝蜂，更不能只建寄宿制学校或只建小规模学校，要科学论证、民主决策，通过办好每一所乡村学校来办好乡村教育。

二是科学选拔优秀校长。乡村学校和人一样，无精神而不立，无眼光而不远。乡村学校的均衡优质发展，重点在师资，要领在校长。一个有精神、有长远眼光的校长一定会成就一所有品质、有文化的学校。教育部门和教育机构要为乡村学校科学选拔政治素质过硬、业务能力精湛、精神品格高尚的优秀校长，激励其带领教师团队探索一条适合乡村教育实际的新路子。

三是科学培育智慧教师。没有智慧的教师，就不会有智慧的学校。只有乡村教师都带着一种钻研的态度和敬业的精神去上每一堂课，带着奉献的心和仁慈的爱走近每一位学生，乡村教育才会有希望。当然，我们也不能苛求所有年轻教师一辈子扎根乡土，但只要每一个在乡村学校任教的教师都能对乡村教育充满感情，在乡村教师岗位上尽职尽责、贡献智慧，乡村学校的教学质量就会有保证。

四是科学构建优质课堂。乡村教师既要认真学习新课标的主要内容，又要结合自身实际形成教学特色，不能习惯于、满足于完成任务式的教学，而要深入推进"课堂革命"，真正把理想与责任贯穿备课、上课、听课、评课的全过程，努力与学生一起打造求知创新、升华思维的优质课堂。

五是科学培养出彩学生。乡村学校办得好不好，关键是看培养的学生出不出彩。由于大多数乡村学校信息闭塞、条件有限，所以乡村学校学生的见识有限，社会实践机会偏少，自信心与表现力不足。为此，乡村学校除了做好日常教学工作外，还要注重学生的心理健康和快乐成长，借助希望工程、教育扶贫、研学旅行等平台，努力为学生创造更多开阔视野、丰富实践的机会，引导他们培养健全人格，提升综合素质，创造出彩人生。

讲好教育故事
写好教育"奋进之笔"

奋进新时代，我们需要讲好包括历史故事、文化故事、行业故事、城市故事、品牌故事、典型故事等在内的多种中国故事。

奋进新征程，我们需要讲好包括教育典型故事、教育文化故事、教育品牌故事、教育振兴故事等在内的教育故事。

为了打造文化高地，武汉市打造了"一馆一道一歌一剧一节"文化品牌，努力讲好长江文明馆、人文绿道、《武汉之歌》、《武汉之恋》、斗鱼直播节的城市文化故事。其中，《武汉之恋》讲述了一批武汉大学杰出学子，以科技报国、民族振兴为己任，在改革开放大潮中人生起伏跌宕却矢志不渝，最终成为不同领域的开拓者、引领者，成就报效祖国、服务社会、奉献时代的人生理想的故事。

为了弘扬传统文化，襄阳市深入挖掘和传播"习母四学""襄阳十大核心智慧品牌故事""发生在襄阳的十大经典历史故事""与刘秀相关的十大成语故事"等，努力把"千古帝乡、智慧襄阳"的城市品牌传播得更远。特别是"习母四学"，习家池的主人——东汉襄阳侯习郁的母亲教育儿子学太阳自强不息、无私奉献，学大地厚德载物、无怨无悔，学大山顶天立地、无所畏惧，学大海乐纳百川、无限包容，成为新时代关于家风家教的好故事。

教育新闻是有态度的新闻，也是有故事的新闻。然而，不少基层通讯员在写作方面存在一些不容忽视的共性问题，比如：就材料写材料，就数据写数据；把道听途说当事实，凭想象写报道；追求"大而全、小而全"；行走在表扬与批评的极端；追求数量，不追求质量；一稿多用，换汤不换药。

基层教育新闻宣传通常陷入"四有四缺"的困境，即有数量缺质量，有广度缺深度，有"高原"缺"高峰"，有大节缺细节。换言之，就是品质化作品、专业化作品、品牌化作品、故事化作品严重供给不足。

写好教育"奋进之笔"的根本前提，就是守住教育意识形态阵地、教育话语表达阵地和教育形象塑造阵地。

当前，教育新闻舆论格局正在发生剧烈变革，守住教育阵地的要求日益迫切，压力更大。教育新闻舆论格局呈现四大鲜明特征：一是去中心化，即由单元、单一、单向变为多元、多样、多向；二是碎片化，即海量信息源分割了公共话语权；三是终端化，即"三微一端"主导社会舆论议程；四是社群化，即网络社群日趋活跃并影响舆情走势。

一直以来，《湖北教育》坚持在讲好教育故事、守好教育阵地方面不断创新探索，比如，其策划推出的"新自然教育的理想与实践——张基广和他的'教育村庄'"专刊和"十元钱 千分爱"教育实践活动，在社会各界产生了强烈反响。

好故事要有好品质、好品味、好品相、好品位，实现见人、见事、见物、见感情，并且达成共识、产生共鸣、形成共振。

要把故事讲出好品质，三观要正；要把故事讲出好品味，内容要实；要把故事讲出好品相，形式要新；要把故事讲出好品位，格调要高。对此，我有以下五点深刻体会：其一，信手拈来的淡定从容都是源于厚积薄发的文化沉淀；其二，好故事一定是源于人民、源于实践、源于真理的故事；其三，故事被读懂、易传播，根本在于人心相通；其四，品牌因故事而生动，故事因品牌而持久；其五，人人都是故事中的主角，人人都是讲故事的主角。

近年来，我在工作中梳理、总结、传播了"襄阳十大核心智慧品牌故事""襄阳尊贤重才的三次经典""诸葛亮成才的三位老师"等智慧文化故事，给广大受众留下了深刻的印象。同时，四川乐山全国优秀语文教师李镇西退休前的"最后一课"、华中科技大学思想政治课"深度中国"走红网络等，也为讲好教育故事塑造了成功样本。

讲好教育故事，需要技巧，更需要智慧。为此，教育故事的讲述者需要不断提升自身在文化、阅历、逻辑、传播等方面的素养：一是多读书，增强文化积淀；二是多体验，增强阅历积累；三是多思考，增强逻辑训练；四是多分享，增强传播技巧。

讲好教育故事是能力，更是智慧

党的十九大报告指出，"推进国际传播能力建设，讲好中国故事，展现真实、立体、全面的中国，提高国家文化软实力"。"讲好中国故事"成为时代赋予当代中国人的历史使命。

在信息爆炸的时代，只有真相是远远不够的，还需要充满正能量的故事。走心的故事比枯燥的道理和抽象的概念更能吸引人、感染人、影响人。

科学技术是第一生产力，故事有时也是一种生产力。当前社会存在这样一种社会现象：会讲故事的地方，往往有名、有利、有人气；不会讲故事的地方，往往无声、无息、无生机。对于一个地区、一个行业、一个单位而言，既要挖掘好故事，又要会讲故事、讲好故事。

2018年3月30日，由湖北长江报刊传媒集团主办的第一届湖北教育品牌传播论坛暨湖北教育媒体联盟成立大会在武汉成功举行，引发了社会各界的广泛关注与好评。会上，17家联盟单位向广大教育媒体人与教育工作者发布《讲好教育故事 写好奋进之笔》倡议书，倡议坚持教育宣传规律，守好教育阵地；坚持均衡优质理念，讲好教育故事；坚持服务大局宗旨，写好"奋进之笔"。

讲好教育故事需要技巧，更需要智慧。央视《经典咏流传》栏目播出的经典传唱人、支教老师梁俊与贵州大山学生合唱古诗《苔》的故事，感动了千千万万受众。"白日不到处，青春恰自来。苔花如米小，也学牡丹开。"这首清代诗人袁枚的作品，历经200多年的孤独，重新走进人们的视野，成为人们的精神养料。除了歌曲本身动听外，梁俊的支教故事更动人。2013年，在城市生活的梁俊，带着新婚的妻子来到位于贵州省乌蒙山区的石门坎学校支教。他弹着琴将古诗一首一首地教给孩子们。"唱古诗"既是孩子们快乐学习的方式，也是孩子们生活娱乐的手段。正如梁俊接受采访时所说的："自己是从山里出来的，不是最帅的那一个，也不是成绩最好的那一个，就像潮湿的角落里那些青苔，人们看不见，但是它们如果被显微镜放大出来，也像一朵一朵的花，很美。"

找到生命的价值，比我们的外表更重要。这是对原诗《苔》的精神升华，也彻底改变了人们对支教老师和支教生活的传统认知。原来，支教老师可以这样阳光向上，支教生活可以这样丰富多彩。这种故事对于构建与传播教育行业的良好形象起着事半功倍的作用，也必将激励更多的有志青年投身支教事业和乡村教育振兴的时代浪潮。

讲好教育故事，并非简单地为讲故事而讲故事，关键是解决好"讲什么故事"和"怎样讲好故事"两个问题。"讲什么故事"要求讲故事的人把握时代脉搏、关注发展大势，挖掘教育改革发展的主题故事，把办好人民满意的教育的生动故事传播出去。"怎样讲好故事"要求讲故事的人走基层、转作风、改文风，把基层的故事讲生动，把真实的故事讲鲜活，讲出好品质、好品味、好品相、好品位，真正做到见人、见事、见思想、见情感。

人人都是故事中的主角，人人都是讲故事的主角。近年来，不少地方教育部门和学校积极组织开展"十元钱 千分爱"主题实践活动，鼓励教师和学生用不超过十元钱的成本去做一件有意义的事，去发现最细微的感动，实现最美的心愿，呈现比"用钱"更重要的"用心"。"十元钱 千分爱"主题实践活动催生了许多感人至深的故事，并充分证明了一个道理：在这个充满温暖却又缺乏温情的社会，每个人既是爱的践行者和传播者，也是爱的受益者和涵养者，人们可以用有限的资源创造无限的感动。

传播好故事，奋进新时代。好故事一定是源于人民、源于实践、源于真理的故事。我们期待，越来越多的教育好故事能够成为照亮社会前行方向的心灵灯塔。

把教育故事讲到群众的心坎里

自古以来,教育有故事,教育出故事,教育创故事。教育的重要载体就是故事。人们接受教育的快捷高效模式往往就是听故事。一个好的故事可能改变一个孩子的一生,一个好的故事也可能影响一个时代。创作了三十几部长篇、上百部中短篇文学作品的中国作家协会原副主席、中国报告文学学会会长何建明接受采访时说:"我从事写作近40年,只做了一件事,那就是讲述中国故事。"

传统文化中的经典故事,是美丽的中国故事;当代中国人成长、奋斗、筑梦的时代故事,也是精彩的中国故事。讲好新时代的教育典型故事、教育文化故事、教育品牌故事、教育振兴故事,是广大教育工作者应该思考的时代课题,也是广大教育工作者承载的历史使命。

只有胸中有大义、心里有人民、肩上有责任、笔下有乾坤,我们才能讲好教育故事。若想把新时代的教育故事讲到群众的心坎里,就必须讲出文化味、哲理味、亲切味和实用味。

第一,立足于回归初心,把教育故事讲出文化味。教育的初心是立德树人,教育故事应该紧紧围绕立德树人这一根本任务进行创作和传播。央视推出的文艺节目《中国诗词大会》《朗读者》《经典咏流传》等之所以受到热捧,主要是因为人们迫切需要传统经典的滋养。身处当前盛世,我们理应打造超越前人的精品力作,创造比先人更灿烂的中华文明。文化复兴和教育振兴的新时代,为我们创作和传播教育故事提供了文化基因和丰富素材。

第二,立足于叙议结合,把教育故事讲出哲理味。讲好教育故事要立足于叙议结合,追求事与理的有机统一,真正把教育人、教育事背后的哲理与情怀讲出新意和生活气息。

第三，立足于喜闻乐见，把教育故事讲出亲切味。好故事从来都不追求"高大全"，而是源于真心、成于走心。讲好教育故事，必须走进教育工作者和受教育者的内心世界，让受众感同身受、产生共鸣。

第四，立足于守正出新，把教育故事讲出实用味。讲好教育故事的根本目标，就是传播教育好声音、传递教育正能量，把党和国家的教育路线、方针、政策传送到千家万户。教育故事的创作与传播，重在精准，要在实用，必须守正出新、笃行致远。只有把教育故事讲新、讲深、讲透，才能引导教师和学生听党话、感党恩、跟党走。

新时代中国教育的"奋进之笔"已经落笔有痕，全国教育战线正呈现百舸争流、万马奔腾的生动局面。伟大的教育事业等待我们去创造和传承，精彩的教育故事等待我们去创作和传播。这就要求广大教育工作者多一点定力、多一些情怀、多一分坚守。唯有如此，讲好教育故事的"得意之作"才会水到渠成、一气呵成。

党建让中小学心中有方向、行动有力量

中小学党组织是党的基层组织的重要组成部分，是党在教育战线中引领思想、推动工作、体现战斗力和先进性的基本"细胞"。这些"细胞"培养得好与坏，直接影响中小学的党建工作成效和办学教学水平。

为了更好地激活这些"细胞"，2016年6月，中央组织部、教育部党组联合印发《关于加强中小学校党的建设工作的意见》。随后，各地中小学的党建工作纷纷延伸半径、下移重心、深入实际，取得了显著的成效。比如：党建引领工程为教育改革把舵定向、排忧解难；"微党课"打通思想教育"最后一公里"；思政课的课堂让人耳目一新；"把骨干教师发展成党员，把党员发展成骨干教师"成为党员教师快速成长的助推器。

实践证明，党建工作抓得实、抓得好，学校就有了风向标和精气神。中小学党建若想从根本上解决重业务轻政治、重形式轻内容等突出问题，就必须做到以下三个有机结合。

一是党建工作必须与立德树人有机结合。中小学党建工作是党的建设新的伟大工程的重要组成部分，是落实全面从严治党要求和立德树人根本任务的关键环节。按照教育部党组的战略安排，中小学党建要在"全、严、实、深"上下功夫，即加快实现中小学党组织全覆盖、各项制度从严落地、党的工作实实在在地融入和体现于学生德育和教师思想政治工作、党组织政治核心作用触及灵魂深处。简言之，党建工作只有与立德树人有机结合，发挥"心中有方向、行动有力量"的积极作用，才能从根本上为培养合格的社会主义建设者和接班人提供政治保障。

二是党建工作必须与教育改革有机结合。中小学要坚持"围绕教育抓党建,抓好党建促教育"的工作思路,积极破解"为谁教、教什么、怎么教"这些核心问题,真正把党建工作优势转化为教育改革发展优势。我们欣喜地看到,襄阳、宜昌、黄石等地的教育部门以教育综合改革为契机,推出教育"微改革"系列举措,推动党建工作与教育教学深度融合,着力解决人民群众反映最强烈、最突出、最紧迫的"就近入学""择校热""关系生"等问题,赢得了广大人民群众的赞誉。

三是党建工作必须与教师成长有机结合。学校有了党支部,教师专业成长迈出一大步,这是许多中小学强化党建工作后发生的积极变化。中小学要把强化党建引领与促进教师专业成长有机结合起来,以党员教师为先锋,以新老教师结对子、传帮带为载体,营造互帮互助、共同成长的良好氛围,鼓励党员教师当示范、作表率,早日成长为人生导师、学术专家、道德楷模,真正做到"平常时刻看得出来,关键时刻站得起来,非常时刻冲得上来",形成"一个典型一个堡垒、一批堡垒夯实全盘"的生动局面。

中小学承载着帮助广大青少年扣好人生第一粒扣子的重要职责与历史使命,是广大师生思想教育的重要阵地和坚强堡垒。近年来,湖北长江报刊传媒集团与长江少儿出版集团党委严格按照习近平总书记提出的"帮助广大青少年扣好人生第一粒扣子"要求,精心打造"教育红帆"和"红扣子"党建工作品牌,提出"文化教育产品传播到哪里,党建共建阵地就延伸到哪里"的党建工作思路,做大、做优、做实党建"朋友圈",规范有序开展"重温入党志愿,坚定理想信念"主题党日、"我来讲党课"等特色活动,初步构建起开放、共建、互促的党建工作格局,推动基层党建工作从单个党组织"唱独角戏"向多个党组织"奏大合唱"的转变,实现党建与业务的深度融合。这些好做法、好经验可以为中小学党建工作创新和党建品牌创建提供有益参考。

心中有方向,行动有力量。中小学党建品牌创建恰逢其时、时不我待,也必定能够为教育改革赋能、为教育现代化助力。

幼儿园党建需要深思考、简操作

习近平总书记多次强调:"基层是党的执政之基、力量之源。只有基层党组织坚强有力,党员发挥应有作用,党的根基才能牢固,党才能有战斗力。"

站在新时代的历史关口,面对高质量发展的新形势和新要求,各级党组织如何围绕中心抓党建、抓好党建促发展,基层党组织如何破解党建难题、打造党建品牌,如何打响党建品牌并将其转化为现实生产力,都是摆在我们面前的现实难题和时代课题。

党建是第一政绩,党组织是第一堡垒,党员是第一先锋。幼儿园是学前教育意识形态管理的前沿阵地。守好这个阵地至关重要。然而,若想守好这个阵地,仅靠教育管理是不够的,还要靠党建引领。

当前,很多教育单位特别是幼儿园的党建品牌创建存在以下四个方面的突出问题:一是闭门造车,缺乏调查研究;二是虎头蛇尾,缺乏善始善终;三是脱离业务,缺乏联系实际;四是夸大宣传,缺乏实事求是。可以说,补齐幼儿园党建短板,是一项迫在眉睫的工作。

幼儿园是最基层的保教机构,承载着保育教育、家园共育、培育接班人的重要职责。由于人员、经费、场地、管理基础等方面的制约,幼儿园党建品牌的创建模式不宜追求"高大上、深精全",而应该走"深思考、简操作"的路子。

首先,打造幼儿园党建品牌,必须树立崇高的使命感。幼教新政策出台之后,公办、普惠是大势所趋。对于广大公办、普惠幼儿园而言,打造党建品牌恰逢其时。这既是顺应创新党建工作模式、改进党建领导方式的迫切需要,也是顺应整合党建资源平台、提升党建组织形象的迫切需要。更重要的是,打造幼儿园党建品牌,可以引领幼儿园的党建工作从严肃刻板走向生动活泼，从零散碎片走向系统聚集，从一枝独秀走向满园春芳，从亲民爱民走向为民惠民。

其次，打造幼儿园党建品牌，必须坚持正确的价值观。引导广大幼儿扣好人生第一粒扣子，是幼儿园党建工作的第一要务。打造幼儿园党建品牌，必须坚持思想引领，变守位为站位；坚持典型引路，变铸人为铸魂；坚持服务发展，变结合为融合；坚持勇立潮头，变首发为首创。比如，爱立方打造的企业文化是"大爱"文化，品牌文化是"小象"文化，管理文化是"首创"文化，党建文化是"扣子启蒙"文化，并且正在把"扣子启蒙"党建品牌打造成出版品牌、教育品牌、文化品牌和活动品牌，为中国幼教树立了红色幼教的典范。

最后，打造幼儿园党建品牌，必须创新科学的方法论。打造党建品牌的科学路径包括以下几种：一是突出政治站位，做到"一个理念聚人心"；二是突出顶层设计，做到"一张蓝图绘到底"；三是突出有效有用，做到"一套方法打全场"；四是突出融会贯通，做到"一组成果促发展"。在这方面，长江少儿出版集团"红扣子"党建品牌的经验和做法值得广大幼教人学习和借鉴："红扣子"党建品牌以"引导广大青少年扣好人生第一粒扣子"的理念凝聚人心，把"强基础、建示范、创品牌"的蓝图一绘到底，用"三融三立"党建工作法构建长效机制，策划开展"长少青年讲堂"、"重温入党志愿，坚定理想信念"主题党日活动、"我来讲党课"等党建品牌活动，着力打造"红扣子"德育书系、"红扣子"书柜、《新纪实·红扣子》杂志、"红扣子"微信公众号、"红扣子"培训课堂等党建品牌产品，切实以高质量党建引领高质量发展。

只有崇高的使命感、正确的价值观与科学的方法论实现有机统一，事业发展才能行稳致远、日久弥坚。幼教产业正在迎来历史的转折点。这也意味着幼儿教育领域意识形态管控的压力越来越大。打造幼儿园党建品牌，是落实幼儿教育领域意识形态工作责任制的重要抓手。我们坚信，当"童蒙养正、扣好扣子"成为幼儿教育的主旋律时，守好幼儿园意识形态主阵地也就水到渠成了。

以未来的名义将"课堂革命"进行到底

什么样的课堂决定了培养什么样的学生、成就什么样的未来。长期以来,课堂是人才培养的主渠道、教育创新的主阵地,直接影响着国民的素质与民族的未来。如今,课堂已变成教育改革的主战场,"向教育要未来,向课堂要质量"的呼声日益强烈。

2017年9月8日,教育部部长陈宝生在《人民日报》发表题为《努力办好人民满意的教育》的文章,该文章指出:"坚持内涵发展,加快教育由量的增长向质的提升转变。把质量作为教育的生命线,坚持回归常识、回归本分、回归初心、回归梦想。深化基础教育人才培养模式改革,掀起'课堂革命',努力培养学生的创新精神和实践能力。"这标志着新时代"课堂革命"的号角正式吹响,教育改革正在迈入深水区。

日本知名教育家佐藤学在《静悄悄的革命——创造活动、合作、反思的综合学习课程》一书中写道:现在,全世界学校的课堂都在进行着"宁静的革命"。与发达国家的课堂改革浪潮相比,我国不少地方所固守的传统课堂教学内容与教学模式明显落伍。若不开展"课堂革命",建设教育强国、实现教育现代化就是一句空话。

掀起这场"宁静的课堂革命"的根本目标,就是改变传统的教与学的方式,实现"教中心"向"学中心"的转变,着力激发学生的创新精神和实践能力,实现学生的综合素质与应试水平同步提高,培养德智体美劳全面发展的社会主义建设者和接班人。

不论是构建百花齐放、人们喜闻乐见的智慧课堂,还是构建以生为先、以学为本的素质课堂,我们都必须在回归本源中守望良知,在守望良知中回归本源,以未来的名义将"课堂革命"进行到底。

首先,将"课堂革命"进行到底,必须在回归常识中守望知识。"课堂革命"是一场学习革命,应始终坚持常识教育与知识教育并重,尊重教育规律,落实教育方针,紧紧围绕读书和学习来改进教育内容、教学模式,真正让学生主动学习、释放潜能、学懂常识、学深知识,成就最好的自己。

其次,将"课堂革命"进行到底,必须在回归本分中守望养分。"课堂革命"是一场行为革命,应始终坚持素质教育在课堂、核心素养进课堂,实现知识学习与能力提高、品格培育的有机统一,让学生充分吸收精神传承、信仰坚守的养分,形成完整、健全、充满个性的独立人格。

再次,将"课堂革命"进行到底,必须在回归初心中守望良心。"课堂革命"是一场灵魂革命,应始终坚持以学习者为中心,强化教书育人、立德树人,努力办好人民满意的教育,让教育职业的道德良心浸润社会的每一个角落,真正让学生享受快乐学习、健康成长的幸福感和获得感,使教育发展成果更多更公平地惠及广大民众。

最后,将"课堂革命"进行到底,必须在回归梦想中守望理想。"课堂革命"是一场理念革命,应始终坚持为中国人民谋幸福、为中华民族谋复兴的崇高理想,切实以引领和服务社会为己任,把学校建成书香四溢、智慧迸发、诗意动人的精神家园和思想高地,真正让每一位学生都有出彩的机会,并在实现中国梦的伟大实践中更好地服务祖国和人民。

走进新时代,面向新未来。"课堂革命"是一项系统工程,其建设不可能一帆风顺、一蹴而就,需要统筹推进、久久为功。推动课程改革从浅层向深层迈进,推动教本课堂向学本课堂跨越,是新时代"课堂革命"的必然选择和必由之路。

办好思政课既要理直气壮更要润物无声

近年来，应试教育、功利主义的盛行，追星赶潮、逐利享乐思想的蔓延，在一定程度上对学校思想政治理论教育改革提出了新挑战和新要求。

行源于思，变源于行，唯有思行合一，方可行稳致远。2019年3月18日，习近平总书记在学校思想政治理论课教师座谈会上指出：办好思想政治理论课，最根本的是要全面贯彻党的教育方针，解决好培养什么人、怎样培养人、为谁培养人这个根本性问题。这为新时代学校旗帜鲜明办好思政课、培养担当民族复兴大任的时代新人指明了前进方向，也对广大思政课教师提出了殷切期望。

思想是一切行动的指导。思想政治理论教育是立德树人的关键，是教书育人的根本。青少年是国家的未来和民族的希望，他们正处于树立世界观、人生观、价值观的关键时期，思想波动大、叛逆心理突出，容易误入歧途。因此，办好思政课非常必要。

教育领域是意识形态斗争的前沿阵地，是争夺人心、争夺未来、争夺接班人的主战场。广大思政课教师必须提高政治站位，站稳政治立场，增强政治自觉，理直气壮、旗帜鲜明地批驳各种错误观点和思潮，以透彻的学理分析回应学生关切，用丰富的真理营养浸润学生心灵，引导学生把爱国情、强国志、报国行融入学习和生活的方方面面、人生成长的点点滴滴。

浇树先浇根，育人先育心。思想政治理论教育在本质上是做人的工作，必须紧紧围绕学生、关照学生、服务学生、引领学生，既要固本培元、守正笃实，也要改革创新、与时俱进。办好思政课同样如此。广大思政课教师既要理直气壮，做到敢为、真为，也要润物无声，做到善为、巧为，真正在学生的心里埋下真善美的种子，引导学生扣好人生第一粒扣子。

面对新形势、新任务，办好思政课不能被动应付，只能主动作为。如何才能润物无声地办好思政课，帮助学生把稳人生成长的"方向盘"，握紧引领未来的"指挥棒"？我认为可以从以下几方面入手。

一是坚持"架天线"与"接地气"并重，让时政元素和理论热点融入专业课堂、进入课余生活，充分激发学生的学习兴趣和求知欲望，把曲高和寡的思政课堂建成润泽心灵的德育阵地。

二是坚持"高品位"与"高人气"并重，将高品位的思政课堂贯穿研学旅行、社会实践、文体活动的全过程，做到教学重点、理论难点、社会热点与学生特点有机结合，兼具"营养丰富"与"人气爆棚"的特点，打造有趣的人们爱听的"网红课"。

三是坚持"有意义"与"有意思"并重，让思政课堂以学生喜闻乐见的形式，实现线上与线下、课内与课外、校内与校外的有效衔接，让学生成为思政课的真正主角，并能深切感受到学习思想政治理论的实用性和趣味性。

四是坚持"扣扣子"与"同心圆"并重，思政课堂的打开方式不能停留于扣好学生自身这粒扣子，还要延伸至家长的言传身教、老师的授业解惑、同学的交流碰撞、朋友的交心谈心，绘就思想政治教育教学的最大同心圆，真正让每个学生既是自己的思政老师，也是他人的思政老师。

办好思政课，关键在学校，源头在家庭，责任在社会。全社会要积极行动起来，始终与党同心同德、同向同行，推动家校联动，实现多维共同发力，为办好思政课营造良好的环境、注入强大的动力，真正让思政课点亮学生的理想之灯，照亮学生的前进之路，达到春风化雨、润物无声的完美境界。

守好德育阵地是守护教育良知的基石

古今中外的教育家都十分重视德育，并把德育放在极其重要的位置。德国著名教育家赫尔巴特曾说：道德普遍地被认为是人类最高的目的，因此也是教育的最高目的。我国著名教育家陶行知曾说：道德是做人的根本一环，纵然你有一些学问和本领，也无甚用处；没有道德的人，学问和本领愈大，就能为非作恶愈大。当今社会复杂多变，风险与诱惑无处不在，引导广大青少年筑起"人格长城"这一任务迫在眉睫。2018年10月，教育部办公厅印发了《关于公布2018年全国中小学德育工作典型经验名单的通知》，湖北省有宜昌市伍家岗区万寿桥小学、武汉市青山区钢城第二小学等14所学校入选。这是教育部继2017年印发《中小学德育工作指南》后深入开展德育工作的又一项重要举措。

立德树人是教育的根本任务，德育是教育的总开关。德育重点解决立什么人、为谁立人、如何立人的问题，着力引导广大青少年树立正确的世界观、人生观、价值观。2018年9月10日，习近平总书记在全国教育大会上强调：以凝聚人心、完善人格、开发人力、培育人才、造福人民为工作目标，培养德智体美劳全面发展的社会主义建设者和接班人，加快推进教育现代化、建设教育强国、办好人民满意的教育。这进一步丰富了立德树人的时代内涵，也明确了新时代德育工作是涵盖意识形态领域的"大德育"的本质要求。

在很长一段时间内，传统的学校德育模式难以适应社会发展的新形势和新要求。比如，传统的德育习惯于把完美无缺的人物形象教给学生，而忽视了基本道德和为人处世道理的教育。再如，不少学生习惯对社会上的不良现象评头论足，而对身边说假话、损坏公物、舞弊行为充耳不闻。基于此，新时代的德育工作要努力实现以下"六个结合"：一是道德认知与教育实践相结合；二是严格要求与尊重信任相结合；三是规范管理与个性发展相结合；四是集体教育与个体教育相结合；五是学校教育与社会影响相结合；六是问题导向与典型引路相结合。

司马光《资治通鉴·周纪》有言："才者，德之资也；德者，才之帅也。"教书育人的根本在于立德。没有脱离德育而存在的学校，也没有脱离学校而广泛开展的德育。从一定意义上讲，守好德育阵地，就是守护教育良知，就是积极引导学生明大德、守公德、严私德，真正让学校成为每个学生成长的教育福地和德育高地。

当下，如何教育学生正确认识世情、国情，从内心深处树立民族自尊、坚定文化自信，如何激励学生弘扬自力更生、艰苦奋斗的优良传统，如何引导学生树立道德观、走好人生路，都是新时代德育工作必须破解的现实难题。

首先，新时代的德育工作要变"漫灌"为"滴灌"。学校德育要始终遵循"以人为本、以德为先"的育人理念，培养学生良好的学习习惯和行为习惯，为学生未来的成长成才奠基。只有"滴灌"，德育才能实现润物无声、水到渠成。

其次，新时代的德育工作要变"走形"为"走心"。学校德育要改变"居高临下、刻板沉闷"的认识误区，防范"形式大于内容"的价值倾向，以平等、友爱的姿态走进学生的内心世界，打开学生的心灵之门。只有"走心"，德育才能实现春风化雨、细水长流。

最后，新时代的德育工作要变"唤起"为"唤醒"。学校德育要牢牢把握"用灵魂唤醒灵魂"的目标导向，教导学生学会做人、学会学习、学会生活、学会发展，真正让德育工作者成为唤醒者。只有变"唤起"为"唤醒"，德育才能实现塑造人格、净化灵魂的目的。

总之，新时代的教育改革，要从德育做起、从良知出发。

劳动教育是青少年全面成长的奠基石

无劳动，不教育；好教育，必劳动。劳动教育是创造幸福美好生活的基础性教育，是青少年全面成长的奠基石。

2018年9月10日，习近平总书记在全国教育大会上明确指出：要努力构建德智体美劳全面培养的教育体系，形成更高水平的人才培养体系。

2020年3月20日，中共中央、国务院印发《关于全面加强新时代大中小学劳动教育的意见》，正式将劳动教育纳入社会主义建设者和接班人的总体要求，要求构建德智体美劳全面培养的教育体系。

加强和创新劳动教育，对培育青少年的劳动情感、劳动态度、劳动价值观极其重要，对促进青少年的全面成长具有奠基性作用。正如苏联教育家马卡连柯所说的：劳动永远是人类生活的基础，是创造人类文化幸福的基础。

前些年，劳动教育缺位已成为中国教育的严峻现实，大中小学生的劳动教育现状不容乐观，时常出现不会劳动、轻视劳动、不珍惜劳动成果的不良现象。究其原因，主要包括三个方面：一是社会不大重视劳动教育；二是学校不大开展劳动教育；三是家庭不大关注劳动教育。

实际上，劳动教育具有其他学科不可替代的育人功能，是关系国家进步、民族振兴的大事，是实施素质教育的有效途径和独特载体，更是新时代教育改革的题中应有之义。

第一，德在劳中立，劳为德助力。品德修养不是一蹴而就的事，需要在长期的社会实践中、在日常生活的点点滴滴中踏踏实实地磨炼达成。劳动教育可以促使青少年养成爱劳动、爱人民、珍惜劳动成果的优良习气，形成勤俭节约、吃苦耐劳、意志坚强、团结协作的优良品质，最终成为具有大爱、大德、大情怀的人。

第二，智在劳中增，劳为智助力。劳动可以促使学生形成基本的生活生产技能、初步的职业意识与创新创业意识和动手实践的能力。劳动教育要在增长青少年的知识、见识上下功夫，引导青少年在做中学、在学中做，在社会劳动实践中增长见识、丰富学识、求真理、悟道理、明事理。学校要利用教研活动，使得劳动教育渗入各科课堂教学，让学生从生产劳动的角度获得情感体验。如在语文课学习"愚公移山"后，让学生在基地劳动中体验挑土远行的滋味；在数学课学习"轴对称"后，让学生试着做一些对称的剪纸；在生物课上学习"植物成长的条件"后，让学生对照书中的内容，种一些小植物。

第三，体在劳中强，劳为体助力。劳动可以让学生强健体魄，形成健康的身心和健全的人格。劳动教育要引导学生在劳动中享受乐趣、增强体质、健全人格、锤炼意志；要在学生中弘扬劳动精神，教育引导学生崇尚劳动、尊重劳动，懂得劳动最光荣、劳动最崇高、劳动最伟大、劳动最美丽的道理，长大后能够辛勤劳动、诚实劳动、创造性劳动。

第四，美在劳中育，劳为美助力。劳动教育有利于加强和改进学校美育，形成以劳育美、以美育人、以文化人的育人模式，促使学生树立"劳动最光荣、劳动最崇高、劳动最伟大、劳动最美丽"的劳动观，在劳动创造中形成发现美、体验美、鉴赏美、创造美的意识和能力，从而提高审美能力和人文素养。

武汉市汉南区汉南中学是一所全日制公办寄宿式初级中学。学校地处武汉市西南湘口街汉南农场，主要负责接纳银莲湖、湘口、水洪等处学生就读。汉南中学结合学校已有的优良传统和得天独厚的教育教学资源，与时俱进、开拓创新，不断探索与总结，逐步确立了学校发展的特色——劳动教育。为践行劳动教育，汉南中学专门开辟了8亩劳动实践基地，并为劳动基地配套了基础设施，添置了抽水机、铁锹等劳动工具，为学生的劳动实践提供了强有力的保障。学校对基地实行"分区分人、师生共享"的管理思路。基地建设既培养了学生的劳动意识，提高了学生的劳动技能，又为学校增加了收益，确保了学校四季时蔬的供应。该校编撰的《蔬菜种植技术教程》《藕鳅鳝养殖技术手册》等校本课程就是根据学校地处种植养殖区的实际情况编写的，能够便捷地提高学生的劳动技能。学校坚持组织评选"劳动之星"等，以活动促意识、改习惯，并把学生的日常劳动教育成绩记入学生的综合素质评价，通过一系列措施让劳动教育在学生的思想中生根发芽、开花结果。

劳动教育不是一项简单的教学任务。我们需要根据学生的身心发育规律，制定一个由易到难、由简到繁的渐进式的学习体系，精心策划、合理安排，按照不同层次学生的发展水平，安排不同层次的教学内容，使学生受到适切的教育和锻炼。劳动教育需要学校、家庭、社会的共同重视和努力，需要全社会形成重视劳动教育的氛围，实现劳动认知与劳动价值的回归，让孩子在劳动中体验生活、收获技能，学会与人交往，锻炼各种能力，增强社会责任感。家长和学校需要积极配合，培育孩子的劳动观念；社会要营造尊重劳动者的氛围，推动形成崇尚劳动、热爱劳动、劳动光荣的价值观。

劳动教育是学生成长、完善人格、开发人力、培养人才、造福人民的基础工程。构建德智体美劳全面发展的教育体系，是功在当代、利在千秋的伟大事业。

"户外两小时"应该发挥独特的教育价值

虽然没有人能够准确地测量在户外待多长时间更有益于健康,但英国自然出版集团旗下知名学术期刊《科学报告》对英国2万人进行的调查分析显示,人们每周只需要在公园、林地、田野等绿地上待2小时,便会感觉更健康、更快乐。

对于人类保持身体健康而言,户外活动是不可或缺的休闲载体。对于幼儿教育而言,户外活动是可以激发灵感的教学空间。先进的幼儿教育往往是把孩子的兴趣从室内引向户外,让孩子亲密接触自然、融入自然、热爱自然,激发孩子探索未知世界的兴趣和习惯,让户外活动发挥独特的教育价值。

基于此,教育部发布的《3~6岁儿童学习与发展指南》(以下简称《指南》)和《幼儿园工作规程》(以下简称《规程》)对幼儿户外活动提出了明确要求。《指南》明确提出:幼儿每天的户外活动时间一般不少于2小时,其中体育活动时间不少于1小时,季节交替时要坚持。《规程》也明确要求:在正常情况下,幼儿户外活动时间(包括户外体育活动时间)每天不得少于2小时,寄宿制幼儿园不得少于3小时;高寒、高温地区可酌情增减。

众所周知,户外活动是幼儿园一日活动的重要组成部分,其带给孩子的意义和价值应不局限于身体方面的发展,还要能够催生更全面、更深层次的发展价值,特别是能够有效激发童真和童趣。

值得重视的是,不少幼儿园对户外活动的思想认识和组织实施仍然比较传统,基本以体育活动为主。有些幼儿园即便把户外活动列入主题活动之中,也只是在形式上进行翻新,在内容上并没有实现实质性突破，特别是在开放式教学、游戏化学习方面的有效举措不多。

　　幼儿园如何保证并提高"户外两小时"的教学质量？在这方面，山东省青岛市市南区实验幼儿园提供了一个很好的示范。这个幼儿园坚持以主题活动为主线，把"户外两小时"作为一日活动的重要环节，并纳入园本课程体系，不断丰富"户外两小时"的内涵和价值。该园把园本课程的每个主题目标按照幼儿年龄特点及不同领域进行分解，选择适宜的主题目标与户外活动目标有机结合，确保"户外两小时"除了完成发展幼儿身体动作能力的体育目标外，还可以通过游戏材料的提供和游戏情节的设置，有计划、有目的地在游戏过程中渗透科学、社会、计算等多领域的主题目标。如此一来，主题活动下的"户外两小时"不再是目标单一的体育活动，而是服务和升华主题活动的新载体、新模式。比如，在开展中班主题活动"现代化的交通工具"时，教师团队坚持科研与教学并重，科学设计了"飞机快递""旋转小飞机""汽车接力赛""火箭飞上天""看谁投得准"等户外体育游戏，科学整合与主题相关的科学、艺术、社会等领域的多个目标，取得了显著成效，为幼儿园"户外两小时"教学提供了实践样本。

　　户外活动的实施是一项系统工程，迫切需要从理念到行为进行系统性架构，需要幼儿园教师全员参与和密切配合。幼儿园要加强户外活动的教学研究与创新实践，引导教师打破以往过于保守、陈旧的户外活动组织模式，以更开放、更灵活的形式带领幼儿积极参与充满挑战、富有乐趣的游戏，真正让户外活动"活"起来、"动"起来，助力幼儿全面发展。

　　总之，"户外两小时"不是简单地教孩子玩，而是教孩子"玩中学、学中玩"，引导孩子智慧成长。幼儿园只有科学设计、合理安排每一项户外活动，才能使"户外两小时"发挥独特的教育价值，帮助孩子构建金色童年，为未来铺路，为国家发展奠基。

研学旅行不是追风而是逐梦

自2016年11月教育部等11部门联合印发《关于推进中小学生研学旅行的意见》以来，全国各地纷纷把研学旅行放在更加突出的位置，将研学旅行纳入中小学教育教学计划，形成"研学热"。近些年，亿万中小学生走出校门，走进大自然，走向热火朝天的生产生活实践，为深化教育改革留下了精彩注脚。

研学旅行之所以受到学校、家庭、社会、学生的认可和支持，主要是因为它推开相对封闭的中小学校门，把学生带到更广阔、更精彩的世界去践行生活教育、生命教育、集体主义教育、行为习惯养成教育。实践证明，研学旅行已成为素质教育的重要载体，也是知识教育与能力培养相结合的有效形式。

当前，一些学校和机构推进研学旅行的热情十分高涨，但推出的研学产品过分强调研学路线和研学基地，与学校综合实践课程设计脱节，同时忽略了研学导师在研学旅行过程中帮助学生梳理和消化知识的重要作用。从根本上讲，研学旅行不是盲目追风，而是青春逐梦。

第一，研学旅行要重"游"，更要重"学"。从古至今，成才者往往要在"读万卷书、行万里路"的过程中进行历练。比如，孔子周游列国时将儒学思想传遍天下，李白在遍访神州中写下名诗巨作；再如，徐霞客的《徐霞客游记》、郦道元的《水经注》、达尔文的《物种起源》、马可·波罗的《马可·波罗游记》等巨作的诞生，无不经历游学游历的洗礼。真正的学问从来不是拘禁于庙堂之高和盈尺之间，而是孕育在畅行天下的艰辛征途中。研学旅行不是一场说走就走的旅行，必须走出"只旅不学"或"只学不旅"的误区，努力追求"游"

与"学"的有机融合，不能为完成考核任务或怕承担学生安全责任风险而去应付课程设置。

第二，研学旅行要重"行"，更要重"思"。自然是一个大宝库，社会是一所大学校。研学旅行本就是一种且研且学的体验，也是一个且行且思的过程。研学旅行可以让学生带着课本去了解伟大祖国的大好河山，去感知中华传统文化的强大魅力，去感受经济社会发展的巨大变化。最为可贵的是，学生可以在寓教于景、寓教于乐、寓教于行的过程中学会动手动脑、生存生活、做人做事，在亲近自然、探寻文化、思考生命的过程中体验别样课堂的独特魅力，既能沉淀内心、明理益智，又能思行合一、全面发展。

第三，研学旅行要重"形"，更要重"神"。研学旅行是群体性、开放性和实践性特征鲜明的教育改革探索，自诞生之日起便与关注自然、关注社会、关注人生密切相连，与走出校门、走向实践、走向社会密不可分，与成就自己、服务祖国和人民融为一体。研学旅行不仅要重视组织形式，更要重视实质内容。行走天下、感知世界，只是研学旅行的基本形式；培养良好习惯、弘扬优秀传统文化、培植创新精神、树立社会责任感，才是研学旅行的终极目标。只有形神兼备的研学旅行，才是受欢迎、可持续的，才是具有生命力和竞争力的。

虽然游学与研学仅一字之差，但实现从游学到研学的跨越，我们还有很长的路要走。推动研学旅行高质量发展，必须坚持游与学并重、行与思并重、形与神并重，明确研学旅行的教学目标和内容，开发遵循青少年核心素养发展规律和满足学校、家庭、社会需要的体验式教育产品，打造"移动的学校"和"没有围墙的校园"，引导新时代青少年踏上青春逐梦的人生新征途。

职业教育同样可以成就出彩人生

回望历史，我国职业教育起步很早。1866年于福建创办的福州船政学堂（初建时称为"求是堂艺局"）是近代中国历史上最早的职业教育。清末洋务派创办的学校大多是职业教育。

当前，经济社会发展对于人才的需求呈现多样化趋势，主要分为三大类：一是学术科研型人才，二是工程技术或管理型人才，三是技术技能型人才。职业教育的重要职能就是培养技术技能型人才。并且，职业教育将会逐渐占据高等教育领域的"半壁江山"。

出于多方面的原因，当前的职业教育相对于普通高等教育而言，发展比较滞后，与中国特色社会主义事业发展水平不相匹配。正因如此，党和国家对加快职业教育发展做出了系统性安排和战略性部署。

2014年6月，全国职业教育工作会议在北京召开。习近平总书记就加快职业教育发展做出重要指示。他强调，职业教育肩负着培养多样化人才、传承技术技能、促进就业创业的重要职责，必须高度重视、加快发展。

2017年10月，党的十九大报告明确提出："完善职业教育和培训体系，深化产教融合、校企合作。"

2019年1月，国务院印发《国家职业教育改革实施方案》。该方案指出，把职业教育摆在教育改革创新和经济社会发展中更加突出的位置，鼓励和支持社会各界特别是企业积极支持职业教育，着力培养高素质劳动者和技术技能人才。

修订的《中华人民共和国职业教育法》自2022年5月1日起正式施行，这为推动职业教育高质量发展、提高劳动者素质和技术技能水平、促进就业创业、建设人力资源强国提供了法律保障。

这些要求和举措充分表明，加快发展职业教育，既能助推国家腾飞，也能助力人生出彩。

放眼国际，塑造现代经济的竞争优势，关键在于科学技术和制造业的发展水平。提高中国经济实力和国际竞争力，必须加速建设一支高素质专业化的产业工人队伍，培养更多的大国工匠和能工巧匠，加快推动中国制造向中国创造跨越、中国速度向中国质量跨越、制造大国向制造强国跨越。

环视国内，推动高质量发展，实现中华民族伟大复兴，迫切需要一支受过良好职业教育和培训的技术技能型人才队伍。否则，再先进的科学技术和机器装备也难以转化为现实生产力，再优秀的物质产品和精神文化产品也难以被创造。值得注意的是，每年高达千万人的高级技工缺口和技校招生难的残酷现实为我国经济转型升级拉响了警报。

实践表明，高质量的职业教育，既关乎国计，也关系民生。青年学生通过职业教育拥有一技之长，练好一项本领，成为实用型人才，毕业后就可以实现就业创业、服务社会的梦想。特别是农村地区、贫困地区的青年可以通过职业教育打开通往成功的大门，拥有出彩的机会。

当前，职业教育发展面临的最大困境就是社会上职业教育"低人一等"的理念和歧视职业教育的不良风气。职业教育要克服学生学习基础薄弱、学习主动性和自觉性较差的困难，补齐师资力量薄弱、政策支持力度不够的短板，深入推进产教协同、校企合作，实现专业设置与产业需求的有机结合、课程内容与职业标准的有机结合、教学过程与实训过程的有机结合、毕业证书与职业资格证书的有机结合、专业教育与终身学习的有机结合。

新时代的社会，已不再以分数、文凭论英雄，人们更注重自身创造价值的多少。凭借精湛高超的技术技能，接受职业教育的劳动者同样能够取得高阶学历、获得丰厚收入、拥有出彩人生，这是弘扬"人人皆可成才、人人尽显其才"社会风尚的最好注脚，也是职业教育的初心与使命。

破解优生难题的关键在于降低优育优教成本

国家统计局公布的全国人口数据显示，我国 2021 年出生人口 1062 万人，出生率为 7.52‰；2022 年出生人口 956 万人，出生率为 6.77‰。综合历史数据观测分析，2022 年中国人口出生率创下新中国成立之后、有出生人口记录以来的最低水平。更令人担忧的是，对育龄妇女的抽样调查发现，学历越高的女性的二孩或三孩的生育意愿越低。

近年来，中国人口老龄化问题越来越突出，人们虽然对人口出生率下降问题非常关注，但从未想到人口出生率断崖式下滑的形势来得这么紧迫。自 2017 年起，中国出生人口开始持续下降，这五年的下降幅度高达 40%，与 20 世纪 90 年代 2000 多万的新生人口相比，甚至不到一半，用"出生人口塌陷"形容都不为过。

为了积极应对日益严峻的人口形势，中共中央、国务院于 2021 年 6 月正式发布《关于优化生育政策促进人口长期均衡发展的决定》，做出实施三孩生育政策及配套支持措施的重大决策，并从提高优生优育服务水平、发展普惠托育服务体系、降低生育养育教育成本三个方面，提出了相关配套支持措施。

低生育问题是发达国家经济社会发展中普遍面临的长期性难题。虽然发达国家为破解生育难题出台了很多支持政策，但成效不一。若想破解生育难题，必须积极探索适合中国国情和文化环境的生育友好制度，加快构建生育友好型社会，尽快降低生育、养育、教育成本和负担，真正把年轻父母的生育意愿转化为实际的生育行为，以推动我国早日达到适度的生育水平。

如今，优生、优育、优教已成为社会共识。生育、养育、教育成本的快速增加是当前人口政策面临的最大挑战。父母生育子女的成本，不仅包括生育、养育、教育子女等直接成本，还包括父母因多抚养和教育一个孩子带来的个人职业晋升和获得收入的机会损失等机会成本。换言之，破解优生难题，必须将婚嫁、生育、养育、教育、就业等纳入一体化考量，让婚嫁超越世俗，让生育、养育、教育更加普惠、均衡、优质，让女性就业不受歧视，切实解除年轻家庭在经济负担、婴幼儿照料、子女教育、职业发展等方面的忧虑，努力实现优生、优育、优教的目标。

需要重视的是，有研究机构对不想生二孩或三孩的家庭进行原因分析后发现，无人照护婴幼儿已经成为首要因素，其占比远远超过经济负担、择校（园）压力大、自己或配偶不愿意、影响职业发展、身体因素等原因。然而，在0～3岁婴幼儿托育服务的实际供给方面，我国婴幼儿入托率仅为5.5%左右，而婴幼儿入托率最高的丹麦已超过60%。不论是从国家生育政策层面来看，还是从人民群众生育需求层面来分析，以硬举措、高标准加快推进普惠托育和婴幼儿照护产业发展，势在必行、迫在眉睫。

与此同时，大力释放生育政策潜力，也是积极应对人口老龄化的重要举措。一方面，随着新生儿数量的不断增加，我国儿童的比重将会增加，这能在一定程度上"稀释"总人口的老龄化程度，还可以通过人口自然变动减缓人口老龄化的历史进程；另一方面，我们要辩证地看待"一老一小"问题，积极推动经济社会政策与生育政策的有效衔接，充分释放养老和托育产业对促进经济社会发展的内生动能。

毋庸置疑，一系列鼓励生育政策出台的根本目标是满足人们对美好生活的向往，加快实现优生、优育、优教。因此，只有立足当前解决好民生问题、着眼长远促进人的全面发展，才能从根本上破解"不愿生、生不起、养不好、教不优"的难题，推动中国从人口大国向人才强国跨越。

发展托育服务需警惕"重托轻育"

随着"三孩"政策的出台,我国幼儿托育服务的需求呈"井喷"态势,结构化矛盾日益凸显。一方面,托育服务市场供不应求,严重影响女性职业发展与民众生育意愿;另一方面,托育服务缺乏相应的行业标准和管理规范,使得市场乱象时有发生。可以说,"幼有所育、幼有优育"已成为当今社会民众的最大期待之一。

2019年被媒体称为"托育元年",国家首次从政策层面下发了《关于促进3岁以下婴幼儿照护服务发展的指导意见》,并明确了工作部门的职责分工。全国多地也随之跟进出台相关政策。自此,托育服务这个承载广大民众热切期待的产业,被众多投资机构列为下一个"风口"。

2019年3月,《政府工作报告》提出,要加快发展多种形式的婴幼儿照护服务,支持社会力量兴办托育服务机构。

2021年6月,国家发改委、民政部、国家卫健委三部门联合印发《"十四五"积极应对人口老龄化工程和托育建设实施方案》,要求积极应对人口老龄化,不断完善普惠托育服务体系。

2022年11月,国家卫生健康委办公厅关于印发《托育从业人员职业行为准则(试行)》,着力于规范托育从业人员的职业行为,建设一支品德高尚、富有爱心、敬业奉献、素质优良的托育服务队伍。

一系列托育服务重要政策相继出台,为推动托育服务规范化、标准化、体系化建设,增加普惠性资源供给指明了发展方向,提供了政策依据。

从高关注度的视角看,托育服务是热点和焦点;从低起点的视角看,托育服务是痛点和难点。科学优质的托育服务可以有效解决新时代家庭"老人带娃不忍心、保姆带娃不放心、自己带娃不甘心、全家带娃不齐心"的社会痛点。但现实情况是，广大托育机构为0～3岁婴幼儿提供的托育服务以照护为主，如吃饭、穿衣、说话、生活技能等方面的照护，在培育孩子养成良好的生活习惯、学习习惯和行为习惯方面存在明显不足，呈现明显的"重托管、轻教育"倾向。

反思我国幼儿园"重保轻育"走过的弯路，托管与教育并重，才是"幼有所育、幼有优育"的目标和方向，也是实现幼儿快乐成长、智慧成长的重要保证。相较于3～6岁的孩子，0～3岁的孩子在生理和心理上存在明显的特殊性。0～3岁的孩子年龄比较小，发生危险的概率比较大，同时，他们缺乏基本的识别能力、对抗能力和表达能力，更加需要教师通过细致观察来引导和教育。这对0～3岁托育机构教师提出了更高的专业要求。

当前，市场上的托育机构主要分为四大类：一是幼儿园托班，即"园中园"；二是社区托育中心；三是企事业单位职工托育中心；四是集团化、连锁化托育园。大多数托育机构都是对幼儿园、早教、家政育婴等既有模式的延伸拓展，缺乏标准化、专业化的运营服务体系。

更加令人担忧的是，不少从未从事过幼儿教育行业的投资者为了实现产业转型，寻找新的市场机遇，将目光投向0～3岁托育服务的产业轨道。同时，托育员、育婴师等广大基层从业人员的专业素养和职业技能，往往以护理技术和医疗保健技术为主，缺乏幼儿教育领域的专业知识。托育机构从业人员倘若都是只懂护理保健的技师，而不是既懂护理保健学又懂教育学和心理学的教师，必然会直接影响托育服务的质量和婴幼儿的智慧成长。

3岁以下婴幼儿照护服务是全生命周期服务管理的重要内容，关系到亿万婴幼儿的健康成长和千家万户的幸福安康，对提振民众生育意愿、应对人口老龄化挑战具有重要意义。各级党委政府和全社会都要积极行动起来，努力提供公共资源，营造公益性氛围，树立高品质导向，鼓励普惠性托育服务供给，坚持托管与教育并重，实现教、养、育三位一体，着力破解登记备案、运营规范、产品标准、人才短缺四大托育服务核心难题，合力打造让党放心、让人民满意、受社会尊重的托育服务体系。

疫情倒逼幼教加速自我革命

新冠疫情倒逼餐饮旅游、教育医疗、影视传媒、批发零售等传统服务业加速向信息化、智能化转型。甚至可以说，疫情成功倒逼智能科技渗透到经济社会发展的各个行业和各个领域。幼教行业自然也不例外。

长期以来，我国积极倡导、鼓励发展在线培训、在线学习、在线考试等教育信息化工程，虽然取得了显著成效，但没有取得实质性突破。比如，全国教育培训、学习、考试的线上业务比重依然偏低，全国幼教信息化领域的龙头企业和标杆企业还没有产生……新冠疫情把幼教信息化的"家底"掀了个"底朝天"，让众多幼教机构和从业人员措手不及。

或许，疫情倒逼幼教的这场转型变革来得有些被动，却十分及时。幼儿教育是教育体系的重要组成部分。由于"历史欠账"太多、财政投入不足、规范管理不够，我国幼儿教育的改革发展相对于义务教育而言比较滞后。随着移动互联网、人工智能、云计算、大数据等现代科技的发展与应用，特别是受到新冠疫情的影响和倒逼，我国幼教行业正在发生一场空前的自我革命，催生一种看不见的智慧幼教新模式。

其一，幼教智能化变革加速，线下教育向线上教育转型。疫情让人们深刻感受到科技为产业发展强势赋能。网上流传这样一句话——"没有'非典'就没有淘宝"。2003年"非典"期间，阿里巴巴全力推动线下向线上转型，淘宝于2003年5月10日成功上线，这一天也被马云确定为"阿里日"。作为我国教育培训行业的领军企业，新东方的线上培训业务正是因"非典"而"破冰"。此次疫情让"停课不停学"成为基本共识和刚性要求，必将加速幼教智能化变革，倒逼广大幼教机构向线上教育加速转型。

其二，幼教原创化变革加速，平面课程向立体课程转型。在这个传播渠道严重过剩、优质内容十分稀缺的时代，人们可以利用各种智能终端无障碍地开展全时空教学活动。令人担忧的是，原创课程内容供给不足。对于线上教育而言，线上只是技术手段，课程才是核心资源。这就要求幼教机构必须坚持"内容为王"，加大优质课程内容研发力度，实现从传统的平面课程向"操作材料、数字课程、辅导视频"三位一体的现代立体课程加速转型。

其三，幼教结构化变革加速，先教后学向先学后教转型。传统教学模式是先教后学，随着学习资料、辅导微课等教学资源可以根据每一个学生的具体需求实现智能化推送，传统的教学流程必将实现结构性颠倒，"翻转课堂"教学模式是大势所趋。基于此，线上教学模式将逐步实现从以教者为中心的标准化课堂向以学者为中心的个性化课堂转变，真正让学习者由参与者向创造者转变。甚至，许多线上幼教课堂已经转变为幼儿教师、家长与孩子同步学习的家园共育新模式。

其四，幼教游戏化变革加速，知识育人向环境育人转型。传统的幼儿教育受"小学化"倾向的影响，侧重于知识育人。疫情之下的线上幼儿教育会更加注重环境育人，特别是借助互联网、人工智能等高科技手段，营造游戏化学习的生动场景，打造充满智慧、富有乐趣的学习环境，为幼儿、教师和家长提供更加便捷、更加高效、更加精准的教育服务，真正把单一的学习课程革新为多样化的环境课程。对于幼教机构而言，谁能够借力智能化创新、拥抱游戏化变革，谁就能够找到决胜新一轮幼教革命的密码。

新冠疫情是一场人民战争，事关每一个人，波及每一个行业。对于幼教行业而言，疫情无疑是一场危机，但危中有机、危中藏机，而变革是纾解危机的最优路径。只要广大幼教工作者勠力同心、风雨同舟、携手同行，奋力朝着智能化、原创化、结构化、游戏化方向加速转型变革，中国幼教就一定能够化危为机，完成破茧成蝶的自我革命。

"双减"政策为素质教育提供强力保障

对于"双减"政策的出台与实施，大多数家长表示支持和拥护。毕竟，"双减"除了减少孩子的作业负担和校外培训负担外，还减轻了教育成本和社会焦虑，在一定程度上校正了教育航向，避免了教育"内卷"，为素质教育高质量发展提供了难得的机遇。

素质教育是以提高受教育者全面素质为目标的教育模式。素质教育高度重视人的思想道德素养、能力培养、个性发展、身心健康等，更加注重培育个体良好的生活习惯、学习习惯和行为习惯。对于儿童而言，素质教育是科学路径和重要目标，游戏化学习的特殊模式是重要载体。"双减"政策的深入推进，为素质教育和游戏化学习提供了强力保障。

一是时间保障。"双减"政策明确提出的"学科类培训不占用节假日、寒暑假""禁止开展学龄前儿童的相关学科培训（包含外语）"等内容，给学校和家庭提供了更多开展集体活动、素质教育的时间，帮助儿童综合提升各项能力。"双减"政策出台后，广大儿童可以在编程、益智游戏、演讲、传统文化、美育体育、劳动体验等兴趣特长领域投入更多时间，促进自身的全面发展。

二是空间保障。家庭教育是儿童健康成长的源动力，社会教育是儿童快乐成长的加油站。"双减"政策实施后，家庭的学科培训时间和费用支出都会大幅度降低，家长的"鸡娃"压力可以得到有效缓解。同时，广大校外培训机构正在加快向素质教育转型，不少社会机构也在努力为儿童提供丰富多彩的素质教育内容，满足儿童的个性化发展需求。"双减"政策必将为家庭教育和社会教育提供更广阔的施展空间。

三是政治保障。学习本是孩子自己的事情，孩子才是学习的主人，之前由于家长和校外培训机构对孩子的学习给予了过多干预，一些孩子对学习产生了严重的依赖感、顺从感和厌倦感，甚至认为是为父母而学、为成绩而学。深圳一所学校在运动会上打出的"我爱学习，学习使我妈快乐"标语，就是最好的例证。殊不知，刷题不一定能刷出"学霸"，玩耍也不一定玩成"学渣"。基于纠正育人初心之偏与超前学习之偏的"双减"政策，必定是遏制"超前学习"和"超标学习"的杀手锏，可以为素质教育和游戏化学习提供强有力的政策支撑。

四是环境保障。目前，芬兰推行的是全球最均衡、学生成绩落差最小的教育体制，始终坚守"以人为本、不求躁进、不讲形式、不以赢为目标"的教育本质。芬兰教育学者普遍认为，孩子在10岁前是学习态度养成与阅读习惯建立的基础阶段，家长和学校要在各方面多加察觉，协助和配合孩子发展。我国"双减"政策的实施，会促使学校和家长把学习的主动权还给孩子，让孩子拥有自己的学习权利。

教育的终点不是让学生考上一所好大学，而是贯穿其全生命周期。良好的教育必须尊重每一个独立自主的个体。良性运转的社会需要多元化发展的人才。素质教育着力破解的正是人的全面发展和社会的多元化人才需求方面的问题。然而，推进"双减"政策和素质教育，绝不能急于求成、一蹴而就。正如华中师范大学教育学院罗祖兵教授所言：全面素质的培养不同于学科教学、知识学习，它是一个弥散性的、见效慢的过程，需要全方位地、长期地进行训练与熏陶。

"双减"政策的实施是一项系统工程，需要多方协同、全民参与。除了学校外，家庭和社会也是落实"双减"政策的重要责任主体。基于此，全社会都要以"双减"为契机，努力构建学校、家庭、社会三位一体的育人格局，营造相互理解、团结协作的育人氛围，促进广大儿童的全面发展、健康成长和智慧成才。

《家庭教育促进法》把"家事"变成"国事"

自2022年1月1日起《家庭教育促进法》施行，中国家庭教育新一轮变革的序幕正式拉开。《家庭教育促进法》是我国首次对家庭教育进行的专门立法，从前期调研到进入十三届全国人大常委会立法规划，再到2021年历经三次审议，可谓"十年磨一剑"，充分体现了党和国家对家庭教育的高度重视与殷切期望。

传统的家庭教育理念认为，家庭教育是家庭内部的私事，与国家和社会关系不大。实际上，家庭是孩子的第一课堂，家长是孩子的第一任老师，家庭教育是一切教育的基础和发端，关乎未成年人的健康成长和家庭的和谐幸福，关系到国家富强、民族振兴和社会稳定。良好的家庭教育对于孩子的成长成才发挥着不可替代的动力源作用。

值得关注的是，《家庭教育促进法》不仅明确了家庭教育的概念、内容和方法，还从总则、家庭责任、国家支持、社会协同、法律责任等方面对家庭教育的责任与义务进行了界定，为促进未成年人健康成长和全面发展提供了最大限度的法治保障，真正把传统"家事"变成了重要"国事"。

如果说"双减"政策带来了教育格局的大调整，那么《家庭教育促进法》催生了教育观念的大变革。正如全国人大常委会法工委社会法室主任郭林茂所解读的那样：《家庭教育促进法》通过制度设计采取一系列措施，实现家庭教育由以家规、家训、家书为载体的传统模式，向以法治为引领和驱动、以社会主义核心价值观为主要内容、以立德树人为根本任务的新模式迭代升级。

推动"双减"政策的落地实施，必须从完善家庭教育开始。随着中国经济社会加速转型，家庭教育暴露出越来越多的短板和弱项。笔者综合调研分析后发现，当前家庭教育主要存在以下六个方面的不良倾向：一是学习上过度严苛；二是行为上过度放任；三是物质上过度满足；四是情感上过度娇宠；五是监护上过度控制；六是目标上过度期望。

要纠正这些不良倾向，广大家长必须明确自己的责任和使命，大力弘扬中华民族重视家庭教育的优良传统，践行"家庭是孩子的第一所学校"理念，树立正确的育儿观和成才观，以科学有效的家庭教育助力孩子成长成才。事实证明，孩子的良好习惯、特长兴趣和远大志向，往往是在家庭教育中培养和形成的。

新时代需要什么样的家庭教育？笔者以为，家庭教育要坚持以孩子为中心，充分尊重孩子的全面发展规律，着力培养孩子的责任感，唤醒孩子的内驱力，增强孩子的独立性，努力构建家庭、学校、社会协同教育生态圈，并使其成为建设高质量教育体系的重要内容。

虽然家庭教育离不开国家和社会的大力支持，但主要责任还是在于家庭。父母是孩子的镜子，孩子是父母的影子。最好的家庭教育莫过于"父亲是榜样，母亲有温度"。父母与孩子骨肉相连、朝夕相处，起着言传身教的示范作用，必须履行监护职责与启蒙教育职责。基于此，家长应该扛起家庭教育的主体责任，加快思想破冰，实现"四个转变"：一是从重物质抚养向重精神抚养转变；二是从重智力提升向重品德涵养转变；三是从重才艺兴趣向重审美培育转变；四是从重学业监督向重平等交流转变。

家是最小国，国是千万家。广大家长要积极行动起来，以《家庭教育促进法》的施行为历史契机，高度重视家庭、家教、家风建设，与孩子做朋友，为孩子树表率，让家庭教育润物无声、春风化雨，真正把"家事"当作"国事"、把"国事"办成"家事"，携手点亮新时代家庭教育的蝶变之路。

家校共建可以"分工"但不能"分家"

家庭和学校是呵护孩子健康成长的两个"摇篮",家庭教育、学校教育和社会教育是保障孩子茁壮成长的三个"基座"。苏联教育家苏霍姆林斯基说过:只有学校教育而没有家庭教育,或者只有家庭教育而没有学校教育,都不能完成培养人这一极其艰巨而复杂的任务。可见,要把孩子教育好,仅仅依靠学校和教师的力量是远远不够的,只有家庭和学校有机结合、家长和教师协同一致,才能形成教育合力,实现家校共建、共育未来。

实践证明,优质的学校教育需要优秀的家庭教育做支撑。学校教育是培养孩子良好的学习习惯、生活习惯和行为习惯的主要渠道。虽然学校可以严格按照各项教育要求开展规范化教育,但由于家庭教育理念和培养目标千差万别,所以家庭教育往往难以与学校教育同频共振,家校矛盾由此产生。而家庭是孩子最早接受教育也是接受教育时间最长的场所,家庭教育的模式科学与否直接影响孩子接受学校教育的情况。因此,家庭教育和学校教育要协同一致、密切配合,具体分析每一个孩子的实际情况,联合制定适合孩子成长的培养目标,正确引导孩子健康成长、早日成才。

优秀学校的背后必然有一个强大的家长团队。学校是教师的学校,更是家长的学校。一所优秀学校的重要使命,就是把更好的教育理念、更先进的教育方法科学有效地传递给家长和孩子。对于学校发展而言,家长不是旁观者,而是参与者;家长不是评判者,而是建设者;家长不是局外人,而是局内人。从某种程度上讲,家长对学校认知水平的高低、支持力度的大小是衡量学校日常管理、教育教学水平的重要指标。因此，一个优秀的教师团队，应该与优秀的家长团队共同成长，在拓展家校共建、家园共育新天地中遇见更好的自己、成就最好的自己。

家校共建、家园共育，可以分工负责、团结协作，但不宜分家治理、各自为政。理想的家校关系、家园关系应该是平等的合作伙伴关系，双方彼此尊重、求同存异，认真协商、讨论和制定家校共建、家园共育的工作清单。家委会是连接学校和家庭的桥梁。学校要努力把家委会打造成自身形象的维护者、品牌代言人和改革智囊团。目前，我国一些中小学不仅成立了家委会工作领导小组，还成立了学校、年级、班级三级家委会和家长志愿者团队，积极组织家校交流、家长培训、家校评价活动，努力打造家校共同体，共绘学生成长同心圆。这些创新举措对于构建教育新生态具有重要的价值。

中小学的家校共建十分重要，幼儿园的家园共育也不容忽视。为顺应国家幼教新政策的相关要求，幼儿园要教孩子"玩中学、学中玩"，实现"去小学化"，家庭要积极配合国家的教育教学"去小学化"要求，避免超前教育、超纲教育和过度教育，注重对幼儿兴趣和个性的培养，推动幼儿实现全面发展。

家校共建、家园共育，是推动学生和教师、家庭和学校（园所）沟通合作的有效载体，其根本目的是为孩子营造开心成长、安心成长的良好环境，努力把孩子培养成为德智体美劳全面发展的社会主义建设者和接班人，甚至成为未来领导者。这也正是教育的初心和使命。

守护美好"视"界

儿童青少年是祖国的未来和民族的希望。近年来，我国儿童青少年的视力下降趋势愈发明显，近视率不断攀升，近视低龄化、重度化日益严重，身边的"小眼镜"已经越来越多。毋庸置疑，儿童青少年近视防控工作迫在眉睫。

当前，视力问题正在成为侵害我国国民健康的"隐性杀手"。国家卫健委相关数据显示，2022年全国儿童青少年总体近视率为53.6%。其中，6岁以下儿童为14.5%，小学生为36%，初中生为71.6%，高中生为81%，大学生为90%。世界卫生组织调查数据显示，全世界14亿近视人口中，有6亿人生活在中国，中国儿童青少年近视率居世界首位。

面对这些触目惊心的统计数据，我们全体国民都应该进行深刻反思，并努力查找问题之源，寻找治本之策。

长期以来，视力都是衡量国民健康的一个重要标准。视力出现问题，必然会影响国民健康的整体水平。近视一旦产生，就会形成难以逆转的危害。高度近视会引起很多眼底并发症，如视网膜脱离、黄斑裂孔等。因此，警惕和防止近视低龄化，是从源头上解决近视问题的良策。

从临床上看，近视主要与遗传、社会环境（学习、工作、生活）和用眼卫生有关，其中用眼不当导致视力下降者占了近视人群的多一半。随着社会经济发展和电子产品普及，儿童青少年阅读和近距离用眼时间变长，容易导致眼睛肌肉紧张、调节失衡，慢慢发展为近视。相关研究发现，近视发生的年龄越小，近视度数增加的速度就会越快。为了有效应对近视低龄化倾向，权威眼科专家友情提醒人们：如果孩子出现看物体时经常眯眼、揉眼睛、频繁眨眼、皱眉、歪着头看物体、看东西时经常斜视、视物凑近等症状，需要依照"早发现早干预"原则，及时到医院眼科或专业机构接受检查，遵从医嘱进行科学干预和近视矫治。

面对儿童青少年的近视难题，我们绝不能只"治"不"防"或重"治"轻"防"，更不能"病急乱投医"，要高度重视儿童青少年近视的综合防控工作，真正实现从了解近视常识到学会运用视力健康管理的转变，做到"治防"并举。

2018年8月30日，教育部、国家卫健委等八部门联合印发《综合防控儿童青少年近视实施方案》，提出"到2030年，实现全国儿童青少年新发近视率明显下降，儿童青少年视力健康整体水平显著提升，6岁儿童近视率控制在3%左右，小学生近视率下降到38%以下，初中生近视率下降到60%以下，高中阶段学生近视率下降到70%以下，国家学生体质健康标准达标优秀率达25%以上"，切实加强新时代儿童青少年近视防控工作。2019年10月，国家卫健委发布了《儿童青少年近视防控适宜技术指南》，指导和规范全国的近视防控工作。2021年10月，根据国家"双减"等最新政策要求和国内外学术研究进展，对适宜技术指导要求进行更新调整，形成《儿童青少年近视防控适宜技术指南（更新版）》。2023年3月，教育部印发了《2023年全国综合防控儿童青少年近视重点工作计划》，将儿童青少年近视防控工作、总体近视率和体质健康状况纳入政府绩效考核范围。

眼睛看得见的地方是视力，眼睛看不见的地方是眼光。若想从根本上解决视力问题，就不能仅就近视防控谈近视防控，而要从国家层面牢固树立战略眼光和底线思维，从民众层面大力增强健康观念和预防意识，引导广大民众真正认识到保护视力的重要性和必要性。比如：家长应该掌握科学的近视预防知识，教会孩子保护视力的具体方法；幼儿师范院校应把弱视和近视防治知识列为教育教学的必修课，使幼教工作者真正成为幼儿弱视筛查和近视预防的主要力量，从而确保每个幼儿园都能胜任幼儿的弱视筛查和近视预防工作，努力扣好儿童青少年视力保护的第一粒扣子。

眼睛是心灵的窗户。守护好儿童青少年的美丽"视"界，就是呵护好儿童青少年的心灵之窗。保护儿童青少年的视力，是家庭、学校、社会义不容辞的责任。更进一步讲，儿童青少年近视防控不仅是卫生健康方面的问题，更是社会发展方面的问题，需要政府、学校、医疗卫生机构、家庭、学生等多方协同、精准发力，在全社会积极营造政府主导、部门配合、专家指导、学校教育、家庭关注的良好氛围，努力让每一个孩子都有明亮的眼睛和美好的"视"界。

反思阅读之意义

第四辑

  阅读是人类社会永恒的主题,是人类探寻真理、传承文明的重要路径。阅读点亮城市蝶变之路,照亮人类前行的方向。阅读能让人们厚积薄发,能让人们的世界草长莺飞。书本中有比眼睛里更生动的风景。在阅读中反思、在反思中阅读,无疑是一件雅事。

阅读让城市备受尊重

阅读是文明社会的永恒主题。人类文明的积淀、传承、创新与发展均离不开阅读。自古以来，对于社会或个人而言，读书都是一件百利而无一害的事情。无论是私人阅读还是公共阅读，都犹如心灵灯塔，照亮着城市前行的方向。正如阿根廷著名作家博尔赫斯所说的：天堂应该就是图书馆的模样。

随着知识经济和互联网时代的到来，阅读对于人类自身发展的重要性日益凸显。虽然人们的阅读方式正在从纸质阅读向数字阅读加速转变，但阅读给人们带来的精神力量从未改变。

一座城市的美丽要靠建筑、规划和环境等外在的形式来体现，但一座城市真正的魅力，还是在于这座城市市民的品位与气质。市民的品位与气质从何而来？读书无疑是最佳的途径。一座魅力之城应该拥有广大乐于阅读、善于阅读的市民。

一座城市最美的人文风景往往不是旅游景区、名胜古迹，而是书店和图书馆。当我们在一座城市看到很多专心阅读、陶醉书海的市民朋友时，通常会对这座城市肃然起敬，就会觉得这座城市富有朝气、充满希望。

阅读让城市备受尊重，主要是因为阅读文化决定着一座城市的文化格局与文明力量。作为我国高速发展的城市，深圳虽以经济发展速度闻名于世，但近年来悄然打起文化牌、读书牌，成为全球唯一获得联合国教科文组织授予的"全球全民阅读典范城市"称号的城市。

或许，有人会质疑——没有厚重的秦砖汉瓦，没有深厚的文化底蕴，没有托举现代文明的文化坐标，没有享誉全球的文化大师，深圳为何能赢得世界的尊重？

究其原因,深圳人始终有一种对创新的执着追求,有一种对发展的永不懈怠,有一种对读书的独特情怀。可以说,无处不在的读书活动,已经成为深圳的一道亮丽的风景线。

阅读不仅能够提升城市的品质和品位,还能够延展城市的文化张力和品牌影响力。现代城市的竞争,不仅是物质财富的较量,还是精神财富的比拼。在某种程度上可以说,现代城市的竞争是以文化论输赢、以文明比高低、以精神定成败。

文化是一座城市的终极价值,也是一座城市的灵魂所在。一座没有文化精神的城市,谈何魅力和吸引力?只有具有人文精神,才能不断提升城市的凝聚力、影响力和辐射力,真正实现"本地人自豪、外地人向往"的目标。

我们期待,读书的快乐能够弥漫到城市的每一个角落,温暖着不同兴趣、不同年龄、不同职业、不同收入水平的人们。

我们期待,崇尚阅读、求学问道的新鲜气息,能够引领广大干部群众涵养智慧、浸润心灵、汇聚力量,远离牌桌、酒桌、娱乐桌,多上书桌、茶桌、文化桌。

我们期待,"全民阅读"系列活动能够唤醒广大民众的读书欲望和人文情怀,将大写的"人"字铭刻在文化中国建设的历史丰碑上。

阅读点亮人生蝶变之路

改革开放以来,"读书改变命运"的中国故事与中国奇迹在恢复高考的伟大历史进程中被无数人书写和传播。从区域的角度看,阅读让城市备受尊重;从个人的角度看,阅读可以成就最好的自己。

2012年至2017年,我在襄阳日报传媒集团工作期间,参与策划组织了"书香溢襄阳"全民阅读系列活动,打造了最美书店、书香家庭评选活动和市民读书会、共读沙龙等特色阅读品牌,得到新华社、《人民日报》、央视等中央媒体的关注和报道。同时,我也发表了《阅读让城市备受尊重》《阅读成就最好自己》等一系列读书感悟和书评。

2017年至今,我在长江传媒工作期间,参与策划组织了"楚天少儿悦读季"全民阅读和践行社会主义核心价值观的"起点阅读"活动,举办"作家面对面""编辑零距离""绘本亲子读""作文指导""阅读辅导"等各类阅读活动1000多场,服务师生超过100万人次,引起社会广泛关注。这些年我通过推进全民阅读进校园,引导广大青少年扣好人生第一粒扣子,努力实现出书育人、立德树人、培根铸魂的教育目标。

天天讲阅读,时时在阅读。可是又有多少人思考过阅读的价值到底在哪里、阅读的目标到底是什么。我认为,阅读的价值和目标主要表现在以下三个方面。

第一,阅读赢得社会尊重。当我们看到那些专心阅读、陶醉书海、热爱学习的人群时,会对他们肃然起敬,会觉得这个群体富有朝气、充满诗意、孕育希望。40多年来,深圳能够从"文化沙漠"发展成"文化绿洲",很大程度上靠的是广大深圳市民积极培育全民阅读氛围和终身学习习惯。深圳是全国第一个提出"城市因热爱读书而赢得尊重"理念的城市，是全国第一个出台全民阅读促进条例、实现阅读立法的城市，是全国唯一一个实现"一区一书城、一街一书吧"的城市，是全国少有的每年市民人均图书阅读量超过20本的城市。深圳这座城市坚持用阅读点燃梦想，用阅读点亮未来，在阅读中赢得社会尊重、获得世人点赞。

第二，阅读唤醒高贵灵魂。阅读给我们带来的收获或许是仁者见仁、智者见智，但总能给我们带来一种相似的、美好的、永恒的人生体验，那就是我们可以在阅读中与过去告别、与现在对话、与未来相约。当我们翻开书页时，总能激发"问渠那得清如许？为有源头活水来"的思想活力；当我们遨游书海时，总能得到"文章本天成，妙手偶得之"的智慧启发；当我们品味书韵时，总能领略"会当凌绝顶，一览众山小"的浩然正气。城市因阅读而备受尊重，人生因阅读而更加精彩。

第三，阅读成就最好的自己。"最是书香能致远，腹有诗书气自华"，这是书香的奇妙，也是文化的力量。2017年，我收到陕西咸阳青年作家魏锋的新著《微风轩书话》，深受启发、大为感动，并专门为他的新书写了一篇书评《在阅读中做最好的自己》。这篇书评在多家媒体刊发，产生了广泛影响。我之所以撰写这篇书评、推介这个典型，主要是因为这是一个"读书改变命运"的励志故事，也是一个"阅读涵养生命"的现实读本。1998年，魏锋因为高考前的一张误诊通知单，错过了就读大学的机会。然而，他并未向命运低头，而是选择用自己的方式去追逐梦想、拥抱未来。他做过建筑小工、当过代课教师，后来在当地一家企业担任内刊编辑，创办了"微风轩书香"公众号，并发起"微风书公益"项目，为特殊教育学校、农民工子弟学校、农村书屋和基层图书馆捐赠图书。无论从事哪个职业、哪份工作，他总是与书为伴，坚持阅读和创作，让"读书、教书、编书、卖书、捐书"成为生命的全部。可以说，阅读点亮了魏锋的人生蝶变之路。

世间好物千千万，唯愿与书长相伴。让我们一起拿起书本，多一分优雅、少一些世俗，多一分坚持、少一些浮躁，多一分自律、少一些放纵，好读书、读好书、善读书，把阅读当作生活方式，把书香当作终身伴侣，真正在阅读中遇见更好的自己、成就最好的自己。

出版人离出版家到底有多远

知名出版人海飞在《童书大时代》一书中写道：中国童书出版进入了大时代。童书出版成为出版业中最具活力、最有潜力、发展最快、竞争最激烈的板块。全国共有580家出版社，560多家都在参与少儿出版市场竞争。童书出版是图书出版行业最重要的领涨力量，已成为零售图书市场的第一大细分板块，占到零售图书市场四分之一的份额。很多出版机构蜂拥而至，涉足童书市场，往往是受到市场效益诱惑，而非基于自身的人才队伍、资源优势而制定的科学、理性的发展战略。随之而来的是，恶性竞争蔓延、市场乱象丛生、选题跟风、题材同质化、高定价低折扣等情况的难以根本扭转。

当前，一些少儿出版机构在产业化、数字化、资本化方面走在全国出版行业前列，肩负着"既要突出主业发展，又要突出创新发展"的双重任务，承担着"既要赶超，又要转型"的双重使命。名作催生名家，名家创造名作。智媒时代对少儿出版人的要求越来越高，打造高素质专业化的少儿出版团队尤为必要。简言之，少儿出版家的缺乏，严重制约了中国少儿出版事业的高质量发展和中国童书核心竞争力的快速提升。未来，少儿出版机构必须以智库型出版与出版型智库为载体，努力把知识链打造成服务链、把产品线打造成精品线、把出版人打造成出版家，推动少儿出版行业高质量发展。出版家与普通出版人的最大不同之处就是：出版家不仅是政治坚定、作风过硬、业务精湛、责任心强的出版工作者，还是集复合型人才、学者型编辑、实干型专家特质于一身的优秀出版人。

一、推动观念转型，培养复合型人才，着力把知识链打造成服务链

出版工作是一项政治性很强的业务工作，也是一项业务性很强的政治工作。出版关乎政治、文化和教育，也涉及生产、经营和管理。出版一本好书，往往能影响当下、影响未来，甚至可以影响几代人。一本好书是多种积极要素同时作用的结果。新时代少儿图书编辑必须加快观念转型，从单纯的编辑业务模式中走出来，在打牢编辑业务基本功的基础上，提高选题策划能力、市场运营能力和综合协调能力，牢牢把握传统出版与新兴出版深度融合的主动权，争当复合型人才。

（一）坚持内容为王，变"将就"为"讲究"

近年来，长江少年儿童出版社坚持"经典、科学、阳光、成长"的出版宗旨和"精益求精、守正出新"的编辑理念，努力产出有思想、有温度、有品质、有情怀的精神食粮，帮助广大青少年扣好人生第一粒扣子，为他们的人生打上智慧的底色，着力打造产品线、延伸价值链，已初步打造10条亿元级、20多条千万元级产品线矩阵，但在打造具有名家原创、冲刺大奖、市场爆款等鲜明特征的精品线方面还存在明显短板。环视当下少儿出版市场，"满眼尽书却又无书可买"的尴尬局面困扰着广大家长和孩子。这就要求少儿出版人必须坚持"内容为王"的产品理念，把精品生产放在首要位置，按照"一个内容多个创意、一个创意多次开发、一次开发多个产品、一个产品多个形态、一个形态多次增值"的发展思路，创作更多启迪思想、陶冶情操、温润心灵的精品力作。

（二）坚持渠道为先，变"漫灌"为"滴灌"

这是一个大众传播渠道严重过剩、精品优质内容严重短缺的智媒时代。基于多方面的原因，重复出版、低质量出版、低效能出版现象突出，重复传播、低质量传播、低效能传播的特征相当明显。这就要

求少儿出版人坚持"渠道为先"的营销理念,把策划引领、精准传播放在突出位置,既要站在渠道传播的角度去谋划内容生产,又要站在内容生产的角度去谋划渠道传播,变"大水漫灌"式的强刺激为"精确滴灌"式的微创造,大力探索社群营销、校园活动直销等新型营销模式,真正做到赢在创意、决胜终端。

(三)坚持服务为上,变"精致"为"极致"

出版工作是一种细活,流程细、环节多、周期长、事务杂。传统新闻出版市场的大幅下滑,使得新闻出版从业者的职业成就感不如从前,也导致不少出版从业者产生了浮躁情绪和迷茫心理,进而助长了"差不多"心态和粗制滥造风气。这就要求少儿出版人坚持"服务为上"的用户理念,始终保持职业定力,了解和满足客户的真实需求,从优秀走向卓越,从精致走向极致,衔接好知识服务链条上的每一环,切实实现服务的便捷、精准、高效。

二、推动素质转型,培养学者型编辑,着力把产品线打造成精品线

党的十九大报告明确指出:"要深化文化体制改革,完善文化管理体制,加快构建把社会效益放在首位、社会效益和经济效益相统一的体制机制。"少儿出版机构必须把突出主业发展放在突出位置,把社会效益放在优先位置。突出主业发展,从当前看,就是要以产品线思维重构传统出版运营体系;从长远看,就是要以精品线标准引领现代出版高质量发展。为此,少儿图书编辑必须加快素质转型,积极谋划和推进兼具社会效益和经济效益的精品线建设,真正让出版主业的传统优势得到巩固、新兴优势得到发挥,争当学者型编辑。

(一)从策划型编辑向创作型编辑转型

童书出版的持续火爆吸引了越来越多的写作者投入其中,既有创

作态度严谨、坚持原则操守的优秀作家，也有以经济利益为目的的急功近利、粗制滥造的劣质写手。这对当下的图书编辑提出了更高的要求和更大的挑战。少儿出版机构必须进一步强化编辑的主体意识，在选题策划、项目推进的阶段，就要主动介入作家的创作，对创作的方向、作品的呈现等进行引导和规划，牢牢把控选题作品主题主线的正确走向。这种深度介入创作和出版全过程的具体要求，可以倒逼策划型编辑向创作型编辑转型。与此同时，创作型编辑还要深入了解业界动态和读者心理，不断提升自身的学术水平和理论素养，提高对儿童题材作品价值进行评判的能力。

（二）从出版型智库向智库型出版转型

编辑是杂家，编辑学是杂学。真正的精品力作不是"忽悠"出来的，也不是凭借一时的运气"偶遇"的，而是一代又一代执着、坚守的专业出版人打造出来的。优秀的少儿出版人必须坚定理想和追求，拥有前沿的专业知识和深厚的理论功底，能够在一个或几个领域与大师对话、与大家交友，甚至成为某些领域的专家或大家。这就要求新时代少儿图书编辑矢志不渝地追求更专业、做到最专业，争当学者型编辑。

（三）从传统型出版向数字化出版转型

没有夕阳的产业，只有夕阳的技术和夕阳的思维。知识经济时代，少儿出版必须走融合创新之路，为知识链赋能增值，让服务链坚强有力。数字出版物生产与知识付费服务，已成为数字出版领域的两大鲜明特征。长江少年儿童出版社以打造长江少儿新媒体矩阵平台、长江少儿数字馆、长江少儿数字出版项目申报数据库为载体，加快构建稿件库、作家库、作品库、编辑库、融媒体产品库和数字党建库六大功能数据库，着力打造数字出版物生产和知识付费服务体系，为传统出版和新兴出版融合发展提供新平台、探索新模式。与此同时，该出版社还与海尔新媒体一道，联合爱奇艺、阿里巴巴文化娱乐集团、中幼国际教育科技有限公司，构建"2+3"跨界融合平台，着力打造"上知天文，下知地理""大头儿子和小头爸爸"等融媒体产品线，并谋划布局传统出版与新兴媒体深度融合的新产品、新服务、新模式。

三、推动作风转型，培养实干型专家，着力把出版人打造成出版家

新闻出版单位历来十分重视员工的主观能动性和创造性思想的发挥，于是在管理方面比较尊重个性化、突出人本化。这也为一些自律意识不强的员工养成自由散漫、作风漂浮的不良习气提供了土壤和空间。如今，这些不良习气已成为制约不少单位落实精益求精要求和培植工匠精神的瓶颈。少儿图书编辑是作者的坚强后盾，若要让作者安心、放心、省心、舒心，就必须摒弃"坐等上门、一劳永逸"的思想，以务实重行的工作作风去加强专业学习、争取优秀作者、抢占优质资源、创造非凡业绩，争当实干型专家。

（一）提高政治站位，争当"红扣子"优秀扣手

习近平总书记在全国宣传思想工作会议上指出，要抓住青少年价值观形成和确定的关键时期，引导青少年扣好人生第一粒扣子。少儿出版人无疑肩负着立德树人、培根铸魂的社会责任。长江少年儿童出版社坚持把"以文化人、以文育人、以文培元"作为出发点和落脚点，创建了"红扣子"党建工作品牌，出版符合社会主义核心价值观的思想精深艺术精湛的"红扣子德育书系"和"红扣子美育书系"，为广大青少年提供精神滋养，帮助他们扣好人生第一粒"红扣子"。如今，"红扣子"既是一个党建品牌，也是一个图书品牌，更是党建工作与出版主业深度融合的创新品牌。

（二）增强"四力"，争当少儿出版业务能手

习近平总书记在全国宣传思想工作会议上强调，要不断增强脚

力、眼力、脑力、笔力，努力打造一支政治过硬、本领高强、求实创新、能打胜仗的宣传思想工作队伍。宣传思想工作进入守正创新的重要阶段，少儿出版人要切实增强"四力"，用脚力丈量大地，用眼力观察世界，用脑力记录社会，用笔力书写时代，深入了解少年儿童的生活状况和思想状况，推出一批贴近现实、反映伟大时代的优秀作品，引领和感召广大少年儿童树立正确的世界观、人生观、价值观，为中华民族伟大复兴培养合格的建设者和接班人，更好地担负起举旗帜、聚民心、育新人、兴文化、展形象的使命任务。

（三）弘扬工匠精神，争当新时代出版名家

大多数少儿出版人既经历过市场惨淡萧条的风雨，也面对过喧嚣浮躁的诱惑，他们中大部分人如今仍然能够始终如一地坚守初心、精益求精，脚踏实地地为广大少年儿童提供专业的阅读指导和成长指南，用工匠精神铸就文化品牌，努力在童书大时代留下独有的印迹。这是"工匠精神代代相传"的缩影。当下的少儿出版人，尽是青春的面庞、跃动的激情，必须用专注的精神打造每一本图书、塑造文化精品。"千淘万漉虽辛苦，吹尽狂沙始到金"，经过岁月的洗礼，长江少年儿童出版社倾力打造的"百年百部中国儿童文学经典书系""中国画本馆""少儿科普名人名著""最励志校园小说""你在为谁读书"等一批图书品牌在市场上站稳了脚跟，产生了良好的社会效益和经济效益。其中，不少品种已经走出国门，被译成英语、韩语、阿拉伯语、俄语等多个语种出版。"苟日新，日日新，又日新"，在传承中创新，在创新中传承，应该是新时代少儿出版人的不懈追求。面对风云变幻的图书出版市场，能够在风雨中岿然不动的，或者风雨过后看到彩虹的，永远是那些坚定理想信念、坚守工匠精神的出版名家。

出版人离出版家还有多远？新时代的少儿出版人应该瞄准"为时代画像、为时代立传、为时代明德"的崇高目标，努力在实现个人职业理想、帮助广大青少年扣好人生第一粒扣子的宏伟征程中寻找答案。

为荣誉而战，向梦想进发
——长江少年儿童出版社成立40周年感怀

2018年7月6日，按照长江传媒党委安排，我从湖北长江报刊传媒集团调到长江少儿出版集团工作，担任党委副书记、总经理。2019年3月28日，我从长江少儿出版集团调到刚刚升格为长江传媒二级公司管理的爱立方工作，担任董事长。

在长江少儿出版集团工作的9个多月，是我人生中难忘的记忆。在集团党委和何龙董事长的正确领导下，我团结带领广大干部员工吹响了"为荣誉而战，向梦想进发"的号角，成功开启跨越式发展新征程。

在这里，我深刻理解了少儿出版社的神圣职责。少儿出版机构的神圣使命是立德树人、出书育人、培根铸魂，引导广大青少年扣好人生第一粒扣子。要实现这个目标，关键是持续培养广大青少年的科学素养、人文素养和艺术素养。作为少儿出版人，我们只有引导青少年多读书、读好书、善读书，在阅读中遇见更好的自己、成就最好的自己，才能真正担负起新时代赋予我们的神圣使命与光荣职责，并实现自身的专业成长、职业成长与精神成长。

在长江少儿出版集团爬坡过坎的历史关口，我与何龙董事长谋划推进的三件历史性大事让我永生难忘。

第一件大事是策划创建"红扣子"党建品牌，探索"三融三立"党建工作法，持续提升党建引领力。我们制定了《长江少儿出版集团党建工作标准化手册》等规范文本，打造长江少年儿童出版集团党建共建教育实践基地，策划开展"长少青年讲堂"、"重温入党志愿 坚定理想信念"主题党日、"我来讲党课"、"周三课堂"等特色活动，擦亮"红扣子"党建品牌，切实做好典型引路、党建共建、全域党建，真正把长江传媒党委书记党建工作联系点建成基层党建示范点。如今，"红扣子"不仅是党建品牌，还是出版品牌、文化品牌和教育品牌。

第二件大事是筹划组建文教分社和营销中心，着力打造智库型出版与出版型智库，持续提升产业发展力。我们充分整合文教资源，筹建长江智慧教育研究院、长江青少年创客学院，全面提档升级创客教室项目，推进长江少儿创客教室展示间和襄阳四中初中部（金源中学）样板间建设。同时，以营销中心为载体，加快推进精准营销、精细服务，大力拓展一般图书的全国营销渠道，建设科学、规范、高效的现代少儿图书产品营销体系，积极构建文教图书与一般图书"双轮驱动"的产业格局。

第三件大事是创新开展"楚天少儿悦读季"全民阅读示范学校授牌仪式暨共读经典阅读周系列活动，持续提升品牌影响力。我们发布《楚天少儿悦读季"共沐书香 共读经典"倡议书》，加快建设"楚天少儿悦读季"全民阅读示范基地，联合知名学校举办"疯狗浪""百年百部"共读经典阅读周主题活动，持续放大"楚天少儿悦读季"品牌效应，打造湖北省"全民阅读"和"护苗行动"重要品牌，推动文教、儿童文学、少儿科普、绘本四大主业板块加速实施"高质量倍增计划"，努力把长江少儿出版品牌打造成国际知名的出版品牌。

在这里，我激情放飞了长江少儿出版人持之以恒追逐的光荣梦想。通过调研座谈，我深刻感受到长江少儿出版人心中从未泯灭的远大梦想。长期以来，有三个梦想一直激励着一代又一代长江少儿出版人奋勇向前、一往无前。第一个梦想是实现主业营收、利润高质量增长，成为全国少儿类出版领域的"行业第一"；第二个梦想是获得中宣部"五个一工程"奖；第三个梦想是获得韬奋出版奖。简言之，就是实现社会效益与经济效益双丰收，真正引领全国少儿出版业发展。

为荣誉而战，向梦想进发。目前，长江少儿出版集团已经稳稳地站在了中国少儿出版的第一方阵。这是每一个长江少儿出版人的光荣与梦想。虽然我自己未能一直与大家并肩奋战在少儿出版领域，但心永远与大家在一起。记得 2019 年 3 月底，我离开长江少儿出版集团时写给同事们的告别信中有这样一段话："无论人在何处，我都十分怀念与长江少儿出版集团一起拼搏、一起成长、一起奋进的难忘经历；无论身在何方，我都十分怀念与长江少儿出版集团党委班子成员奋力谋划、推进高质量倍增的黄金岁月；无论走到哪里，我都十分怀念与长江少儿出版集团干部员工朝夕相处、团结协作、追逐梦想的美好时光。"

一日长少人，一生长少情。虽然在长江少儿出版集团工作时间不长，但是我的血液里已经深深融入了长江少儿出版集团"红扣子"的党建基因，我的言行中已经深深融入了长江少儿出版集团"精益求精绘倍增计划，守正出新起事业宏图"的深深印记，我的脑海里已经深深融入了长江少儿出版集团"内容为王、渠道为先、服务为上、文化为魂"的经营理念。

阅读赢得社会尊重，阅读唤醒高贵灵魂，阅读成就最好自己。长江少儿出版人要始终与时代共进，高扬"书香溢校园，经典助成长"的文化旗帜，为广大青少年"共沐书香、共读经典"搭建平台、营造氛围，共筑阅读梦，共圆中国梦。

立德树人，出书育人，培根铸魂。值此长江少年儿童出版社成立 40 周年之际，衷心祝愿长江少年儿童出版集团的明天更美好！衷心期待长江少年儿童出版集团能够引导广大青少年扣好人生第一粒扣子，早日成为新时代中国特色社会主义的建设者和接班人，共享时代荣光，共谱世纪华章！

让精品图画书滋养金色童年

为深入贯彻中共中央、国务院《关于学前教育深化改革规范发展的若干意见》，落实立德树人根本任务，教育部基础教育司委托教育部基础教育课程教材发展中心，组织来自学前教育、儿童文学、插画、思政等专业领域的百位专家，经过资格审核、网络评审、会议评审、专项审查等多个环节，精心遴选出347种幼儿图画书，其中中国原创图画书占比78%。2021年10月，这个精心遴选、权威推荐的幼儿图画书目录一经发布，便引起了广泛关注和强烈反响，特别是为广大幼儿教师和家长有针对性地选择符合3～6岁儿童年龄特点和认知水平的图画书提供了参考指南。

阅读是人的"第二故乡"，也是丰富人类精神营养的最佳良方。在倡导全民阅读的时代浪潮中，引导孩子热爱阅读，与孩子一起阅读，是广大教师和家长的神圣职责。

实践证明，早期阅读对助力孩子的健康成长和智慧成长具有十分重要的牵引作用。引导孩子享受阅读乐趣，可以激发孩子的想象力；引导孩子享受阅读美感，可以提升孩子的创造力；引导孩子享受阅读故事，可以培养孩子的专注力。

图画书凭借优美的语言、独特的表达、精美的画面和精妙的故事，能够激发孩子对书籍、阅读和写作的兴趣。对于孩子而言，精品图画书犹如一个可以让人感知世界、理解他人、表达自我的百宝箱。丰富多彩的精神世界从这里开启，金色童年在这里得以滋养。

其实，图画书不仅是最适合幼儿阅读的图书类别，也是适宜每个年龄段的人阅读的读物品种。正如儿童早期亲子阅读专家、《早期阅读与幼儿教育》作者孙莉莉所言：大人也要读图画书并不是因为大人读了图画书才能更好地教孩子读，而是因为大人也需要有一颗柔软的心，这样才能真正体会到孩子的情感，才能真正地和童年对话。为此，有图画书爱好者这样深情感悟：读一本充满诗意的图画书，可以让大人的内心更加柔软，与童年对话，与自己对话，与孩童对话。

无独有偶，日本知名童书推广人柳田邦男曾说：人的一生有三次读图画书的机会，第一次是自己是孩子的时候，第二次是自己做了父母抚养孩子的时候，第三次是人生过半，面对衰老、疾苦、死亡的时候。他认为每一次阅读都能从图画书中获得许多可以称为新发现的深刻意义。我们从中足以发现图画书阅读在人的成长生涯中的重要性、必要性和周期性。

孩子阅读图画书的方式方法多种多样，但终极目标是培养自身良好的学习习惯和思维品质。笔者在调研思考后发现，阅读图画书可以采用"四读法"：一是通过"大声朗读"增强语感；二是通过"察图比读"增添美感；三是通过"大胆猜读"增长智慧；四是通过"亲子共读"增进感情。

读图画书重要，选择合适的图画书更重要。选择什么样的图画书一直是困扰广大教师和家长的现实难题。长期以来，外版图画书在我国图画书市场中占据主导地位，中国原创精品图画书供给严重不足。对此，广大教育工作者忧心忡忡。我国著名儿童文学作家曹文轩多次向少儿出版行业呼吁：虽然说在图画中人类的情感是共通的，然而我们无法指望国外的绘本能承载多少我们的民族文化含量。重拾经典，回归传统，打造中国原创精品图画书，既是弘扬中华优秀传统文化的迫切要求，也是坚定文化自信的题中应有之义。

我们除了要为孩子的阅读生活营造轻松、幽默、欢乐的浓厚氛围，还需要在图画书中注入崇高、厚重、坚韧的精神品质。广大幼儿教育工作者要努力分享、传播那些原汁原味的、集中体现中华优秀传统文化和现代生产生活特色的中国原创精品图画书，让每一个中国孩子都能在阅读中感悟到中国的富强、民主、文明、和谐、美丽和中国人民的勤劳勇敢，在幼小的心灵中烙下深深的中国根、中华魂。

书店是城市的精神灯塔

书店是一座城市的文化名片,也是一座城市的精神灯塔。在任何一座城市的文化地图上,实体书店都犹如闪闪发光的文明坐标,更像是温暖城市的点点灯火,在构建公共精神空间中点亮了这座城市的人文气质,照亮了无数普通市民精神探索的旅途。

文化是城市的灵魂,风雅是城市的气质。都市人群向往的风雅生活应该是一幅怎样的图景?或许,大多数人期待的是这样的生动画面:手捧半亩方塘,鼻闻翰墨丹香,口诵经典佳句,啜饮源头活水。实体书店理应成为都市人群风雅生活中不可或缺的组成部分。

书店的品质凸显城市的气质。一个个阅读空间静静地散落于城市的每个角落,无意间让城市浸润着文化的味道。无论是公共图书馆、大型书城,还是特色书店、社区书房,都是城市文化建设中的一束光,由所有爱读书的市民一起点亮。作为一座历史悠久、人文荟萃的风雅之城,扬州市历来重视全民阅读和城市书房建设,把"书香扬州"建设纳入全市重点民生幸福工程和公共文化服务体系,作为旅游名城建设的重要内容。正如扬州市委主要负责同志接受媒体采访时所说的:我们舍得把城市最繁华、最漂亮、离老百姓最近的地方拿来建设城市书房,24小时免费开放,让阅读融入城市血脉里、融入市民生活中;扬州人既要有历史文化自信,更应有当代文化自觉。

当前,为了积极应对日益激烈的文化市场竞争,越来越多的实体书店不仅在探索"书店+",也在探索"文化+""生活+"。近年来,"图书+文创+咖啡"的模式,已经成为实体书店创新转型的通用路径。与此同时,一些特色书店持续推进业态创新和内容更新,融入剧本杀、儿童盒子剧等文化孵化业态,以文化为入口,引导更多的年轻人在这个多元空间里去探索丰富多彩的世界。还有一些特色书店，紧紧围绕消费者的生活方式和生命态度，在图书陈列上打破常规、突出个性，按照衣、食、住、行、游、学等类别进行精心细致的设计布局，努力将书店这个物理空间所承载的图书背后的生活方式和价值取向传递给读者，并为读者提供亲切、温暖、风雅的高品质体验。

  随着生活水平的不断提高，人民对美好文化生活的向往呈现品质化、多元化、个性化特征。对于以图书销售为主营业务的实体书店而言，必须朝着让读者获得最佳体验的"最美书店"方向前进。

  在深圳，深圳大鹏所城方知书院不是仅仅买书看书的场所，而是将大鹏特色的海防和非遗文化、文创相结合，打造的别具一格的阅读空间。方知书院创始团队时刻用推动全民阅读的理想情怀践行自己的初心：广厦繁华，抵不过恰好一间书屋；用心描绘时光，"方知"当下可贵。

  在青岛，如是书店凭借极具特色的审美性空间设计、体验性活动布局和个性化文创定制，一度成为青岛的"网红"打卡地。特别是坐落在社区里的如是书店城阳店，其秉承"阅读让社区生活更美好"的经营理念，立足于建设精准服务"一老一小一家庭"的文化邻里中心和市民家门口可以学习、会客、就餐的多元文化空间，既为孩子提供周末托管培训服务，也为老年人提供老年大学学习服务。

  在武汉，成立于1980年的外文书店，历经两年多设计和改造升级后，于2019年12月18日精彩亮相，"学海无涯，山外有山"的外形设计和品类丰富的新型业态别具特色，"每一本书就是一个世界，在书的世界打开世界"的美好阅读体验让人流连忘返，迅速成为英雄城市的文化新地标和"网红"打卡地，成功入选首届全民阅读大会"年度最美书店"。

  最是书香能致远，最美不过读书人。在这个喧嚣浮躁的时代，与富有创意和情调的特色书店不期而遇，我们不仅能感受到"见字如面"的欣喜与心动，还能在"与高贵灵魂对话"的阅读世界里遇见更好的自己。

  无论何时何地，择一处书香之所，给心灵一个安放的地方。我们不禁感慨：幸好，书店还在！

超越旧我　认知自我　实现大我
——推荐阅读曹文轩作品的三个理由

优秀的儿童文学作品是帮助孩子扣好人生第一粒扣子的重要载体。随着"童书大时代"的到来，少儿出版已成为中国图书市场最大的出版板块，而儿童文学一直是少儿出版市场的最大贡献者。在当代中国儿童文学领域，有一个人不得不提，那就是北京大学中文系教授、著名儿童文学作家曹文轩。

2016年，由于获得全球儿童文学最高奖项——国际安徒生奖，曹文轩填补了中国作家在国际安徒生奖领域的空白。当时的国际安徒生奖评委会主席帕奇·亚当娜是这样评价曹文轩作品的：曹文轩的作品书写了悲伤和苦痛的童年生活；他的作品也非常美丽，为孩子们树立了面对和挑战艰难生活的榜样，能够赢得广大儿童读者的喜爱。

作为出版教育工作者，我一直在思考应该为孩子们出版和推荐什么样的作品，以及为什么要推荐孩子们阅读曹文轩的作品。

通过深入阅读曹文轩系列作品，一个全新、真实、立体的曹文轩，渐渐呈现在我的眼前。这也成为我向孩子们推荐阅读曹文轩作品的理由和依据。

首先，在曹文轩的作品里，我们可以超越旧我，与过去告别。曹文轩的作品往往能够以通俗、风趣、优美的言语深刻地阐释生命的价值与阅读的魅力，让人们受益匪浅。《草房子》《青铜葵花》《丁丁当当》《火印》《蜻蜓眼》等经典作品，均表达了作者对儿童生存状态和心灵世界的关怀，描述了一个个弱小生命的逆境成长，展现了个体生命中不屈不挠的坚韧本性和阳光向上的善良品格。孩子们在阅读曹文轩的作品时会收获心灵的成长，在告别幼稚、告别浮躁、告别功利的过程中逐渐超越旧我。

其次，在曹文轩的作品里，我们可以认知自我，与现在对话。如果说阅读是人的"第二故乡"，写作就是努力建造一座能放飞自己心灵的房子。儿童文学作家应该担当起引领儿童天性的责任和使命，创作有思想、有温度、有品质、有情怀的作品，帮助孩子们唤醒高贵灵魂、塑造高尚品格。曹文轩经常为孩子们做"入阅读之境，开写作之门"主题讲座，分享阅读与写作体会。"未经凝视的世界是毫无意义的""创造的自由是无边无际的""好文章离不开'折腾'"……曹文轩这些观点已铭刻于孩子们的内心，并教会孩子们在阅读与写作中对话高贵灵魂、对话健康成长。

最后，在曹文轩的作品里，我们可以实现大我，与未来相约。2018年9月，由长江少年儿童出版社重点出品的《疯狗浪》，是曹文轩首部长篇动物小说，也是曹文轩的全新突破之作。"全新"是因为它开拓了让人耳目一新的创作视角，"突破"是因为它鼓足了破旧立新的创作勇气。在这本书中，人与动物的生离死别、爱恨情仇被作者描绘得淋漓尽致、栩栩如生。《疯狗浪》看似写狗，其实是在写人。《疯狗浪》让我们重新理解"爱"：爱不分你我，只关乎有无。《疯狗浪》让我们重新认识"责任"：我们感受到岁月静好，是因为有人替我们负重前行。在《疯狗浪》里，我们可以读懂爱与责任。曹文轩时刻在教孩子们如何用心观察，如何无限想象，如何讲好故事，如何与未来相约生命的价值、相约生活的美好。

曹文轩的作品意境高远、格调高雅、思想深刻、叙事丰满、文笔流畅，讲述了一个又一个"厄运与幸运交互、冷漠与温情交织、悲悯与善良交融"的感人故事，契合了当下的人们对儿童生命状态的深刻洞察。在曹文轩的作品里，我们可以读出超越旧我、超越自我、超越小我的非凡气魄。这样的作品，不正是新时代儿童所需要的精神食粮吗？

站在世界儿童文学创作的历史新起点和新高点，如今的曹文轩，不仅是中国的曹文轩，也是世界的曹文轩。曹文轩的作品正在成为实体书店和电商平台一道独特的风景线。从现在起，让我们与孩子们一起阅读曹文轩的作品吧！

让精神成长涵养精彩人生
——评王宏甲、萧雨林著作《你的眼睛能看多远："天眼"巨匠南仁东的故事》

"视界"有多大，世界就有多大。少年儿童的学习与发问，往往是从天文学知识开始的。随着年龄的增长，广大青少年会慢慢觉得离天文学越来越远。这主要是因为人们对信息化时代的天气预报、定位导航、观察星象等天文学便捷服务习以为常以至视而不见。殊不知，天文学一直是支撑人类生存和发展的重要学科，始终带领人类探索无穷无尽的未知世界，让人们奋力翱翔在无边无际的时空宇宙之中。

2019年12月，由长江少年儿童出版社倾力打造的精品图书《你的眼睛能看多远："天眼"巨匠南仁东的故事》正式出版发行，引发社会强烈反响。王宏甲和萧雨林精心撰写的这部少年儿童题材的纪实文学作品有思想、有温度、有品质，感人肺腑、催人泪下。

从人类社会发展的历史维度看，该书深刻阐释了人类社会经历的三个天文时代：古代天文学的萌生缔造了农业文明时代；近代天文学的发展催生了工业文明时代；射电望远镜的问世标志着当代天文学将在信息文明时代发挥重大作用。这为构建天文学与人类文明进程的内在逻辑联系提供了全新的时空坐标。

从"中国天眼"建设运行的现实维度看，该书生动讲述了"天眼"巨匠南仁东在项目选址、立项、论证、建设、启用过程中矢志不渝、不懈奋斗的精彩故事，引领新时代的中国人自信而坚定地坚持"自力更生、艰苦奋斗"的革命精神。

从少年儿童人生成长的励志维度看，该书科学地提出了引领少年儿童人生成长的"四大工程"：为人生立一个志向；认真是一种能力；请记住综合能力；请重视你的精神。这为引导广大青少年扣好人生第一粒扣子提供了良方妙策。

人类社会的持续发展，既需要仰望星空，也需要脚踏实地。作为国之重器，"中国天眼"基地的落成启用，不仅放飞了新中国几代科学家的激情与梦想，也见证了以南仁东为代表的中国天文学家的精神成长。正如作者所言："人的成长不仅是吃饭长个子，心灵的、情感的、志向的成长，才是一个人真正的成长。"

精神的力量是最伟大的力量。一个人的真正成长，是精神的成长。只有精神成长了，人才能驾驭好物质的世界，比如名、利、权等。当精神成长到一定境界时，个体才可能走向步步高、日日新。

需要强调的是，精神成长与每个人紧密相连、息息相关。人类社会发展到今天，个体精神时常陷入前所未有的迷惘与困惑、焦虑与浮躁中。特别是在处于转型期的中国，大力弘扬社会主义核心价值观，重新构建人民群众的精神家园，显得尤为重要、十分迫切。对于少年儿童而言，注重其精神成长恰逢其时、时不我待。

该书以南仁东的精神成长为明线，以少年儿童的精神成长为暗线，用一个个真实、生动、感人的与"中国天眼"有关的故事消融当下青少年内心深处的对立与矛盾，引领他们的精神世界迈向更高层次，从而让他们更深刻地理解"人生并非输在起跑线上，而总是赢在转折点上"的丰富内涵。

人的精神成长可以培养高贵灵魂，也可以滋养坚定理想，还可以涵养精彩人生。作者在书中写道："南仁东的故事告诉我们，天地万物，最重要的并非物的创造，而是人的建设。在人的建设中，最重要的是精神的建设。"从这个意义上讲，"自力更生、艰苦奋斗"的革命精神，是更加难能可贵的"国之重器"。

南仁东是新时代的第一个"时代楷模"。习近平总书记在贺信、贺词、报告中多次提及"中国天眼"和南仁东，这无疑是对南仁东一生最好的褒奖。这也标志着"中国天眼"已经成为南仁东最好的纪念碑，"自力更生、艰苦奋斗"已经成为南仁东最好的墓志铭。亦如作者所言："如果一生只为自己一人，或是一家的前途而奔忙，那世界就太小了。不定何时，人生会有如困在一个荒凉的古堡，或有如被放逐到一片荒漠。"

  南仁东说过：人类之所以脱颖而出，从低等的生命演化成现代这样，出现了文明，就是因为有一种探索未知的精神。如今，天上有了一颗"南仁东星"，这颗"南仁东星"就是指引少年儿童精神成长的启明星。或许，这也是我们对"天眼"巨匠南仁东的最好纪念。

在自由的时代依然要保持一份自省
——评赵振宇著作《讲好真话》

阅读一本书,关键是要读懂书里书外,真正把厚书读薄,并能学深悟透、学以致用。

当读到华中科技大学新闻与信息传播学院教授赵振宇的著作《讲好真话》时,我眼前一亮、为之一振。《讲好真话》从民主意识、科学精神、独立品格、宽容胸怀、实现路径等多个维度,深刻阐释了"什么是讲真话""为什么要讲好真话""怎样讲好真话"等核心问题,科学论述了提高公民意见表达能力和素质的重要性和紧迫性。

赵振宇历任《长江日报》理论评论部主任、《文化报》总编辑、华中科技大学新闻系主任、华中科技大学新闻评论研究中心主任等媒体和高校专业管理职务,是横跨新闻学界和业界的知名学者。作为中央马克思主义理论研究和建设工程首席专家、华中科技大学新闻与信息传播学院教授,赵振宇先后创作了《多提供说心里话的地方》《能否公布领导人当选票数》《公民应有档案知情权》《本山其实很危险》等评论名篇,充分展示了一个知识分子的道德良知与家国情怀。值得回味的是,这些佳作在《讲好真话》一书中也进行了选编展示。

《讲好真话》让我们读懂了赵振宇的精神成长:这既是一个新闻人不断超越旧我的职业转型史,也是一名学者不断超越自我的专业奋进史,更是一位智者不断超越小我的思想革命史。

《讲好真话》让我们读懂了赵振宇的学习品格:勤学善思,宁静致远,专业专注,善作善成。

《讲好真话》让我们读懂了赵振宇的自律精神：在这个自由的时代，我们依然要保持自省的态度。

讲真话好，但讲真话难。讲一时真话容易，但讲一辈子真话很难。然而，只有难行能行，才能坚定前行。

如何讲好真话？在《讲好真话》一书中，我们可以找到答案：在理性中实践，在智慧中表达，在宽容中坚守。

聪明是马鞭，理性如缰绳。理性是讲好真话的基本前提。作者在书中专章论述了"在社会实践中树立科学精神"，并提出"社会实践要求树立科学精神""实践过程检验科学精神""要加大科普宣传力度""时间最终印证思想表达的真伪优劣"。他还选编了《让"常识"成为公众力量》《学术评价，别唯洋是举》《倡导时间文明》等评论文章，以高度理性的治学态度，对公民表达如何树立科学精神、遵循科学规律进行了深刻阐释。事实表明，理性的自律者一定是讲好真话的实践者。

讲好真话，需要涵养表达智慧、提高表达技巧。作者认为，表达的技巧优劣直接关系到人们意愿表达的效果强弱。作者还提出了增强表达效果的三点建议：一是努力学习实践，增强思维品质；二是加强语言训练，提高表达能力；三是学点新闻评论，提升思辨深度。这些建议不仅有助于新闻评论员的专业成长，也有助于普通民众的素养提升。

知人者智，自知者明。讲好真话，离不开大气宽容的政风民俗。作者在书中写道："宽容是一种智慧和勇气。宽容他人，需要宽广胸怀。宽容意味着容错创新，意味着社会进步，意味着沟通与交流。"这也道出了宽容的最高境界：有勇气去改变能够改变的事情，有胸怀去接受不能改变的事情，有智慧去分辨二者的不同。

讲好真话既关乎别人，更关乎自己。作者在书中写道："'讲好真话'是一篇大文章，也是对与时俱进的发展过程和历史反映，它同时也是政府、媒体和公民三位一体的系统工程。"因此，营造讲好真话的良好氛围，迫切需要从我做起、从现在做起、从一点一滴做起。

不安于现状的人才会奋斗，不随波逐流的人才会坚守。任何一个有良知的人，都要努力做到"能讲真话时尽量讲真话，不能讲真话时尽量不讲假话，逼不得已讲假话时尽量不要创造性地讲假话"，真正把讲真话、干实事、树新风作为基本准则，一如既往、持之以恒地追求人世间的真善美！

人生因演讲而高级有趣
——评陈飞著作《掌控演讲》

讲好中国话、写好中国字，是新时代中国青少年的基本素养。讲好中国话，离不开演讲；写好中国字，离不开书法。事实证明，一个能说会写的人，更容易拥有丰富有趣的绚丽人生。

读完湖北省演讲协会副会长陈飞的著作《掌控演讲》，我感触颇多、受益匪浅。《掌控演讲》以思想表达为主线，以克服紧张情绪、建立思维框架、提炼核心观点、调动观众情绪为突破口，从演讲价值、充分准备、内容输出、亮点打造、台上风采、场景应战六个维度，为广大读者提供演讲思考与演讲技巧一站式解决方案。可以说，《掌控演讲》坚持理论与实战相结合，立足于破解"关键时刻、轻松表达"的痛点与难点问题，是帮助广大青少年快速提升思考力、表达力和演讲力的宝典。

近代以来，按照政治属性、经济属性、社会属性的维度划分，中国主要经历了阶级社会、阶层社会和社群社会三个特色鲜明的发展阶段。在当下新一轮信息技术革命催生的社群社会，许多青少年习惯了线上沟通，忽略了线下交流，表达能力与演讲素养存在明显短板和不足。演讲具有一些其他活动难以替代的好处。

第一，演讲让人轻松自信。信手拈来的淡定从容都是源于厚积薄发的文化沉淀。好的演讲一定是以沟通为前提的表达，往往需要鼓动性的内容、灵活性的形式、条理性的逻辑和通俗性的语言。对于一个职场人士而言，演讲无疑是实现轻松自信的重要载体。

第二，演讲让人深刻感性。现实生活中，许多思想深刻的人都严谨理性，缺乏感动与激情；而许多感性的人容易情绪不稳，缺乏深度与底蕴。好的演讲必须做到以理服人、以事感人、以情动人、以美娱人，因此，作为一种兼顾思想与激情的表达，演讲可以成就深刻感性。

第三，演讲让人高级有趣。现实生活中，不少有趣的人容易陷入低级趣味，缺乏高级感和高品位。也有一些高端人群显得比较呆板清高，缺乏风趣与幽默感。演讲是人立足于社会的实践活动，是衡量领导水平的必备素质，是激发创新思维的重要载体，是体现个人魅力的重要手段。作为一种兼顾严肃与活泼的表达方式，演讲可以激发人们高级有趣的潜质。

回望历史，环视当下，伟人成就演讲，演讲成就伟人。从苏格拉底到林肯，从丘吉尔到马丁·路德·金，从毛泽东到习近平……他们的经典演讲为什么能够引领时代？他们的经典语句为什么能够被人传颂？他们的经典思想为什么能够深刻影响历史进程？毫无疑问，演讲背后彰显的思想力量，是推动人类社会进步的难以估量、永不枯竭的动力源泉。

演讲可以为人生插上腾飞的翅膀。我们虽然不会苛求用演讲去改变命运，但能用演讲去丰富人生、成就最好的自己。关于丰富人生这个命题，《掌控演讲》不仅提出了深度思考，也给出了实施路径，还提供了现实案例。

人生处处有精彩，精彩处处有演讲。让我们一起品读《掌控演讲》，做一个轻松自信、深刻感性、高级有趣的人！

诗歌让节气在时空穿越中无限风雅
——评章雪峰著作《一个节气一首诗》

充满睿智与诗意的祖先，像是一个自然魔法师，把一年365（或366）个平淡的日子划分为24个精美的时段，并用神来之笔给每个时段起了一个美妙的名字。这就是被国际气象界誉为"中国的第五大发明"的"二十四节气"。一直以来，中国人都是通过二十四节气了解气候变化、安排农事民俗活动的，无数文人骚客为二十四节气吟诗咏词，以二十四节气表达内心的情感和寄托，赋予二十四节气丰富的文化内涵。

2016年11月30日，"二十四节气"被正式列入联合国教科文组织人类非物质文化遗产代表作名录。这无疑是对中华民族伟大创造力与文化力的充分认可。从此，中华民族古老农耕智慧的千年传承被世界重新定义，必将在新时代焕发新活力。

读完湖北科技出版社社长章雪峰先生的新作《一个节气一首诗》，我深有感触、颇受启发。由于书中引经据典和史实史料备注很多，若想读懂读透，并在灵魂深处唤醒传统文化密码、传承传统文化基因，阅读者就必须下苦功和实功去查阅相关资料辅助理解。这也足见作者在创作本书时花费了大量精力和脑力。

自古以来，写二十四节气的诗歌虽然很多，名篇佳作也不少，但堪称经典的节气诗不算多。《一个节气一首诗》从海量节气诗歌中精选24首，可谓横绝古今。为此，章雪峰先生在前言中写道："这些关于节气的诗词，集中体现了古人对于节气这个时空坐标的深刻理解，也集中体现了古人对于诗词这个文字密码的娴熟运用。"

节气有常，人生无常。《一个节气一首诗》看似是在写节气与诗歌的"联姻"，其实是在破解节气与历史的密码，抒发节气与文人的情怀，传承节气与文化的基因。二十四节气诗歌展现出一个诗意万千的世界：一草一木皆饱含诗人对自然的体味，一感一悟皆蕴含诗人对社会的解读。那些得失与悲欢，穿过重重岁月，直击我们心灵。正所谓"天地不言，人为过客；山河岁月，温柔相待"，在《一个节气一首诗》里，我们可以认知一诗一节气，更可以读懂一诗一人生。

节气如诗，历史如歌。时代发展往往是把生活变成历史、把历史变成记忆。张九龄、韩愈、杜甫、陆游、白居易、欧阳修、梅尧臣、苏轼、黄庭坚等著名诗人用妙笔生花的文思与才情，为我们留下了节气文化的厚重历史与记忆。当我们踏着《一个节气一首诗》铺设的幽幽小径穿越中华文明的历史长廊时，诗人的非凡人生在我们眼前浮现——走万水千山，赏四季更替，看物候轮换，悟浮浮沉沉。

节气轮回，精神永续。二十四节气既是天文现象，也是物候轮换，更是天人合一的生活守则。虽然当今社会的农耕文明渐行渐远，但农耕文化中尊崇自然、因势利导、顺势而为的价值理念仍然值得我们发扬光大。二十四节气犹如光阴的提示器，虽与我们一年一相逢，却时刻提醒我们不负现在、不畏将来，亦让我们懂得"节气轮回时更替，精神永续日方长"。

冬遇到春，就有了岁月；冷遇到暖，就有了风雨；天遇到地，就有了永恒；节气遇到诗歌，就有了风雅。

一节气一诗歌，一诗歌一故事，一故事一人生。但愿我们每个人都能感受到节气与诗歌带来的无限风雅，让中华民族的传统智慧口口相传、代代传承！

时间有限，只读经典。让我们一起阅读《一个节气一首诗》吧！

以时代担当为减贫事业提供"湖北样本"
——评彭玮等著作《不负时代，不负人民——中国减贫奇迹的湖北答卷》

贫困是人类社会的顽疾，绝对贫困是现代社会的痛楚。摆脱贫困始终是古今中外治国安邦的大事要事。历史证明，一个摆脱贫困、实现富强的民族，必定是一个受人尊重的民族；一个走出贫困、走向富裕的地区，必定是一个值得学习的地区。

读完彭玮等的著作《不负时代，不负人民——中国减贫奇迹的湖北答卷》，我感悟颇深、受益良多。该书以湖北打赢脱贫攻坚战为主线，从政策创新、模式创新、制度创新、实践创新四个维度，全面梳理了湖北打赢脱贫攻坚战的艰辛历程与务实举措，系统展示了中国减贫奇迹的湖北答卷与荆楚智慧，科学描绘了巩固脱贫攻坚成果同乡村振兴有效衔接的美好蓝图与时代愿景。值得肯定的是，该书坚持理论与实践相结合、总结与展望相统一，对全面实施乡村振兴战略、全面建设社会主义现代化国家具有重要的参考价值。

消除贫困、改善民生、逐步实现共同富裕，是社会主义的本质要求，也是中国共产党的使命担当。在举国共庆中国共产党百年华诞之际，中国脱贫攻坚战取得了全面胜利，湖北脱贫攻坚战结下了累累硕果。读完《不负时代，不负人民——中国减贫奇迹的湖北答卷》，我产生了以下三点学习感悟。

第一，打赢脱贫攻坚战，本质在发展。贫困问题归根结底是发展问题。大家一起发展，才是真发展；机会更加均等、成果人人共享的发展，才是好发展。中国的脱贫攻坚是在没有掠夺扩张、没有发动殖民战争的前提下，通过内生发展、深化改革、扩大开放实现的"既不断发展自己,又推动世界共同发展"的共赢共享之路。毋庸置疑,中国打赢脱贫攻坚战,就是人类社会一幅"一花独放不是春,百花齐放春满园"的壮丽画卷。湖北的减贫奇迹,正是在这样的历史背景下书写的发展答卷,创造的时代伟业。

第二,打赢脱贫攻坚战,关键靠人民。打赢脱贫攻坚战,关键在党,关键靠人民。同艰难困苦做斗争,既是物质的角力,也是精神的对垒。在波澜壮阔的脱贫攻坚历程中,中国共产党团结带领中国人民,汇聚一切可以汇聚的有生力量、调动一切可以调动的积极因素,为摆脱贫困而战,向美好生活进发,锻造形成了"上下同心、尽锐出战、精准务实、开拓创新、攻坚克难、不负人民"的伟大脱贫攻坚精神。物质与精神的双丰收,无疑是"扶贫为了人民、扶贫依靠人民、脱贫成效由人民检验"的最好注解。

第三,打赢脱贫攻坚战,制胜于担当。小康路上一个也不能掉队,是我们党对贫困群众的郑重承诺,也是我们党践行初心使命的时代担当。面对一个又一个贫中之贫、坚中之坚,我们党发动了一场历史空前的精准脱贫攻坚战,让精锐力量下沉最基层、走向第一线,激励广大党员干部主动作为、奋发有为、担当善为,困难时刻豁得出,关键时候顶得上,真正把辛劳和智慧洒遍千山万水,把温暖和幸福送到千家万户。据统计,有1800多名扶贫干部为打赢脱贫攻坚战献出了宝贵生命。他们用生命诠释了共产党人"江山就是人民,人民就是江山"的家国情怀,用忠诚书写了共产党人不负时代、不负人民的时代担当。

站在新的历史起点,踏上全面建设社会主义现代化国家新征程,我们必须清醒地认识到,全面实施乡村振兴战略的深度、广度、难度都不亚于脱贫攻坚。完成乡村振兴这份新的时代答卷,既要有"十年如一日"的战略定力,也要有"一日如十年"的只争朝夕。

征途漫漫,初心不改。或是在闲暇之余,或是在困惑之时,阅读一下《不负时代,不负人民——中国减贫奇迹的湖北答卷》,我们内心深处一定能够激发崇高的使命感、正确的价值观和科学的方法论。只有超越旧我、绽放自我、成就大我,才能勿忘昨天、无愧今天、不负明天。

在阅读中做最好的自己
——评魏锋著作《微风轩书话》

读完陕西咸阳青年作家魏锋的著作《微风轩书语》,我深受启发、大为感动。这是一个"读书改变命运"的励志故事,也是一个"阅读涵养生命"的现实读本。

本书是作者出版的首部读书随笔集,收录了作者近些年来有关读书感悟的文章。全书分为"穿越时空　致敬尊贵灵魂""聆听足音　追寻信念真谛""静闻墨香　体味思想精义""潜心阅读　启迪写作人生""书香相伴　书写温暖文字"和"心怀感恩　传递芬芳书香"六大篇章,思路清晰,逻辑严密,观点新颖,文笔优美,记录并见证了作者读书、教书、编书、卖书、捐书的过程。

因为爱读书,他的创作潜能被激发;因为爱读书,他与陈忠实、贾平凹、高洪波、白描等知名作家建立了深厚的情谊;因为爱读书,他与家人构建了让人羡慕的"书香之家";因为爱读书,他的公益梦想正在被越来越多的人认可和传递。

魏锋先生的成长、成才历程告诉我们:读书点燃梦想,阅读点亮未来。与此同时,他的故事也引发了我对读书的深层思考——人为什么要读书?我的答案是:主观为谋生,客观为修身。在知识经济时代,"活到老,学到老"的自我要求更加紧迫,读书的功利境界更加凸显。即便如此,读书的道德境界与天地境界也不能被人们忽视,阅读的修身功能必将被重新定义。

有人说,读书可以改变命运;有人说,在阅读中可以寻到内心的宁静;也有人说,在阅读中可以遇见更好的自己。知名儿童文学作家曹文轩曾说:"阅读与不阅读,是完全不一样的气象。一面草长莺飞,繁花似锦，一面必定是一望无际的、令人窒息的荒凉和寂寥。"常读书的人会深刻感受到知识的浩瀚与自己的渺小，但也沉浸于与高贵灵魂对话的愉悦中。

阅读不仅让城市备受尊重，也可以让个人努力做最好的自己。或许，读书一时之间改变不了命运，但它至少意味着个人没有完全屈从于现实，而是努力通过学习去寻找另一种可能性，去超越自我、超越旧我。正如法国著名思想家罗曼·罗兰所说的：从来没有人为了读书而读书，人们只会在书中读自己、发现自己或检查自己。

面对日新月异的信息化传播手段和娱乐工具，许多人表现得越来越焦虑，甚至对不少人而言，碎片化阅读都已经成为奢侈品。殊不知，阅读可以帮助我们静心思考、摆脱焦虑，引领我们打开智慧之门，让我们从一个世界走向另一个世界。这或许正是读书的真谛——我不曾到过海洋，可我嗅过那咸湿的海风；我不曾到过撒哈拉沙漠，可我见过那颗温柔的骆驼泪；我不曾活在那个旧世纪，可我听过农奴愤怒的嘶吼；我不曾环游世界，可我觉得世界就在我心中。

《微风轩书话》是一个平凡中国人的灵魂告白，更是一个普通读书人的阅读宣言。在拮据的生活、朴素的情感和务实的行动中，魏锋先生只是多了一分坚持、少了一些浮躁，多了一分自律、少了一些放纵，却演绎出"微风徐来、爱意荡漾"的别样人生。

世间好物千千万，唯愿与书长相伴。当阅读成为一个国家、一座城市、一个家庭的风尚或习惯时，文明的力量就会滴水成河，最好的自己便会自然显现。如今，在建设社会主义文化强国的伟大号召下，"人人都是书客，家家充满书香"必将从梦想照进现实。

把而立之年的自信自强
书写在创业征途上
——评陈继承著作《三十不慌》

在普通人眼里，年龄或许只是一个简单的数字，但在创业者眼里，年龄从来都不只是一个数字，而是代表着人生不同阶段的奋斗足迹和心路历程。

《论语·为政》中记载着孔子对不同年龄阶段的理解："吾十有五而志于学，三十而立，四十而不惑，五十而知天命，六十而耳顺，七十而从心所欲，不逾矩。"如今人们常说的三十而立，就是由此而来。但对于"三十而立"的注解，众说纷纭、莫衷一是。三十而立，到底是立什么？我最认同的解读是立学、立德、立礼。

读完青年创业者陈继承的著作《三十不慌》，我感同身受，仿佛在书中看到十年前的自己。《三十不慌》是一部描写亲情和友情、讲述成长点滴和个人奋斗的散文集。它以人生成长为主线，用文艺化、生活化、思想化的人生故事和创业感悟，为广大读者展示了一个自我觉醒、自我蜕变、自我重塑的青年创业者形象，在润物无声中告诉人们一个浅显却深刻的道理：三十而立，立的是自己，立的是未来。这或许正是"三十不慌"的根本真谛。

《三十不慌》一书流露出作者内心深处的人间温情、理想情怀、激情斗志、博学智慧和率真坦诚。比如，《我穿过栀子花香的年代》《写给母亲》《难忘师恩》《杜鹃是乡愁》等文章表达了作者对母亲、老师和家乡的无限眷念；《我的梦》《越青春 越奔跑》《心中的白鹿原》《致敬项羽》等文章彰显了作者内心深处的青春理想与英雄主义情结；《写春联有感》《一代名相房玄龄》《诗酒趁年华》等文章印证了作者从小热爱书法、博学多才、大气豪爽的性格特征……可以说，《三十不慌》既是写作者的内心告白，也是创业者的成长宣言。它诠释了青春不只是值得怀念的岁月，更是一种"曾经我白发苍苍，如今我风华正茂"的心境。

随着职场竞争越来越激烈、"内卷"越来越严重，很多年轻人存在年龄焦虑或成长恐慌，他们害怕长大、不敢独立。其实，缓解年龄焦虑和成长恐慌，除了保持"不慌"的心态，更要增强"不慌"的志气。

现实生活中，不是每个人到了三十岁都能自动"而立"。在《三十不慌》中，我们可以感受到成功的创业者所必须具备的三种可贵品质——坚韧不拔的奋斗精神、忍辱负重的担当品格、绝境反弹的坚强意志。唯有坚韧不拔，方可难行能行；唯有忍辱负重，方可坚定前行；唯有绝境反弹，方可柳暗花明。

在自由的时代，创业者更加需要保持自省和自律。新时代的创业者，若想勇立潮头、走向成功，必须牢固树立崇高的使命感、正确的价值观和科学的方法论。在创业征途上，只有鼓足"自信人生二百年，会当水击三千里"的勇气，我们才能树立清晰而坚定的目标，勇敢地面对一切困难和挑战，敢于胜利、坚持胜利。

党的二十大报告明确指出，推进文化自信自强，铸就社会主义文化新辉煌。其实，自信自强不仅是一个政党、一个国家的价值追求，也是每一个民众个体的奋斗目标，更是每一个创业者应该具备的精神特质。难能可贵的是，作为青年创业者的陈继承，始终坚守产业报国初心，牢记文化兴企使命，把而立之年的自信自强书写在艰辛却伟大的新时代文化产业创业征途上。

因为三十而立，所以三十不慌。若想三十不慌，就应该做到自省、自律、自信、自强，真正把心智、品行和功业立起来。此时，不论你是即将到三十岁，还是超过了三十岁，都可以认真品读《三十不慌》，与过去告别、与现在对话、与未来相约，从容向前迈进。

守望教育初心　引领荆楚气派
——《成就最好自己》序

他是一名优秀教师，也是一名优秀校长；他是一名教育局局长，也是一名优秀的教育家。他大学毕业后，扎根于国家历史文化名城——襄阳的教育一线数十载，孕育并形成了一套具有"前瞻思维、战略眼光、符合实际、引领未来"鲜明特征的办学理念与教育实践。

他就是襄阳市教育局原局长、孝感高中校长、湖北省特级教师程敬荣。

程敬荣提出并始终坚持"以人为本，普遍激励，让每个师生成为最好的自己"的教育方法论，引领襄阳，领跑湖北，影响全国。程敬荣出版的力作《成就最好自己》，既是他"教育就是完善自我完美世界"核心教育理念的集中呈现，也是他长期积累的教育改革理论与实践的精华表达。

在这里，我们可以读懂程敬荣一直坚守的教育初心——教育完美世界。让世界更加美好，让人格更加完美，是教育的出发点与落脚点。程敬荣经常对师生说："改变自我是改变世界的最短距离。"他还说："做人第一，学问第二。我们的育人原则，不仅追求好的文化成绩，更注重培养和发展每一位学生优秀的品格、健康的体魄、健全的心理和卓越的能力；不仅关注学生的今天，更关注学生的明天和未来。"在程敬荣的推动下，襄阳市第四中学打造了"名家讲坛"、举办18岁成人宣誓仪式、"80华里远足"等别具特色、精彩纷呈的"德育套餐"，搅动了襄阳素质教育的一池春水，守望了"教育完美世界"的不变初心。

在这里，我们可以读懂程敬荣一直崇尚的教育信念——成就最好自己。风帆的自豪,在于迎接风浪中的奋勇向前;学校的骄傲,在于成就最好的学生。程敬荣常说:"一个学生的教育失败,对学校来说,可能只是万分之一;但对学生及其家庭来说,却是百分之百。"他始终秉承"学生至上、教师至上、质量至上、人民满意至上"的价值理念,始终坚持"一切为了学生、一切从实际出发、一切都能更好、一切皆有可能、一切的一切在人"的办学宗旨,真正把学生放在教育的中心位置,让学生的潜力、天赋和特长实现最大限度的发挥,并最终拥有出彩的人生。

在这里,我们可以读懂程敬荣一直弘扬的教育担当——服务祖国和人民。教育现代化是社会主义现代化建设的重要组成部分,是实现中华民族伟大复兴的重要基石。"加快建设教育强国、办好人民满意的教育"是新时代教育工作的根本遵循。在程敬荣心中,"服务祖国和人民"不是一句高大上的宣传口号,而是一泓激发师生不懈奋斗、努力进取的精神清泉。为了把"服务祖国和人民"落到实处,程敬荣牢记"培养德智体美劳全面发展的社会主义建设者和接班人"的光荣责任和神圣使命,大力营造"课堂大开放、观念大碰撞、技能大切磋、德艺大提升"的教学氛围。一方面,引导学生树立远大理想和抱负,把灵魂置于高处,把行动放在脚下,用知识和智慧报效国家、奉献社会、服务人民;另一方面,要求青年教师达到"六个一"标准,即提交一份优秀教案、制作一个优秀课件、撰写一份有价值的论文或试卷、上一节优质公开课、能说一口标准的普通话、能写一手规范流利的粉笔字,切实提高教师担当责任、不负使命的能力素质。不论是当校长,还是当教育局局长,程敬荣始终奋力推动襄阳教育强优势、补短板、促改革、提质量,强力推进学前教育普惠化、义务教育均衡化、高中教育优质化、职业教育集团化、高等教育特色化发展,向襄阳市600万人民交出了一份又一份优秀的成绩单。

在这里,我们可以读懂程敬荣一直追求的教育气象——激励创造无限可能。理念之光可以点燃希望之火。程敬荣倡导并践行的"以人为本,普遍激励,让每个师生成为最好的自己"教育方法论,已在襄阳教育实践中落地生根、开花结果。在学生方面,他从不放弃任何一个学生，创造条件、搭建平台、培育环境，努力让每一个学生都能得到甘露滋养，等待其在美好的春天吐露芬芳、百花齐放；在教师方面，他大力推动"襄派教育家"培养工程，努力让每一位教师都树立教育家式的崇高理想和目标，像教育家一样严格要求自己，承担起教育家应该承担的教育重任，拥有教育家一样的开阔视野与博大胸襟。如今，一批又一批忠于教育理想、奉献教育事业、分享教育成果的"襄派教育家"集群不断涌现，成为"楚派教育家"群体中一道亮丽的风景线。

教育家可以分为三类，即教育实践家、教育理论家和教育活动家。程敬荣历经教师、校长、局长等多种教育岗位磨砺，既拥有丰富的教育教学实践，又擅长精深的教育理论研究，还探索进行教育管理创新，兼具教育实践家、教育理论家、教育活动家的特长特性，无疑是"楚派教育家"的杰出代表。

勤能补拙，天道酬勤。程敬荣不是最聪明的教育工作者，却是最勤奋的教育工作者之一。毫不夸张地说，程敬荣数十年如一日，矢志不渝地坚守教育阵地、讲好教育故事、塑造教育品牌、创造教育奇迹，在守望教育初心中引领荆楚气派，在引领荆楚气派中守望教育初心，用实际行动和出色业绩赢得了学生的敬佩、家长的认可、教师的支持、同行的尊重和组织的信任。

如果让我用一句话评价程敬荣，那就是：襄阳把程敬荣变小了，程敬荣把襄阳变大了。襄阳教育改革发展需要程敬荣，中国教育改革发展需要更多的"程敬荣"。

新时代，历史的车轮滚滚向前，中华盛世悄然而至，教育强国迎面走来。广大教育工作者需要有"一经梦想，一生追求"的执着与担当，更需要有程敬荣这种"一经选择，一生践悟"的求索与自省。

作为一名出版教育工作者，我受邀为程敬荣新著作序，战战兢兢，如履薄冰。因为对襄阳有感情，对襄阳教育有认知，对程敬荣有敬意，所以我战胜了惶恐，放下了忐忑，树立了信心，在研读程敬荣的教育理论与实践中遇见了更好的自己。

《成就最好自己》是长江少年儿童出版社重点打造的"新时代教

育书系"的首部作品,这本书体例新颖、内容丰富、文笔精练、思想深刻。我期待并坚信,本书能够帮助广大教育工作者及学生、家长在投身加快教育现代化、建设教育强国的宏伟征程中遇见更好的自己、成就最好的自己!程敬荣一定会在未来创作出更多具有教育情怀、饱含时代价值的精品力作!

让刘秀成语故事为青少年明德立志
——《光武帝刘秀成语故事》序

　　成语是中国传统文化中的一颗明珠，以无穷的生命力根植于广大民众心间。成语故事是中华五千年灿烂文明的真实写照和精华沉淀。

　　成语故事虽然短小精悍，但蕴含丰富且深刻的道理。自古以来，中国民众对成语故事都有一种特殊的情感。无论是吟诗作对，还是闲聊交谈，人们都会不自觉地引用几个成语。从一定意义上讲，对成语的恰当使用已成为反映普通民众学识水平的一个重要指标。

　　中国成语有数万条，虽然与刘秀有关的成语只有一百多条，但其内涵丰富、意义深刻、影响深远。遗憾的是，深入挖掘和研究与刘秀有关的成语故事的人寥寥无几。

　　赵正鹏先生曾担任湖北省枣阳市人大常委会主任，现任枣阳市汉文化研究会名誉会长。他虽然是一名党政干部，但一直保持专业学习和专业研究的良好习惯，是鄂西北地区知名的汉学专家和文化学者。他从事汉学研究的一个聚力点，就是挖掘刘秀文化，特别注重在新时代弘扬刘秀的政治智慧，传播与刘秀有关的成语故事。《光武帝刘秀成语故事》便是赵正鹏深入研究刘秀文化、出版《正说汉光武大帝》之后的又一个标志性成果。

　　文如其人，以文化人。出生于枣阳的刘秀，既是管理者又是思想家，对治国理政、选人用人、为官做人、家风家教等均有深刻且独到的见解。他所创造的成语典故饱含求学问津、兴国安邦、尊贤修德的远大志向和超凡智慧。

　　第一，《光武帝刘秀成语故事》可以帮助青少年树立求学问津之志。青年刘秀在老家枣阳操持农业、贩卖粮食时，一直保持勤奋好学的良好习惯。为了实现消灭新莽政权、重建大汉天下的宏愿，刘秀选择到京城长安求学，投书国师公刘歆，顺利进入太学，并认真学习《诗》《书》《礼》《乐》《春秋繁露》以及天文、地理、军事等多方面的知识，为后来的厚积薄发奠定了坚实基础。正是因为勤奋好学、学以致用，刘秀创造了"手不释卷""乐此不疲""推心置腹""披荆斩棘""得陇望蜀""克己奉公""疾风知劲草""有志者事竟成""失之东隅，收之桑榆"等成语典故。毛泽东一生最看不起帝王将相，却对刘秀推崇备至，称赞刘秀"最有学问、最会用人、最会打仗"，并用刘秀"手不释卷"的成语典故激励全国公安干警努力学习。

第二，《光武帝刘秀成语故事》可以帮助青少年树立兴国安邦之志。刘秀登基后，面对的是一个历经战乱、分裂割据、满目疮痍的国家。为了改变这个局面，刘秀迎难而上、开拓进取、御驾亲征、得陇望蜀，用12年时间扫平地方割据，统一了中华大地。在治国理政方面，刘秀视天下苍生为己任，倡导"民重君轻"的执政理念，制定"薄赋敛，省刑法，偃武修文，不尚边功，与民休戚"的治国方略，推行休养生息政策，推崇儒家学术，弘扬学习风尚，很快实现了"光武中兴"。回望历史，中国几千年封建社会诞生了400多位皇帝。由于当时政治中心位于北方地区，皇帝绝大多数出于北方。而湖北地区只出过三个皇帝，即汉更始帝刘玄、汉光武帝刘秀和明嘉靖帝朱厚熜。其中，刘玄、刘秀均出自现在的襄阳。刘秀艰辛却辉煌的奋斗历程，是"有志者事竟成"的真实写照和成功范例。

第三，《光武帝刘秀成语故事》可以帮助青少年树立尊贤修德之志。修身齐家治国平天下，是中国历代执政者和知识分子的共同追求。然而，又有多少人有机会、有条件、有定力去圆满地实现这个目标呢？胸怀大志、历经磨难、尊贤修德的刘秀做到了。刘秀广纳贤才，广听民声，知人善用，从谏如流，勤政廉政，创建了东汉百年基业。舂陵起兵之后，刘秀唯才是举、尊贤尚功、不避亲仇，争取绿林豪杰、贩夫流民、新莽官吏、儒生学者、地方豪强等各路人马的拥护和支持，迅速建立了政权。更为可贵的是，一统天下之后的刘秀对待功臣既不"以斩首之功为医匠"，也不兔死狗烹，而是

"高秩厚礼，允答元功"（即用优厚的俸禄和隆重的礼仪来回报功臣，并削夺其权力），以至于在他的功臣团队中，既有来歙、邓晨、刘隆等各类宗亲，也有岑彭、冯异等曾经交战的对手，还有朱鲔等曾不共戴天的仇敌。可以说，刘秀的选人用人价值观，深度融合了儒家、墨家、法家之道，被一代智圣诸葛亮称赞为"能识人，会用人，知人善任，用其所长"，被不少学者评价为"中国历史上最善待功臣和百姓的皇帝"。刘秀除了尊贤重才之外，还十分注重明德修德。他给刘氏后裔子孙留下一段训诫："舍近谋远者，劳而无功；舍远谋近者，逸而有终。逸政多忠臣，劳政多乱人。故曰务广地者荒，务广德者强。有其有者安，贪人有者残。"简言之，刘秀以"反对好高骛远，反对见利忘德，反对贪人财物"告诫刘氏子孙后代，倡导脚踏实地、崇尚道义的人生哲学，树立正直本分、涵养德行的家风家教。刘秀的尊贤修德之举，是对"克己奉公""日慎一日"的生动诠释。

文以载道，春风化雨。在中国的历代帝王中，刘秀是唯一一个同时拥有"中兴之君"与"定鼎帝王"两个头衔的皇帝。刘秀的成语故事必将会像他的传奇人生一样，给人们带来无穷的智慧和无尽的力量。

成语源自故事，故事丰富了成语。《光武帝刘秀成语故事》凝聚着赵正鹏潜心多年研究东汉文化和刘秀文化的辛劳与智慧，必将对广大读者特别是青少年朋友的成长成才起到立心、立魂、立德、立志的积极作用。我坚信，《光武帝刘秀成语故事》一定能够引导广大青少年"讲好一个成语故事，传播一段历史经典，收获一些人生智慧"！我也期待，赵正鹏在未来创作出更多有思想、有温度、有品质、有趣味的东汉文化精品力作！

用心点亮自己　用爱照亮别人
——"新时代学前教育培训教程"丛书序

习近平总书记指出：教师是立教之本、兴教之源，承担着让每个孩子健康成长、办好人民满意教育的重任。培养什么人、怎样培养人、为谁培养人，是我们党立德树人教育方针的重要体现，也是时代交给教育工作者的答卷。教师就是时代的答卷人。

幼儿教育是基础教育之基础，也是教育短板之短板。改变我国幼儿教育的现状，迫切需要培养一批政治坚定、业务精湛、爱岗敬业、品德高尚的幼儿教师队伍。

现实表明，幼儿教育极端重要，幼儿教师极不容易。幼儿教师的素质直接关系着幼儿教育的未来。这就要求广大幼儿教师始于立德树人、终于人民满意，做有理想信念、有道德情操、有扎实学识、有仁爱之心的好老师。

面对幼教新政策带来的新形势和幼儿园"去小学化"的新要求，我国学前教育新一轮深化改革的帷幕已经徐徐拉开，幼儿教师新一轮的自我革命悄然而至。中国学前教育未来的模样应该呈现以下五大鲜明特征：一是优质均衡；二是体系健全；三是人才辈出；四是给孩子带来快乐成长；五是让党放心，让人民满意，受社会尊重。

基于此，爱立方培训学校组织编辑出版"新时代学前教育培训教程"丛书，旨在助力广大幼教人才加快实现专业成长、职业成长和精神成长，真正从平庸走向优秀，从优秀走向卓越，成就最好的自己，奋力办好让党放心、让人民满意、受社会尊重的学前教育。

习近平总书记多次强调："中国共产党人依靠学习走到今天，也必将依靠学习走向未来。"学习是通往优秀、走向卓越的捷径。广大幼儿教师要将学习作为动力源泉，不断提升自己的知识储备和能力素养。

作为中国儿童游戏化学习领军品牌，爱立方始终坚持"游戏学习、智慧成长"的幼儿教育理念，大力弘扬"教孩子三年，为孩子奠基三十年，为中华民族思考三百年"的教育使命观，以"玩中学、学中玩"的创新形式不断培养幼儿的逻辑思维和良好习惯，帮助广大幼儿找到自己人生的起跑线，努力成为中国乃至世界的未来领导者，为早日实现中华民族伟大复兴的中国梦助力加油。同时，爱立方培训学校始终秉承"用专业成就爱的教育"的办学宗旨，着力打造中国幼教培训第一品牌和中国幼教培训高端智库，用实际行动助推新时代幼儿教师队伍的专业化成长。

我们深知幼儿教育是点亮星光的伟大事业。每一个孩子、每一名教师、每一位家长都可以成为闪亮的星星，每一个园所、每一个家庭都可以成为星光璀璨的空间。

我们坚信有一种力量叫用心点亮自己，有一种境界叫用爱照亮别人，有一种担当叫用专业引领专业，有一种情怀叫用梦想点燃梦想。

新时代呼唤新幼教，新幼教在新时代绽放。作为幼教工作者，我们要努力把灵魂置于高处，把理想放在心中，把行动落到实处，真正做到"脑中有弦、眼中有光、心中有爱、肩上有责、手中有招"，以"十年如一日"的战略定力和"一日如十年"的只争朝夕，奋力谱写新时代中国学前教育事业高质量发展的新篇章。

做有思想的幼儿教师，办有情怀的幼儿教育。"新时代学前教育培训教程"丛书是爱立方培训学校重点打造的全国首部面向幼儿园一线幼教工作者的专业培训教材，其体例新颖、理念超前、内容丰富、实操性强。我期待并坚信，本套丛书能够帮助广大幼教工作者以学解惑、以学正心、以学明智、以学力行，在投身新时代学前教育高质量发展的宏伟征程中成就最好的自己、成全最美的幼教！

让思想之光照亮中国幼教前行之路
——"中国幼教名家书系"序

改革只有进行时，没有完成时。一系列教育改革正在倒逼中国幼教从乱象丛生走向规范有序。随着一系列教育新政策的出台，中国幼教行业迎来了重大调整，广大幼教工作者新一轮的自我革命已经悄然而至。

办好让党放心、让人民满意、受社会尊重的幼儿教育，关乎千家万户，关系民族未来，对于满足人民对"幼有所育、幼有优育"的美好期待、培养德智体美劳全面发展的社会主义建设者和接班人具有十分重要的意义。

理论根基如何夯实，综合素养如何提升，专业知识如何加强，是新时代幼儿教师职业发展中面临的突出问题。提升幼儿教师待遇，把幼儿教师打造成受人尊敬、让人向往的职业，是破解幼儿教师短缺难题的根本路径。

纵观中国近代学前教育发展史，被20世纪30年代中国幼教界誉为"南陈北张"的陈鹤琴、张雪门两位教育家，是当之无愧的两座丰碑。此外，人民教育家陶行知、我国幼儿教育史上第一位男性幼稚园老师张宗麟等，也为中国近代幼教事业的发展做出了突出的贡献。

一百多年来，陈鹤琴的"活教育"思想、张雪门的幼稚园"行为课程"、陶行知的"一日生活皆课程"、张宗麟的《幼稚教育概论》等对推动中国学前教育课程民族化、科学化、特色化发展做出了历史性贡献。

武汉是中国近代幼儿教育的重要发源地。1903年，张之洞在武昌阅马场筹划成立了中国近代公立第一园——湖北幼稚园，开创中国幼儿教育之先河,引领中国教育改革之先风。如今,爱立方、亿童文教等知名幼教品牌从武汉走向全国,成为引领新时代幼教变革的重要力量。

回望过去是为了更好地昭示未来。在陈鹤琴先生130周年诞辰之际,长江学前教育发展研究院策划出版"中国幼教名家书系",旨在引导广大幼教工作者重温经典、感悟新知,激励广大幼教工作者培根铸魂、逐光追梦,加快实现专业成长、职业成长和精神成长,在积极投身新时代教育事业高质量发展的宏伟征程中成就最好的自己、成全最美的幼教。

幼儿教育事关"国之大者"。广大幼教工作者必须时刻践行"教孩子三年,为孩子奠基三十年,为中华民族思考三百年"的教育使命观,真正把幼教事业置于实现中华民族伟大复兴中国梦的时代征程中谋划和推动,像爱护自己的眼睛一样爱护幼儿教育,像敬畏生命一样敬畏幼儿教育。

以先辈为师,向先辈致敬。让"中国幼教名家书系"的思想之光点亮中国幼教的前行之路!期待更多新时代幼教名家的精品力作能够入选"中国幼教名家书系"!

后记

高质量反思是一面
助你如心所愿的明镜

出版《反思的勇气》的想法主要源自对新冠疫情的痛彻反思与人生自省。自2008年博士毕业工作以来，我历经湖北中烟集团、信阳市浉河区浉河港镇党委、襄阳日报社、长江出版传媒集团等单位的跨行业多岗位锻炼，心智逐渐走向成熟。我时常用一句话描述自己从业的经历："烟酒茶，书刊报，后来干幼教，现在做文教。"巧合的是，这八个行业有一个共同的本质特征——文化。

法国小说家巴尔扎克说过：自满、自高、自大和轻信，是人生的三大暗礁。这些暗礁轻则让人遭遇风险，重则使人触礁翻船。作为文化教育工作者，我们除了关注专业知识的价值和个体生命的意义外，还应该重视文化的反思和教育的觉醒。正因如此，从大学时代开始，我从未停止评论写作。保持写作的习惯和状态，最重要的目的是保持终身学习和思考，特别是坚持反思和自省。

越是自由的时代，越需要自省。德国哲学家康德说过："所谓自由，不是随心所欲，而是自我主宰。"春秋末年思想家曾子说："吾日三省吾身：为人谋而不忠乎？与朋友交而不信乎？传不习乎？"要做到反思和自省，就必须勇敢地正视自己、剖析自己。毕竟，一个人只有读懂了自己，才有可能读懂世界。

反思是锤炼品格、催生智慧的重要源泉。法国哲学家笛卡尔认为，自我反思是一切思想的源头，人们是在思考自己而不是思考他人的过程中产生了智慧。日本实业家稻盛和夫说过：如果一个人能在每天拼命努力工作的同时，坚持做到天天反省，那么其灵魂就能获得净化，变得美好。

实践表明，直面自己的缺点和不足，是一个痛苦的抉择，需要巨大的勇气和魄力。一个人通常最不容易看清自己的缺点和不足。即使有时看清了，也不愿意承认，更没有勇气去改变。

人生就是生命不断丰富和完善的过程。反思无疑是丰富和完善生命过程的重要载体。甚至可以说，高质量反思可以助力一个人的终身成长。

高质量反思是坚持理性、建设性和批判性有机统一的反思。反思不等于检讨，也不等于忏悔。现实生活中，一些差劲的人往往自我感觉良好，而一些优秀的人反而更加懂得反思和谦卑。一个人的成长进步可能来自成功经验的积累，也有可能来自对艰难困苦的高质量反思与高水平攻克。懂得高质量反思的人，往往能够科学理性地认知困难和挫折，坦然地面对失败，自信地面向未来。

高质量反思是从小事做起、从点滴着手、从生活出发的反思。我们读书大多数读的是别人的生活经历和人生感悟。然而，人世间最好的书，其实是我们自己的生活经历和人生感悟，因为每个人的生活经历和人生感悟中都蕴藏无数让人深受启发的现实案例。可以说，我们的精彩生活每天都在生产未经加工的经验素材，但我们并没有对这些经验素材进行深刻解读和精细判断。只有坚持高质量反思，我们才能把生活的经验素材进行科学解读，从而形成洞见，努力找到改进自我的方式和提升自己的方法。

高质量反思是推进自我革命、成就最好自己的反思。反思是理解现实和改变现状的动力源泉。坚持高质量反思和高效能改进，是推进自我革命、成就最好自己的必经之路。北宋名相司马光小时候用一段圆木做了一个警枕，翻身之时，头和颈就会滑落在床板上，自然惊醒。他以这种方式倒逼自己早起读书，持之以恒，走向卓越。由于知识深厚、学识渊博，司马光主持编写了中国历史上第一部编年体通史著作《资治通鉴》，终于成为名垂青史的文学家和史学家。

司马光警枕励志的故事，就是高质量反思的鲜明案例。它告诉我们，敢于反思、善于反思的灵魂是高贵的。敢于反思需要自我革新的勇气，善于反思需要自我认知的清醒。

优秀，源于反思；卓越，离不开反思；成长成才成功，必须依靠反思。高质量反思就是我们日常生活、工作、学习中那面有时不觉得重要、没有时却难以适应的明镜。

反思一时容易，反思一辈子很难。常常反思，益处多多，收获满满。一个人反思层次的高低决定了其人生道路的宽窄。越是身居高位或身陷困境之时，越需要进行高质量反思。唯有懂得并坚持高质量反思，我们才能受益终身、如心所愿。